表面等离子共振成像技术与应用

汪之又 著

電子工業出版社
Publishing House of Electronics Industry
北京 · BEIJING

内 容 简 介

表面等离子共振成像技术作为一种无标记、高灵敏度、可实时检测的高分辨率成像技术，已被广泛应用于食品健康与安全、医学诊断、药物开发和环境监测等领域。本书以表面等离子共振成像传感器的工作原理和结构优化为出发点，以多层介质、金属等复杂结构的传感器为例，从理论分析和实验研究两个方面对结构优化中的空间建模问题、检测方法中的数据分析问题，以及成像技术在生化检测领域的应用进行详细介绍。在表面等离子共振成像技术方面，重点介绍高通量图像检测中的检测通道自动识别算法，以及基于嵌入式技术开发生物芯片制备设备的研究进展。此外，在表面等离子共振成像技术应用方面，对该技术应用于小型化、智能化设备的研究，以及其在食品健康与安全、医学诊断、环境监测等具体领域的应用进行详细介绍，为计算机学科科研人员和技术工作者从事成像检测应用和传感数据建模分析技术研究工作提供较全面的参考。

图书在版编目（CIP）数据

表面等离子共振成像技术与应用 / 汪之又著.
北京 : 电子工业出版社, 2024. 6. -- ISBN 978-7-121
-48469-8

Ⅰ. O534

中国国家版本馆 CIP 数据核字第 2024L24F89 号

责任编辑：杜　军
印　　刷：三河市双峰印刷装订有限公司
装　　订：三河市双峰印刷装订有限公司
出版发行：电子工业出版社
　　　　　北京市海淀区万寿路 173 信箱　　邮编：100036
开　　本：787×1 092　1/16　印张：10.5　字数：256 千字
版　　次：2024 年 6 月第 1 版
印　　次：2024 年 6 月第 1 次印刷
定　　价：68.00 元

凡所购买电子工业出版社图书有缺损问题，请向购买书店调换。若书店售缺，请与本社发行部联系，联系及邮购电话：（010）88254888，88258888。

质量投诉请发邮件至 zlts@phei.com.cn，盗版侵权举报请发邮件至 dbqq@phei.com.cn。

本书咨询联系方式：dujun@phei.com.cn。

前　言

传感检测技术作为“人类五官”的有效延伸，是现代社会获取信息的主要手段，在推动社会进步和经济发展中起着重要作用。目前，传感检测技术已在工业生产、海洋探测、环境保护、资源调查、医学诊断、药物开发、生命科学、宇宙开发、国防军事、文物保护等领域普遍应用于复杂工程系统、危险环境探测及信息传输。在诸多传感检测技术中，光学传感检测技术具有光谱响应范围大、可测量物体光学特征参量多、设备集成度高等特点，可以实现对力学、热力学、电磁学、化学、生物学等诸多类别检测量的快速检测。与基于标记法和发光法的光学传感检测技术相比，以表面等离子共振（SPR）为代表的无标记检测技术具有无接触、无损伤、无污染、操作简单及可实时检测的优点，在高通量筛查、成分鉴定、海关缉私和人体安检等领域有广阔的应用前景。

作为一种无标记、高灵敏度、可实时检测的光学生物传感器，SPR 生物传感器已被广泛应用于食品健康与安全、医学诊断、药物开发和环境监测等领域。根据检测光学特征的参量分类，基于 SPR 传感器的检测方法可分为基于强度测量的检测方法、基于角度测量的检测方法、基于波长测量的检测方法和基于相位测量的检测方法。上述检测方法在检测性能上各有所长，其中基于强度测量的表面等离子共振成像（SPRi）检测方法以其原理简单和可高通量检测的优势被大量研究和广泛应用。随着高时间、空间分辨率成像和痕量，甚至单分子检测需求的日益增加，SPRi 技术的研究分为理论研究部分和工程应用部分。

在理论研究部分，SPRi 技术的原理注定其无法像基于强度测量的检测方法、基于角度测量的检测方法、基于波长测量的检测方法和基于相位测量的检测方法一样，通过增加检测设备和分析技术的复杂度来提高检测灵敏度，因此需要在传感芯片结构、功能材料、调制方法和数据分析技术等方面开展提高检测灵敏度的研究。①在传感芯片结构方面，传统 SPRi 传感芯片通常采用单层金薄膜作为功能层，通过优化薄膜厚度难以有效提高检测灵敏度，这就要求研究人员在此基础上研发多层芯片结构，通过优化各层薄膜参数来实现检测灵敏度的提高。②在功能材料方面，金作为化学性能稳定的贵金属材料是 SPRi 传感芯片的主要材料选项，然而该材料价格昂贵、反射率高，在光学性能和技术推广两个方面存在一定的局限性，因此如何选择化学性能稳定、价格低廉、光学特性和薄膜黏附力良好的材料，并将其作为金材料之外的选项成为研究人员需要解决的问题。③在调制方法方面，传统基于强度测量的 SPRi 检测方法容易受噪声的干扰而难以有效提高信噪比，通过与外场调制和扫描相结合有望提高 SPRi 检测方法的抗噪声干扰能力，但是选择何种外场、如何调制和扫描是上述研究的重点和难点。④在数据分析技术方面，选取合适的光学入射角是强度检测技术的关键，因此如何计算 SPRi 传感芯片的共振角度以确保实验的准确性、如何选取合适的入射角以确保检测动态范围和灵敏度足够大，也是有待解决和明确的科学问题。

在工程应用部分，SPRi 技术以高通量检测和工作原理简单的优势在复杂模式检测、检测结果自动化处理，以及设备小型化和智能化方面具有较大的研发空间。①在复杂模式检测方面，将 SPRi 技术的高通量检测优势和其他高灵敏度光学检测技术相结合，有望实现空间分辨率和检测极限等技术参数的提高，工程人员需要开展不同光学检测技术与 SPRi 技术的结合。②在检测结果自动化处理方面，由于 SPRi 技术通常与微阵列技术结合使用，即微阵列里的每个样点为一个独立检测通道，这就需要研究人员开发准确度高、速度快、鲁棒性强的检测通道自动识别技术，对每个检测通道的 SPRi 信号进行同时处理，从而提高分析效率。③在设备小型化和智能化方面，为便于 SPRi 技术在移动互联网时代的推广，研究人员需要将制备的传感芯片微阵列及检测设备进行小型化设计，以增强 SPRi 传感器的可移动性，同时借助物联网和边缘计算等技术实现对上述设备的操作自动化和数据终端的可视化。

围绕上述理论研究，本书从传感芯片结构、功能材料、调制方法和数据分析技术 4 个方面对作者及其团队的研究成果进行了详细介绍。本书以采用多层结构 SPRi 生物传感器实现高灵敏度的强度检测方法为出发点，分别对多层介质和金属结构的 SPRi 传感器和多层金属结构的 SPRi 传感器展开理论和实验研究。在多层介质和金属结构的 SPRi 传感器方面，基于具有电光效应的波导耦合表面等离子共振（WCSPR）传感器提出基于差分强度检测的电压调制方法，同时首次将 WCSPR 传感器应用于 SPRi 技术来实现灵敏度的提高，并介绍了优化计算 SPR 共振角度模型的研究工作。在多层金属结构的 SPRi 传感器方面，通过对银-金双金属层 SPRi 传感器结构进行改进，显著提高了传感器的长期稳定性，并首次实现了对基于银功能材料 SPRi 传感器的高灵敏度成像检测。在对波导耦合表面等离子共振成像（WCSPRi）技术和银功能材料 SPRi 传感器结构的性能测试研究工作中，对如何选择光学入射角来实现检测灵敏度、探测极限和动态范围的优化也进行了系统介绍。

此外，针对上述工程应用中的需求，本书从 SPRi 传感器在复杂模式检测、检测结果自动化处理，以及设备小型化和智能化 3 个方面对作者及其团队的研究成果进行了详细介绍。在复杂模式检测方面，将 SPRi 技术、具有电光效应的长程表面等离子共振（LRSPR）结构及电压调制技术相结合，实现了检测深度可调的 SPRi 技术，可以对样品进行不同深度的分层检测；将 SPRi 技术、WCSPR 结构及 LRSPR 结构相结合，实现了波导耦合长程表面等离子共振 WCLRSPR 成像技术，利用两种结构的 SPR 峰深度和半高宽度的比值优于单层金薄膜 SPR 结构的 SPR 峰深度和半高宽的比值的特点，来提高 SPRi 技术的灵敏度；将 WCSPRi 技术与荧光技术相结合，实现了 WCSPR 结构的表面等离子增强荧光（WCSPEF）成像技术，利用 WCSPR 结构在金属-样品界面的高电场增强系数，实现了对荧光信号的有效放大；将银-金双金属 SPRi 结构和 LRSPR 结构相结合，组成了双金属 LRSPR 结构，在有效提高 LRSPR 传感器灵敏度的同时，还可以增强银薄膜 LRSPR 传感器的稳定性；将 SPRi 技术、LRSPR 结构和电压调制技术相结合，实现了电压调谐 LRSPR 成像技术，可以在减少机械装置移动的同时实现对共振角度的准确测量；在 WCSPEF 成像基础上引入了 LRSPR 结构，实现了波导耦合长程表面等离子增强荧光（WCLRSPEF）成像技术，利用 LRSPR 结构进一步提高了 WCSPR 结构在金属-样品界面的电场增强系数，以及荧光信号的放大倍数。在传感器检测结果自动化处理方面，将开源计算机视觉

（OpenCV）技术和图像增强算法相结合，在不同规模微阵列和检测样品条件下，实现了SPRi视频数据高准确率、快速响应的样点自动识别。在设备小型化和智能化方面，用手机App控制嵌入式系统的方法实现了对多个波长发光二极管的控制，在此基础上提出了小型化、多波长紫外光交联仪，可用于对SPRi传感芯片表面的微阵列进行快速、高效固定；基于微阵列打印后的图像和SPRi信号的空间对应关系，在嵌入式系统中实现了样点自动识别，在此基础上进一步实现了对样点信号均匀、自动化程度高和集成度高的小型化SPRi设备的研制。

本书的出版得到了“湖南省光电健康检测工程技术研究中心”的资助，以及“湖南省自然科学基金（编号：2023JJ60499）”等基金的支持，大部分研究成果已形成十余篇论文，发表并申请、授权了多项国家发明专利。本书涉及的研究始于作者在中国科学院大学国家纳米科学中心的博士研究课题，作者衷心感谢博士导师朱劲松研究员、北京航空航天大学郑铮教授和美国Linfield 学院J. J. Diamond教授的悉心指导，感谢长沙学院朱培栋、刘光灿、刘安玲、陈艳、许焰、周远、陈英教授，桂林电子科技大学胡放荣教授，中南大学胡忠良、汪炼成教授，湖南大学王玲玲、项元江教授及肖德贵、肖成卓副教授的关心支持，感谢国家纳米科学中心王坤、王艳梅、宋炉胜、程志强、杨墨、周文菲博士及马欣、周大苏、王瑞硕士，北京大学范江峰博士，北京航空航天大学万育航、赵欣、卞雨生、刘磊、苏亚林博士，以及中国人民大学侯瑞博士的帮助。作者还特别感谢爱人杨雪女士、儿子汪炳旭、女儿汪俐君的理解和支持。

本书可作为光学信息处理、传感检测与显微成像等领域的科研工作者、技术人员及相关专业老师及博士生、硕士生、本科生的参阅资料。

由于作者学识和实践水平有限，书中难免有疏漏之处，敬请广大读者批评指正！

目　录

第1章　SPRi技术概述

生物传感器是以生物材料（如生物组织切片、酶、抗体、核酸、细胞器）及其衍生材料（如工程蛋白、适体、重组抗体）作为敏感元素，与特定类别的检测物进行反应，利用物理类型或化学类型的换能器检测反应过程，并产生与检测物浓度成正比的离散数字信号的系统。自1967年Updike SJ等人[1]研制出第一个生物传感器——葡萄糖传感器以来，生物传感器技术在生物、化学、物理、医学等学科方面迅速发展，尤其在微生物、免疫和细胞器传感等技术的推动下，得到了长足发展，已成为日常生活和生产中的重要检测技术。近年来，随着系统生物技术、微流控技术和电子技术等新技术的引入，更多类型的生物传感器得到了研究和应用。目前，生物传感器已被广泛应用于食品健康与安全、医学诊断、药物开发和环境监测等方面[2]，并成为21世纪信息技术和生命科学领域的一个重要发展方向[3]。

根据工作原理，生物传感器可以分为压电生物传感器[4]、光学生物传感器[5]、电化学生物传感器[6]等。作为光学生物传感器的一种，SPR生物传感器从20世纪90年代开始便被大量研究和应用[2,6-8]。与传统生物检测手段相比，SPR生物传感器具有无标记、检测时间短、灵敏度高等特点，除可以确定检测物中目标分子的存在和含量外，还可以通过实时检测传感器表面分子与检测物分子之间的吸附与解吸附过程，对分子间相互作用的动力学进行研究。

1.1　SPW的性质

根据德鲁德模型（Drude Model），金属中的自由电子满足玻耳兹曼分布定律。由于自由电子间存在库仑排斥力和万有引力等相互作用，因此金属中的自由电子形成了一个相对稳定的电子群。金属等离子体是指金属中这些自由电子的一种集体纵向振荡。这一振荡不仅存在于块状金属中，也存在于金属表面。在金属-介质界面上，金属表面自由电子的集体波动由于受到表面限制，表现为局限于表面并垂直于界面的振荡，形成了表面等离子体（Surface Plasma，SP）。当这种振荡受到外界入射的电子或光子的能量时，会产生沿界面传播并分别向金属和介质内部呈指数衰减的倏逝波，这种电磁波被称为表面等离子体波（Surface Plasma Wave，SPW）。由于SPW被限制在金属-介质界面，因此对介质的厚度、折射率①等的变化十分敏感，从而可以实现SPW对介质变化的检测。

图1.1所示为金属-介质界面SP电磁场的分布和衰减。其中，介质中的电磁场 H_2、E_2 和金属中的电磁场 H_1、E_1 的分布分别如式（1.1）、式（1.2）所示。

$z>0$ 时

$$H_2=(0,H_{y_2},0)\mathrm{e}^{\mathrm{i}(k_{x_2}x+k_{z_2}z-\omega t)}$$

$$E_2=(E_{x_2},0,E_{z_2})\mathrm{e}^{\mathrm{i}(k_{x_2}x+k_{z_2}z-\omega t)} \tag{1.1}$$

① 折射率单位为RIU（Refractive Index Unit，RIU），无量纲。

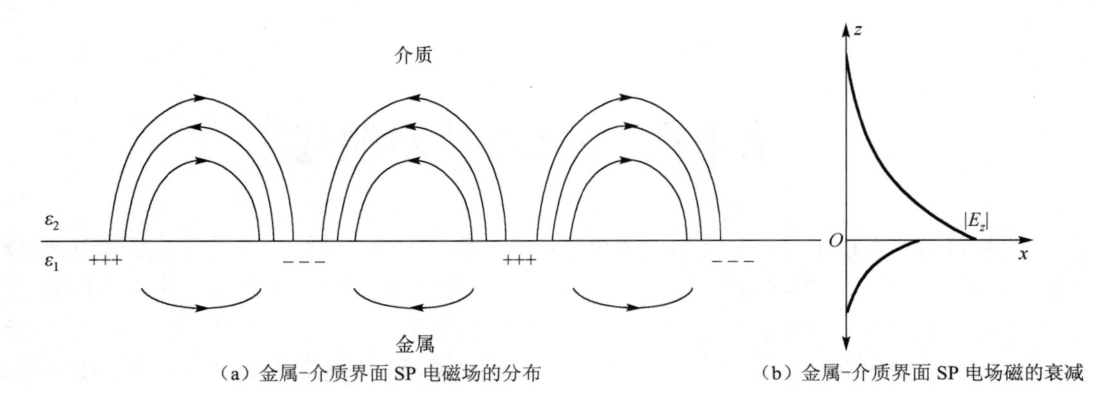

（a）金属-介质界面 SP 电磁场的分布　（b）金属-介质界面 SP 电场磁的衰减

图 1.1　金属-介质界面 SP 电磁场的分布和衰减

$z<0$ 时

$$\begin{aligned} H_1 &= (0, H_{y_1}, 0)\mathrm{e}^{\mathrm{i}(k_{x_1}x - k_{z_1}z - \omega t)} \\ E_1 &= (E_{x_1}, 0, E_{z_1})\mathrm{e}^{\mathrm{i}(k_{x_1}x - k_{z_1}z - \omega t)} \end{aligned} \tag{1.2}$$

式中，k_{x_1}、k_{x_2}、k_{z_1}、k_{z_2} 分别为金属和介质中沿界面和垂直于界面的波矢分量；ω为角频率；t 为时间。由于式（1.1）、式（1.2）满足麦克斯韦公式，结合电磁场边界条件，SPW 的色散关系计算公式如下[9]：

$$D = \frac{k_{z_1}}{\varepsilon_1} + \frac{k_{z_2}}{\varepsilon_2} = 0 \tag{1.3}$$

式中，D 为电位移矢量的值；ε_1 为金属的介电常数；ε_2 为介质的介电常数。

对于金属和介质，沿界面和垂直于界面波矢分量的计算公式如下：

$$k_x^2 + k_{z_i}^2 = \varepsilon_i \left(\frac{\omega}{c}\right)^2 \tag{1.4}$$

式中，c 为光速。

由式（1.3）可知，SPW 沿界面传播常数的计算公式如下：

$$k_{\mathrm{SP}} = k_x = \frac{\omega}{c}\left(\frac{\varepsilon_1 \varepsilon_2}{\varepsilon_1 + \varepsilon_2}\right)^{1/2} \tag{1.5}$$

由式（1.3）可知，介质和金属的介电常数符号必须相反，满足该条件的金属有金、银、铜、铝[10]等，其中金和银较常用。

1.2　激发 SPW 的光学耦合装置

利用光波激发 SPW 的条件是：光波沿界面的波矢分量 k_x 和 SPW 沿界面的传播常数 k_{SP} 匹配，而 SPW 的色散曲线位于真空中电磁波色散曲线的右侧，如图 1.2 所示。其中，ω_{p} 为辐射电磁波通过金属的角频率，k_{p} 为辐射电磁波通过金属的波矢，~代表量级相当。由于空气中的光波无法在介质-空气界面和 SPW 耦合，即无法激发 SPW，因此需要借助特定的耦合装置增加电磁波沿界面的波矢分量，以实现光波对 SPW 的激发。当激发实现时，光波的能量转移到 SPW 中并表现为反射光强度的下降。在激发效率最高时，反射光强度达到最小值，并产生 SPR 现象。

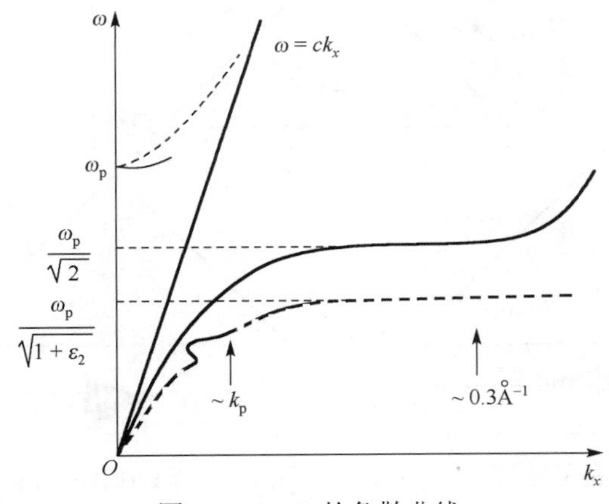

图 1.2　SPW 的色散曲线

图 1.2 中的直线为真空中电磁波的色散曲线，直线左侧的虚线为电磁波通过金属且为辐射波的色散曲线，直线右侧的实线为介质是空气时金属表面 SPW 的色散曲线，直线右侧的虚线为金属表面介质的介电常数大于 1 时 SPW 的色散曲线。

1902 年，Wood RW 利用 SPR 激发理论首次解释了光栅表面的反常衍射现象[11]。在 Fano U 等人研究反常衍射现象激发条件的基础上[12-15]，20 世纪 60 年代末，Kretschmann E 等人[16]和 Otto A[17]设计了利用衰减全反射（Attenuated Total Reflection，ATR）激发 SPR 的装置，从此大量的科研人员致力于开发与 SPR 相关的很多新型实验技术和新型检测方法，并基于这些技术和方法成功研发了各种商品化的 SPR 传感器。到目前为止，激发 SPR 现象的光学耦合装置主要有棱镜、光波导及光栅。

1.2.1　棱镜耦合

由图 1.2 可知，通过增加光波沿金属-介质界面的波矢分量，可以实现光波对 SPW 的激发，较简单的方法是将光波射入具有高折射率的透明传输介质（通常为玻璃棱镜），并在该传输介质与其他物质的界面（金属层或介质缓冲层）进行反射，以增加沿金属-介质界面的波矢分量。然而，该波矢分量的增加改变了光波垂直于金属-介质界面的波矢分量，使光波在金属-介质界面形成了倏逝波并用于激发 SPW，使反射光强度大大减弱，由于这种现象只在全反射时才会发生，因此这种现象被称为衰减全反射，这就是棱镜耦合装置的工作原理。由于棱镜耦合装置的工作原理简单并易于实现，目前该装置已被广泛应用于实验研究和商业化产品中。

根据与棱镜接触物质的不同，棱镜耦合 SPR 装置可分为两类：Otto 装置（介质的缓冲层通常为空气）和 Kretschmann 装置（金属），如图 1.3 所示。在 Otto 装置中，衰减全反射产生的倏逝波会透过缓冲层并激发金属-介质界面的 SPW，以实现对 SPR 现象的激发。在该装置中，金属层厚度在一定范围内变化对 SPW 的激发没有影响，但是需要对缓冲层的厚度进行控制，一般为几百纳米或微米量级。如果缓冲层太厚，倏逝波将无法有效透过缓冲层激发 SPW；如果缓冲层太薄，虽然倏逝波可以较好地激发 SPW，但是棱镜会通过改变缓冲层的电磁场分布而影响 SPW 的电磁场分布和对介质变化检测的敏感度。

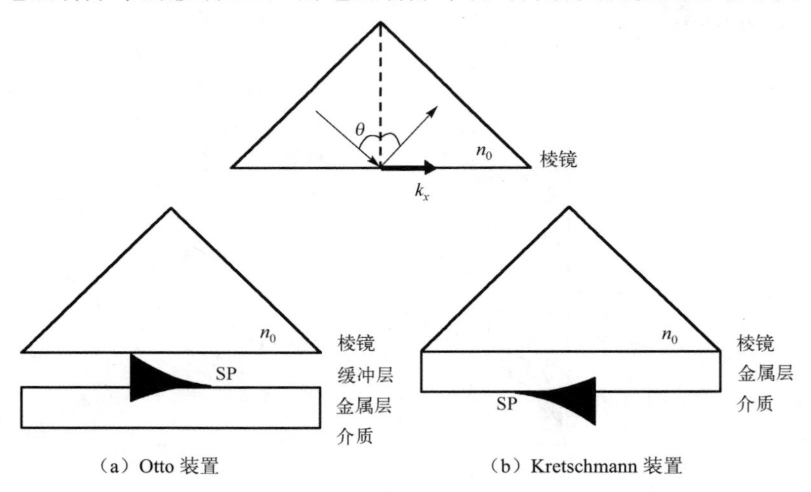

图 1.3 棱镜耦合 SPR 装置

与 Otto 装置不同，在 Kretschmann 装置中，金属层和棱镜会直接接触，衰减全反射产生的倏逝波只需要透过金属层就可以激发 SPW，其电磁场分布几乎不受棱镜的影响，不过对金属层的厚度变化比较敏感。由于这种装置原理更简单、更易制备，因此在基于棱镜耦合装置的 SPR 传感器中使用较广泛。

基于 Kretschmann 装置的棱镜耦合原理如下：设棱镜的折射率为 n_0，光波在棱镜内的入射角为 θ_0，衰减全反射产生的倏逝波沿金属-介质界面的波矢分量为 $k_x = (\omega/c)n_0\sin\theta_0$（见图 1.3）。图 1.4 所示为 Kretschmann 装置以空气作为介质时棱镜耦合 SPR 装置与 SPW 的色散曲线。从图中可以看出，光波通过棱镜后，k_x 的增大使色散曲线的斜率降低并与 SPW 的色散曲线产生了交点，从而使光波激发 SPW 并产生 SPR 现象成为可能，此时的波矢匹配条件如下：

$$\frac{\omega}{c}n_0\sin\theta_0 = \mathrm{Re}(k_{\mathrm{SP}}) \tag{1.6}$$

式中，Re 为复数的实部。

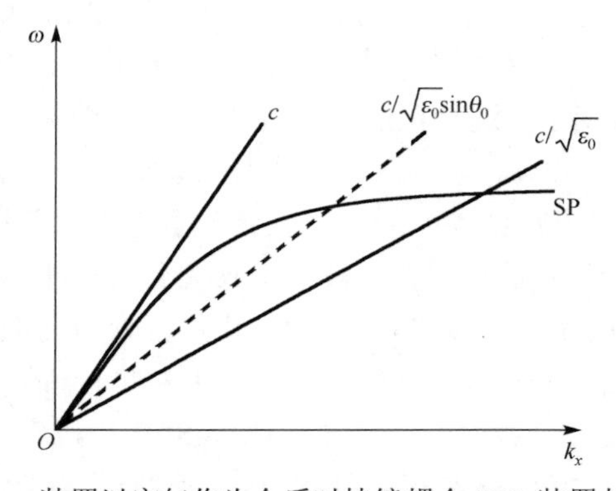

图 1.4 Kretschmann 装置以空气作为介质时棱镜耦合 SPR 装置与 SPW 的色散曲线

1.2.2　波导耦合

波导耦合 SPR 装置也可以激发 SPW，其工作原理与 Kretschmann 装置的工作原理类似，如图 1.5 所示。图中波导层的作用和 Kretschmann 装置中棱镜的作用一样，在波导层上制备金属层，光从波导层一侧入射时会发生全反射，产生波导模式并在波导-金属界面激发倏逝波，倏逝波能透过金属层在金属-介质界面激发 SPW。波导耦合 SPR 装置产生 SPR 现象的波矢匹配条件如下：

$$\mathrm{Re}(k_{\mathrm{SP}}) = \beta_{\mathrm{mode}} \tag{1.7}$$

式中，β_{mode} 为波导模式沿界面方向的传播常数。

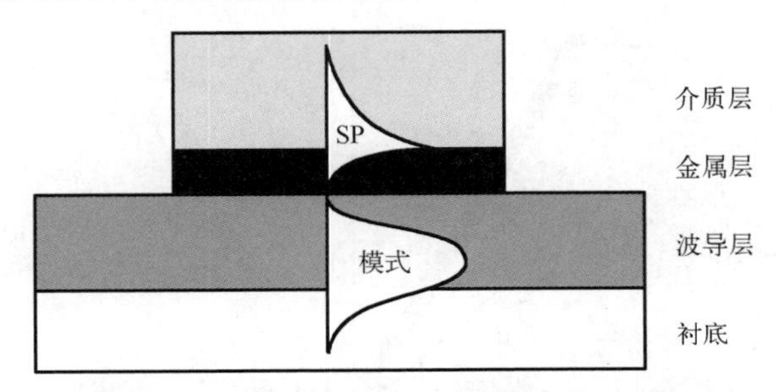

图 1.5　波导耦合 SPR 装置

激发 SPW 的波导耦合 SPR 装置主要有以下两种。

（1）光纤耦合 SPR 装置。Jorgenson RC 等人于 20 世纪 90 年代初研制了这种装置[18]。这种装置主要基于侧面抛光技术，在抛光区制备金属层，光纤则起到 Kretschmann 装置中棱镜相同的作用，其中传播的基模光波通过衰减全反射在光纤-金属层界面激发倏逝波，并透过金属层在金属-介质界面激发 SPW。光纤耦合 SPR 装置的优点是结构简单、易于集成，缺点是光纤容易变形，导致在光纤中传播的光波偏振不稳定，影响了光波激发 SPW 的效率。

（2）平板波导耦合 SPR 装置。1990 年，Lukosz W 证明了利用集成平板波导装置激发 SPW 的可行性[19]，Lambeck PV 首次研制出集成平板波导激发 SPR 的装置[20]。此后，科研人员对利用平板、沟道单模集成波导激发 SPW 做了大量研究。平板波导耦合 SPR 装置的优点是与微电子工艺兼容、易于大规模集成，缺点是动态范围有限，为此科研人员研究并开发了多种不同结构的波导耦合 SPR 装置，以增大 SPR 传感器的动态工作范围。例如，减小衬底的折射率或者在衬底上制备低折射率的缓冲层[21-22]、在波导层上制备高折射率的缓冲层[23]以增大波导模式传播常数沿金属-介质界面的分量等。这些缓冲层的出现虽然增大了 SPR 传感器的动态工作范围，但影响了电磁场在金属-介质界面的分布，降低了传感器的灵敏度。

1.2.3　光栅耦合

光栅耦合 SPR 装置是另一种用于激发 SPW 的耦合装置，如图 1.6 所示。

光栅耦合 SPR 装置的原理是：当光从介质入射到金属光栅时，由于光栅的周期性结构而发生衍射，会形成图 1.6 所示的不同能级的衍射光波。不同能级的衍射光波沿金属-介质界面的波矢分量不同，如果某一能级的上述波矢分量与金属-介质界面的 SPW 的波矢相匹配，则这一能级的光波就能激发 SPW，产生 SPR 现象。根据这个原理，光栅耦合 SPR 装置产生 SPR 现象的波矢匹配条件如下：

$$\frac{2\pi}{\lambda}n_{\mathrm{d}}\sin\theta+m\frac{2\pi}{\varLambda}=\mathrm{Re}(k_{\mathrm{SP}})\quad(m=0,1,2,\cdots)\tag{1.8}$$

式中，λ 为入射光波的波长；n_{d} 为介质的折射率；$\varLambda$ 为光栅的周期长度；m 为光栅衍射光的级数；θ 为入射角。

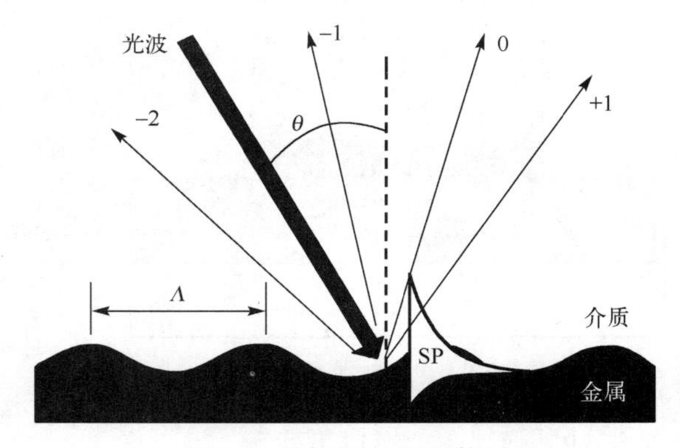

图 1.6　光栅耦合 SPR 装置

虽然光栅耦合 SPR 装置能大量生产，材料来源也较广泛（如塑料），且光栅耦合也是比较常用的耦合技术，但由于光栅的设计和制作工艺要求高，光栅耦合 SPR 装置不如棱镜耦合 SPR 装置使用广泛。Dostalek J 等人介绍了基于光栅阵列的角度扫描检测方法，当一束单色光波通过圆柱透镜以接近 90° 的角度入射光栅时，反射光会通过该透镜转换成平行光束入射到二维电荷耦合器件（Charge Coupled Device，CCD），当入射光通过移动分光器和圆柱透镜时，会同时入射到不同列的光栅芯片上，该装置折射率的分辨率为 5×10^{-6}RIU[24]。Telezhnikova O等人介绍了一种基于光谱和衍射光栅法的传感器和测量方法，一束准直复色光波入射到衍射光栅，一部分入射光经二阶衍射会激发金属-介质界面的 SPW，另一部分入射光通过一阶衍射被发散，根据入射光的不同波长并针对不同区域摆放的敏感探测器，观察单一频谱的衍射光，折射率的分辨率可达 3×10^{-7}RIU[25]。

与常用的 Kretschmann 装置相比，光栅耦合 SPR 装置的优点是不需要严格控制金属层的厚度，对制备金属光栅的衬底要求也不高，而且生产材料来源广泛；缺点是因为光波是从介质入射到光栅激发 SPW 的，所以盛放介质的孔道必须是透明的。

1.3　SPR 传感器的性能参数及检测方法

从 SPW 激发的原理解释，SPR 传感器是用来检测发生在金属表面介质折射率等物理参数的传感器。在 SPR 传感器工作时，横磁（Transverse Magnetic，TM）偏振光会通过前面所述的耦合装置并发生全反射以激发倏逝波，在满足不同耦合装置的波矢匹配条件[式（1.6）～式（1.8）]时，倏逝波能激发 SPW 并产生 SPR 现象。当金属表面的介质发生变化（如折射率的变化或由于吸附造成介质厚度的改变）时，SPW 的色散关系会重新建立并引起其沿金属-介质界面的波矢分量发生改变，从而使激发 SPW 的入射光波的物理参数（如入射角、波长、相位）发生变化。SPR 传感器通过测量这些参数的变化可以得到金属表面介质物理参数的变化。根据对不同的特性参数的测量，基于 SPR 传感器的检测方法可分为基于强度测量的检测方法、基于角度测量的检测方法、基于波长测量的检测方法和基于相位测量的检测方法，1.4 节将对这些检测方法进行介绍和比较。

1.3.1　SPR 传感器的性能参数

早期都是直接测量金属表面气体和液体等介质的折射率变化的，现在通过测量介质折射率或厚度的变化来间接测量金属表面分子的浓度或分子、蛋白的相互反应过程，SPR 传感器及其检测方法经过了长期发展和巨大变化，贯穿其中的是传感器性能参数的优化。常用的性能参数有灵敏度、分辨率、动态范围、检测限（Limit Of Detection，LOD）、测量精度等，下面将进行详细介绍。

1. 灵敏度

传感器的灵敏度定义为传感器的输出变化量和被检测物质参数变化量的比值。对 SPR 传感器而言，以检测金属表面一定浓度的溶液为例，灵敏度 S_C 定义为传感器输出 Y（如共振波长、共振角度、测量强度和测量相位）和该溶液浓度 C 的比值：

$$S_C = \frac{\partial Y}{\partial C} = \frac{\partial Y}{\partial n_{\mathrm{D}}}\frac{\partial n_{\mathrm{D}}}{\partial C} = S_{\mathrm{RI}} S_{\mathrm{NC}} \tag{1.9}$$

式中，S_{RI} 为传感器输出对溶液折射率的灵敏度；S_{NC} 为溶液折射率与浓度的比值，由溶液本身的性质决定。S_{RI} 可用式（1.10）[2]表示：

$$S_{\mathrm{RI}} = \frac{\delta Y}{\delta n_{\mathrm{ef}}}\frac{\delta n_{\mathrm{ef}}}{\delta n_{\mathrm{D}}} = S_{\mathrm{ef}} S_{\mathrm{D}} \tag{1.10}$$

式中，n_{ef} 为 SP 等效折射率；S_{ef} 为传感器输出对 SP 等效折射率的灵敏度，由耦合装置和检测方法决定；S_{D} 为 SP 等效折射率与溶液折射率的比值，由金属表面介质的构成决定。Homola J 利用微扰理论[26]分别针对金属附近介质的折射率变化和表面折射率变化两种情况计算了 S_{D}。SP 等效折射率对介质体折射率变化的灵敏度公式如下：

$$\left(\frac{\delta n_{\mathrm{ef}}}{\delta n_{\mathrm{D}}}\right)_{\mathrm{B}} = \frac{n_{\mathrm{ef}}^3}{n_{\mathrm{d}}^3} > 1 \tag{1.11}$$

2. 分辨率

SPR 传感器的分辨率定义为能检测到的最小输出量对应的金属表面介质折射率的变化，其中传感器最小输出量的值通常由传感器的检测噪声决定。所以，传感器的分辨率 r_{RI}

定义为传感器输出噪声的标准差（Standard Deviation，SD）与上述传感器输出对溶液折射率的灵敏度 S_{RI} 的比值

$$r_{RI} = \frac{\sigma}{S_{RI}} \tag{1.12}$$

式中参数主要由噪声决定，σ 为传感器输出噪声的标准差。利用反射光强度计算传感器参数的方法有很多，Homola J 等人以传感器输出参数的数据处理方法为例[26]证明了传感器的分辨率与测量反射光得到的数据量、反射光强度在阈值处的噪声、SPR 峰宽度等因素有关。

3. 动态范围

SPR 传感器的动态范围表示可以被该传感器检测物理量的线性变化区间。以棱镜耦合 SPR 装置为例，其可测量的折射率变化范围由 np$\sin\theta$ 决定，其中，np 为棱镜折射率，$\sin\theta$ 为入射角的正弦值。因此可以通过提高棱镜折射率来增大 SPR 传感器的动态范围。

4. 检测限

SPR 传感器的检测限定义为最小的输出参数对应的被检测物质的浓度。检测限 Y_{LOD} 的值由式（1.13）计算：

$$Y_{LOD} = Y_{blank} + m\sigma_{blank} \tag{1.13}$$

式中，Y_{blank} 表示没有检测时输出的参量的平均值；σ_{blank} 表示 Y_{blank} 的标准差；m 表示所选择的数值因子，数值一般为 2 或 3[27]。

检测限浓度的计算公式如下：

$$C_{LOD} = \frac{1}{S_C(C=0)} m\sigma_{blank} \tag{1.14}$$

式中，S_C 由式（1.9）计算得到，表示 SPR 传感器针对被检测物质浓度的灵敏度。

5. 测量精度

SPR 传感器的测量精度表示传感器测量得到的被检测物的物理量与真实物理量之间的逼近程度，一般由误差与输出参数的百分比表示。这种测量精度与 SPR 峰的深度和半高宽的比值（Depth-to-Width Ratio，DWR）相关，DWR 值越大，测量精度越高。

1.3.2 SPR 传感器的检测方法

目前对于各种生物分析物和化学分析物，已经有多种检测方法应用于 SPR 传感器。其中较常用的检测方法包括直接检测法、三明治模式检测法、竞争检测法和封闭检测法等[28-29]。不同检测方法需要根据分析物分子的大小、可能存在的生物分子互相识别元素、分析物的浓度范围及样品形式等因素进行选择。下面将简单介绍这几种检测方法。

在直接检测法中，生物识别元素[30-33]（如抗体、多肽）固定在 SPR 传感器的金属表面，当溶液中的分析物结合到这些元素时，会引起金属表面附近介质厚度或折射率的变化，这些变化由 SPR 传感器检测得到。直接检测法由于通过分析物和识别元素直接结合就可以产

生足够的信号，检测原理简单，因此较常应用。直接检测法虽然原理简单、操作方便，但是难以完全保证检测的特异性和检测底线，这种局限性可以通过采用其他检测方法进行改进。三明治模式检测法通过将结合分析物的表面置于分析物的第二种抗体溶液中孵育的方式进行检测，而对于分子量小于 5000Da（道尔顿）不足以产生足够检测信号的分析物，通常可使用竞争检测法或封闭检测法进行检测。竞争检测法的原理大致如下：SPR 传感器的金属表面要包被可以与分析物反应的抗体，在把另一种可以和该抗体反应的结合分析物加到检测样品中后，样品中的分析物与结合分析物会竞争结合到表面有限的结合位点上，由此得到的结合信号会与样品中分析物的浓度成反比。此外，一些课题组基于上述原理对这些检测方法进行了改进[34-36]。

1.4　基于 SPR 传感器的检测方法和比较

1.3 节提到基于 SPR 传感器的检测方法有 4 种，本节介绍这些检测方法的基本原理。图 1.7（a）和（b）中的黑色实线分别是基于角度测量的检测方法中 SPR 传感器的出射光谱和基于波长测量的检测方法中 SPR 传感器的出射光谱。从出射光谱可以看出，它们分别是光波入射角和波长的函数，SPR 现象对应的是光谱上具有极小值的共振峰，与共振峰对应的入射角和波长是共振角度和共振波长。两者的区别是：前者需要固定入射光的波长，后者需要固定光波的入射角。

SPR 峰的特征参数有两个：共振峰的位置和共振峰的 DWR，前者对应共振角度或共振波长，后者为共振峰的深度和半高宽的比值。当耦合装置一定时，共振峰的位置由金属表面介质的物理参数（如折射率）决定。共振峰的 DWR 由 SPR 传感器的结构和其中金属层的厚度决定，主要是因为金属的消光系数，即折射率的虚部，会使倏逝波能量在金属层内部湮灭。共振峰的 DWR 可以体现 SPR 传感器的测量精度。

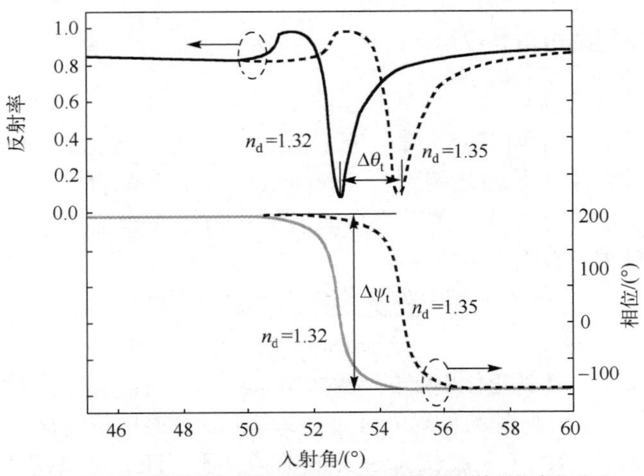

（a）基于角度测量的检测方法得到的反射率和对应的相位变化曲线
（波长为952nm，棱镜折射率为1.7，金的厚度为35nm）

图 1.7　基于角度测量的检测方法和基于强度测量的检测方法

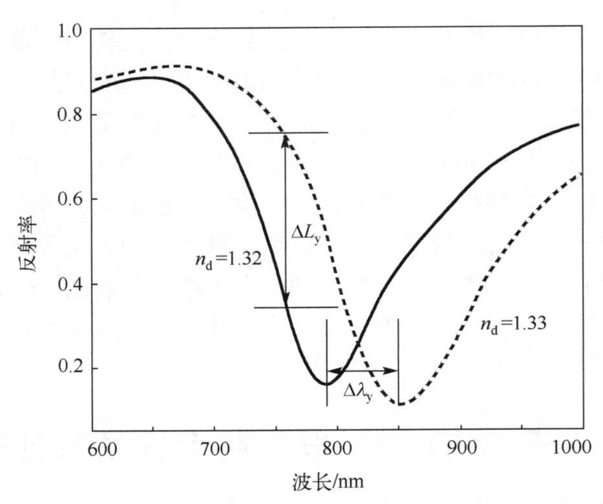

（b）基于强度测量的检测方法和基于波长测量的检测方法得到的反射率曲线（金的厚度为35nm，入射角度为54°，金折射率请参考文献[37]）

图 1.7 基于角度测量的检测方法和基于强度测量的检测方法（续）

基于强度测量的检测方法［见图 1.7（b）］通过固定光波的波长和入射角，记录反射光强度随金属表面介质物理参数的变化以实现测量。由图 1.7（a）和（b）可知，选择不同的入射角和波长对基于强度测量的 SPR 传感器的灵敏度有很大影响。其中，$\Delta\theta_t$ 为共振角度变化；$\Delta\psi_t$ 为共振相位变化；n_d 为介质折射率；ΔI_y 为强度变化；$\Delta\lambda_y$ 为共振波长变化。

基于相位测量的检测方法的工作原理是：当入射光中同时存在 TM 偏振分量和横电（Transverse Electric，TE）偏振分量时，由于 SPW 的激发会改变出射光中 TM 偏振分量的相位，因此这两种分量的相位差在共振峰附近会发生剧烈跳变，记录这种跳变可以得到共振峰的信息，从而对金属表面介质的物理参数变化进行测量。下面我们将对上述 4 种基于 SPR 传感器的检测方法进行简要介绍并比较。

1.4.1 基于强度测量的检测方法

基于强度测量的检测方法由于测量原理简单、易于实现，于 20 世纪 80 年代便被提出并应用于实际检测[38]。一个研究方向是，这种检测方法可以与 1.2 节提到的 3 种耦合装置配合使用，目前比较常用的是与棱镜耦合 Kretschmann 装置配合使用，在共振峰附近实现强度测量。最初只用于单点检测，当采用金属层材料为金的传统 SPR 芯片时，基于强度检测方法中灵敏度的计算方法如下：

$$S = \frac{\Delta R / R_{\max}}{\Delta n_{\text{analyte}}} \times 100\% \tag{1.15}$$

式中，ΔR 为检测介质折射率变化引起的反射光强度变化；$\Delta n_{\text{analyte}}$ 为检测介质折射率的变化；$R_{\max}$ 为仪器动态范围内得到的反射光强度的最大值；S 的单位定义为 Reflectivity%/RIU，在以下计算中简称 Ref%/RIU。在波长为 633nm 的条件下，Homola J 等人计算得到的强度检测方法中的灵敏度大约为 3900Ref%/RIU[39]。Li CT 等人[40]采用 Yeatman EM 的方法[41]，在波长为 660nm 的条件下，通过优化传统 SPR 芯片的金属层厚度得到灵敏度的最大值为 3200Ref%/RIU。从式（1.12）可知，分辨率主要由噪声决定，因此提高信噪比是 21 世纪初的研究热点。另一个研究方向是，这种检测方法集中在高通量检测，即 SPR 成像（SPR imaging，SPRi）检测的应用方面。SPRi 早期又被称为 SPR 显微技术，最初被应用于研究磷脂单分子层或其他薄膜的表面形态，其工作原理是采用具有一定空间覆盖范围的平行光束以一定的入射角入射到 SPR 传感器，在覆盖范围内的传感器表面激发 SPR 现象，记录 SPR 信息的反射平行光束由 CCD 接收并成像，这些图像通过类似于显微镜数据的处理方式得到传感器表面的局部信息。随着蛋白组学、药物筛选和安全监测等领域的发展，微阵列技术对多种生物标记物或蛋白指纹同时进行分析的需要日益加强，传统的荧光标记阵列完成分析难以满足上述需求。此时 SPRi 无标签，对传感器表面变化的高灵敏度、高通量和实时检测的优势正好满足了这些需求，并被迅速和大量地应用于上述领域[42-47]。

Zybin A 等人研制了基于双波长检测的 SPRi 系统，该系统采用了两个顺序开关的激光二极管，传感器通过测量两个不同波长的反射光强度，进而获得两路反射光信号的差值以降低噪声，其分辨率可以达到 2×10^{-6}RIU[48]。21 世纪初，Campbell CT 小组对 SPRi 系统进行了大量研究，他们研制了一种可以调节入射角的 SPRi 系统[49-50]，其先在不同入射角下得到 SPRi 系统的信号，然后选择最佳入射角进行测量从而优化信噪比，该系统能够同时在 120 个传感通道内进行检测，分辨率可以达到 2×10^{-5}RIU，2007 年分辨率优化至 5×10^{-6} RIU[51]。除此之外，Homola 小组从入射光偏振态等方面入手也进行了尝试[52]，该小组研制出一种基于不同偏振出射光的对比度和空间分布图案多层结构来激发 SPR 现象的成像装置[53]。在此装置中，棱镜耦合装置与一个内载空间分布图案的多层结构的 SPR 芯片放置于两块偏振方向垂直的起偏器之间，出射方向的偏振片透过激发 SPW 的区域（传感区域）和非传感区域的反射光会产生高对比度的图像从而提高信噪比。这种装置被证明能够检测金属表面介质折射率的变化，分辨率可以达到 2×10^{-6} RIU[54]。

除上述工作外，其他小组也对强度检测传感器的结构优化进行了研究。Sepulveda B 等人将磁光材料钴和 SPR 芯片相结合，利用交变磁场调制 SPR 效应的反射光强度变化来检测金属表面介质的物理参数，其分辨率可以达到 5×10^{-6}RIU[55]。本课题组以波导耦合表面等离子共振（Waveguide Coupled Surface Plasmon Resonance，WCSPR）传感芯片为基础，利用交流信号调制 SPR 效应并在共振角处进行强度检测，分辨率可以达到 1×10^{-6} RIU[56]。

由于基于强度测量的检测方法在高通量检测方面存在优势，目前有大量的商业 SPRi 仪器基于这种检测方法，主要有 Biacore、GWC[57]、IBIS[58]和 Plexera[59]等，其中 Biacore T200、GWC SPRimager 和 IBIS MX96 仪器的外观分别如图 1.8（a）、（b）、（c）所示。

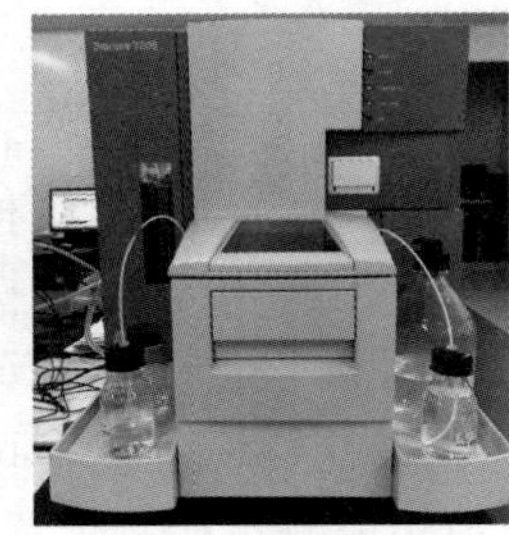

（a）Biacore T200

（b）GWC SPRimager

（c）IBIS MX96

图 1.8 常用的商业 SPRi 仪器

1.4.2 基于角度测量的检测方法

最初基于角度测量的检测方法是通过准直光束入射、机械转台旋转耦合器和光电探测器接收反射光的方法实现的。基于机械转台的角度测量原理示意图如图 1.9 所示[60]。其中，θ为入射角。目前除此方法外，采用覆盖一定入射角范围的聚焦光束激发 SPW 和多探头阵列接收发散的反射光束的方法[61]也得到了广泛应用。在后者中，发光二极管的出射光经过透镜准直并聚焦会产生覆盖一定入射角范围的光束入射到耦合棱镜上，经过 SPR 芯片反射并由 CCD 接收反射光，从而获得角度测量结果，用这种方法设计的传感器被 Biacore 公司（已被 GE Healthcare 收购）开发为商业 SPR 传感器[62]。

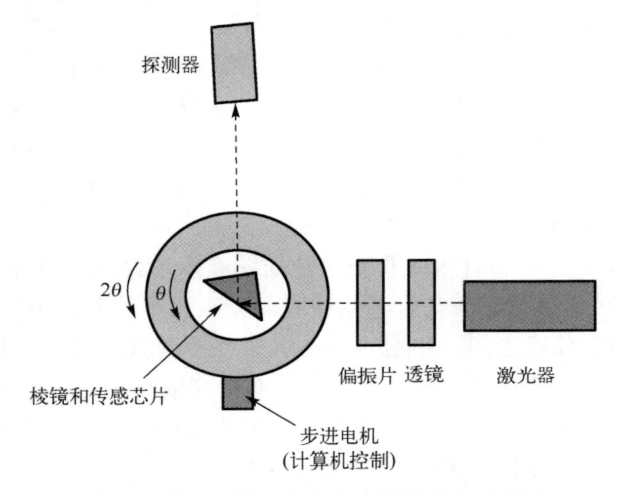

图 1.9 基于机械转台的角度测量原理示意图

对其他耦合装置而言，Thirstrup C 等人提出了基于光栅耦合装置的角度扫描检测方法 [63-64]。这种方法采用宽平行光束入射到聚焦光栅上产生衍射并聚焦在SPR测量平面上。反射光按入射光的反方向传播形成了按角谱分布的平行光束，通过二维光探测器采集信号可以同时对几个平行传感通道进行测量，经过 64 次平均之后，这种方法的分辨率约为 5×10^{-7}RIU。基于光栅耦合装置的角度扫描检测方法已被 Corning 公司的 Epic 生物传感器系统实现。这种系统采用分束器将入射光分成多个光束，其中每束光入射到对应的共振波导光栅上后，通过转台扫描入射角从而获得角度来扫描光谱[65]。基于聚焦光束的角度测量原理示意图如图 1.10 所示。

目前，开发小型化的角度扫描 SPR 检测平台是 SPR 研究方向的热点。其中具有代表性的成果如下：德州仪器生产的 Spreeta 2000 系统（现在为 Sensata 公司所有），利用这种系统能将塑料棱镜、红光发光二极管（Light Emitting Diode，LED）和线性二极管阵列探测器等装置集成为 3.0cm×0.7cm×1.5cm（长×宽×高）的产品，这种小尺寸的设计使利用该产品实现进一步集成成为可能[66]。该系统经过 Naimushin A 等人的优化设计后，分辨率可以达到 3×10^{-6}RIU[67]。Shin YB 等人提出了一种尺寸如手掌大小的双通道角度测量检测装置，在这种装置中，激光器出射的准直 TM 光束经过高频率旋转的镜面反射后会通过圆柱透镜组入射到棱镜底面，反射光由二维互补金属氧化物半导体（Complementary Metal Oxide Semiconductor，CMOS）光电探测器接收，其中入射角的位置可通过快速旋转镜面进行扫描确定，这样做的结果是对于每个入射角，CMOS 光电探测器得到的信号都可以进行平均从而降低噪声，这种装置的折射率可以达到 2.5×10^{-6}RIU[68]。

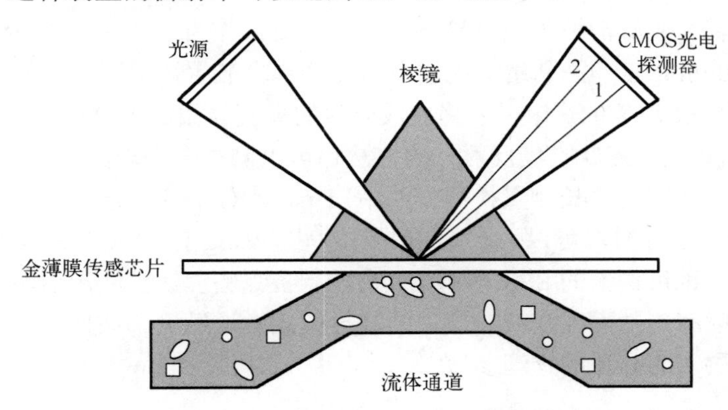

图 1.10　基于聚焦光束的角度测量原理示意图

1.4.3　基于波长测量的检测方法

与基于角度测量的检测方法不同的是，基于波长测量的检测方法是以宽光谱的光束在固定入射角下入射耦合装置，采用光谱仪接收反射光并分析由波长测量光谱得到的共振波长信息的。基于波长测量的检测方法的原理和基于角度测量的检测方法的原理类似，示意图如图 1.11 所示[69-77]。其中，θ_{SP} 为入射角。该方法中的装置与 1.2 节所述的耦合装置均可组成 SPR 传感器。

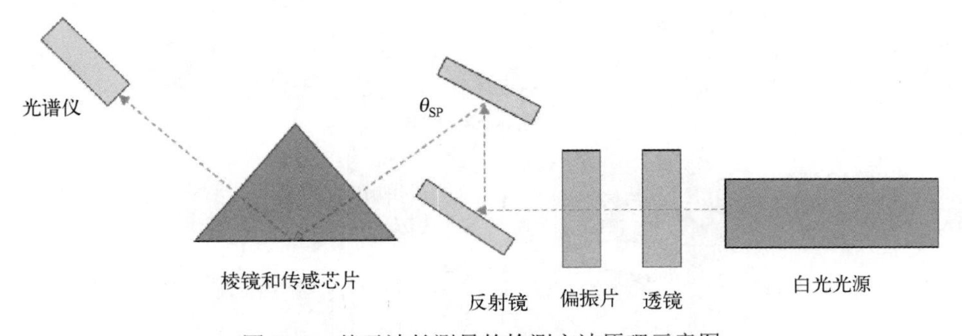

图 1.11　基于波长测量的检测方法原理示意图

在早期研究中，Caruso F 等人采用声光调谐滤波器（Acousto Optic Tunable Filter，AOTF）进行波长测量，测量时，白光射入棱镜，当驱动 AOTF 的信号频率发生改变时，AOTF 可以输出不同频率的单色光，采用差分测量的方法可以使其分辨率 10^{-6}RIU[69]，但是 AOTF 的引入增加了装置的复杂度。通过简化装置，虽然其灵敏度可以达到 8000nm/RIU，但相应的分辨率为 2.5×10^{-6}RIU[70]。2002 年，Homola 等人研究出一种基于波长扫描的检测装置，装置中的多色光经过准直后射入棱镜，来自不同孔道的反射光经过准直后由相应的光谱仪接收，分辨率可达 2×10^{-7}RIU[71]；利用波分复用（Wavelength Division Multiplexing，WDM）技术与 SPR 传感芯片结合开发的新型 SPR 传感器[72]，在八通道检测的条件下其分辨率为 1×10^{-6}RIU。其主要原理是使 SPR 传感芯片上不同检测位置激发的 SPR 现象与入射光中的不同波长的谱线相对应。

在基于光栅耦合装置的波长测量检测方法中，将银作为金属层，装置波长测量的灵敏度可以达到 1000nm/RIU[73]；利用双周期衍射光栅耦合装置可以研究金属表面的介质折射率及体折射率对 SPR 现象的影响[74]；将盛放介质的微流体做成光盘形状，内部嵌入金属光栅，采用白光垂直入射、CCD 收集反射光的方法也可以测量金属表面介质折射率的变化[75]。

基于光栅耦合装置的波长测量检测方法中，Huang JG 等人在硅衬底上制备了条形波导耦合 SPR 传感器，其分辨率可以达到 1×10^{-6}RIU[76]。Wang TJ 等人将 SPR 效应与电光调制效应结合开发了一种可调谐的 SPR 传感器，通过制备铌酸锂钛扩散沟道波导并施加电压来调制铌酸锂的折射率，从而改变波导层中的波导模式，通过测量共振波长和施加电压的斜率可以检测金属层表面介质的物理参数[77]。

1.4.4 基于相位测量的检测方法

在 TM 偏振光激发 SPR 现象时，共振条件的改变使反射光的相位发生了突变[78]，这种现象也可以用来对金属表面介质的物理参数进行测量。由于这种变化很剧烈，所以这种检测方法的灵敏度非常高，可以达到 10^4～10^6 /RIU，获得的分辨率可达 10^{-10}～10^{-7}RIU 的数量级。由于该检测方法的灵敏度和分辨率都很高，检测装置较简单，因此近年来成了 SPR 传感器研究方向的热点之一。相位测量检测装置原理示意图如图 1.12 所示。

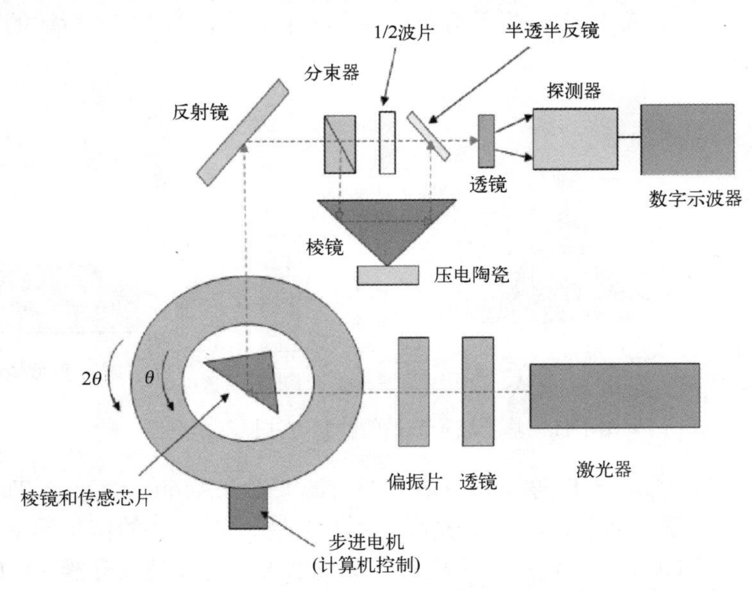

图 1.12 相位测量检测装置原理示意图

常用的基于相位测量的检测方法根据工作原理又可以分为如下 3 种[79]。

（1）外差测定法。其原理是：激光器出射光经过偏振分束器分成 TM 偏振（传感信号）光波和 TE 偏振（参考信号）光波，将传感信号进行调制使其频率略高于参考信号，两者通过耦合装置在金属表面进行全反射并产生差频信号，该差频信号携带了共振产生的相位突变信息，经光电探测器接收后采用锁相放大器等装置解调得到的幅度值和两路信号的相位差成正比。由于原理简单，这种检测方法较早在相位测量中使用。Li YC 等人在该方法的基础上采用两路信号共用光路的方法降低了噪声，通过改进可使装置的分辨率达到 2×10^{-9}RIU，是目前报道的此种方法中装置的性能较优的[80]。

（2）偏振测定法。其原理和椭偏仪的原理类似，激光器出射光经过起偏器后入射耦合装置，光波中的 TM 偏振分量和 TE 偏振分量在金属表面进行全反射并产生干涉形成稳定的干涉条纹，条纹中的明暗对比度包含两种分量间的相位差，反射光由阵列探测器接收后经过计算可以得到相位突变。为了降低噪声，入射耦合装置前光束还会经过偏振调制器或相位延迟器等元件。自 Kruchinin AA 等人基于这种方法制成 DNA 探针后[81]，大量的课题组对这种方法进行了研究。Chiang HP 等人利用电光调制器调制激光器出射光中 TM 偏振分量和 TE 偏振分量的相位差，通过优化入射光波长和金属层厚度的方法进一步优化传感性能，使激光器的分辨率可以达到 3.7×10^{-8}RIU[82]。由于该方法的光路较简单，目前已被应用于高通量检测[83-85]。

（3）干涉测定法。原理是：激光器出射光经过分束器分成两路光束，一路光束入射到耦合装置在金属表面进行全反射，以激发 SPR 现象产生相位突变；另一路光束通过镜面反射，使两路反射光经过偏振分束器干涉，并将其出射的 TE 偏振分量和 TM 偏振分量分别进入两个光电探测器，通过计算得到相位突变信息。通常用的干涉测定法包括 Michelson 干涉测定法、Mach-Zender 干涉测定法和共光路干涉测定法等。Kabashin AV 等人首先对 Mach-Zender 干涉测定法进行研究[86-87]，该方法的分辨率在最小相位角变化为 0.01°的条件下可以达到 4×10^{-8}RIU，之后这种方法也被用于高通量检测[88-89]。从 2002 年开始，Ho HP 小组对该方法进行了大量研究[90-93]，其中 Wu SY 等人在 2004 年研究出一种基于 Mach- Zender 干涉测定法的相位测量 SPR 传感器。该传感器入射棱镜的反射光被 Wollaston 棱镜分束成 TM 偏振光和 TE 偏振光，通过参考光路上的压电调制器降低系统噪声，分辨率可达 5.5×10^{-8}RIU[90]。

1.4.5　不同检测方法的比较

我们从分辨率的角度进行比较，发现上述 4 种检测方法中基于相位测量的检测方法实现的分辨率最高，可以达到 10^{-9}RIU 量级，其他 3 种检测方法的分辨率略低，通常只能达到 10^{-6}RIU 量级；从动态范围进行比较，结合图 1.7 可知，基于相位测量的检测方法的动态范围较小，而基于角度测量的检测方法和基于波长测量的检测方法的动态范围较大；但从得到这些检测性能需要的装置复杂度进行比较，基于相位测量的检测方法和基于波长测量的检测方法的装置复杂度较高，因此用于高通量 SPR 检测的方法通常为基于角度测量的检测方法和基于强度测量的检测方法。两种检测方法相比，基于强度测量的检测方法的原理更简单、检测速度更快，因此可以实现比基于角度测量的检测方法更高通量的检测。以 Plexera 公司的 K_x5 为例，其可以在一张 SPR 芯片上同时实现对 10000 个点的检测[94]。然而以简单的原理实现高通量检测意味着难以通过复杂的算法和装置提高信噪比。还是以K_x5为例，经过 8 次测量并计算平均值得到的噪声为反射光最大强度的 0.07‰，将计算结果代入式（1.15），用噪声除以式（1.15）计算得到检测灵敏度，估算得到其分辨率为 2.25×10^{-6}RIU[95]，比 Homola 研究的分辨率有较大的提高。

1.5 SPRi 传感器的原理

基于 1.4.1 节提到的基于强度测量的检测方法，SPRi 传感器的原理示意图如图 1.13 所示。当 TM 偏振的准直入射光束通过棱镜入射到金属-介质界面并发生衰减全反射时，入射光束的能量耦合进入界面处，由自由电子振荡形成表面等离子波。当光束平行于界面的波矢分量和表面等离子波匹配时，其耦合比例最大，此时反射光束强度衰减的尖峰即 SPR 峰。SPRi 传感器正是通过监测 SPR 峰底部附近的强度变化来检测传感芯片金属层附近介质的折射率等光学性质的。与其他类型的 SPR 传感器相比，SPRi 传感器除具有无须发光标记物修饰、可实时检测优点外，还具有检测通量高（~10000 检测通道）、空间分辨能力强（~10μm）等技术优势，因此目前已被广泛应用于医疗诊断、环境监测、食品健康等科研和生产的热点领域[96-97]。

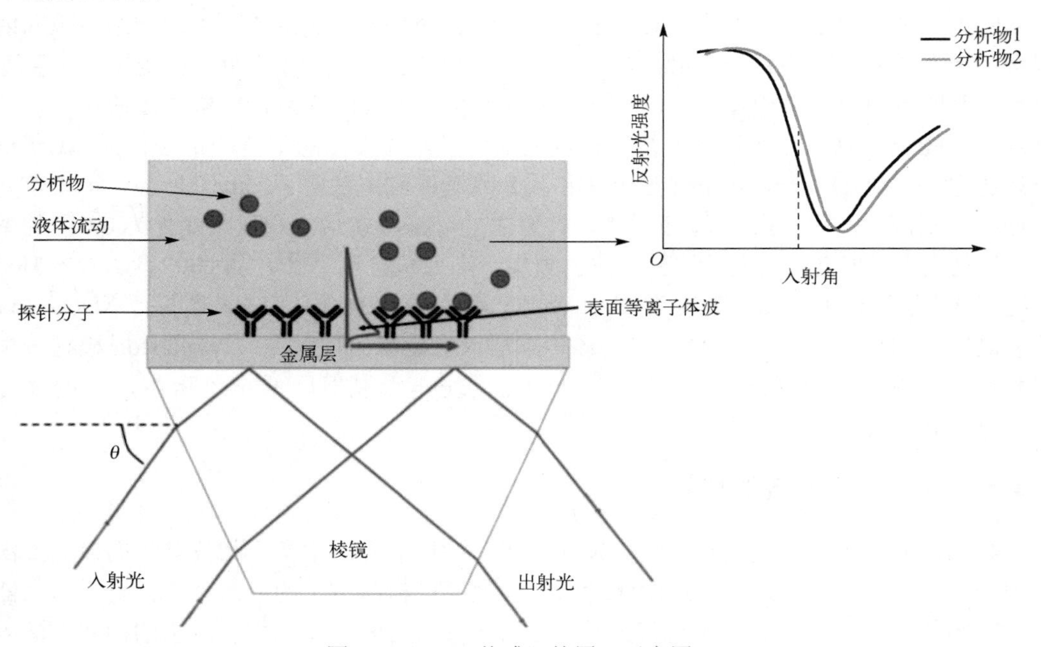

图 1.13 SPRi 传感器的原理示意图

采用 SPRi 检测技术进行高通量、特异性筛选和结合强度排序具有以下优点。

（1）无标记、不接触的检测方式不会改变或损伤生物分子的功能。SPRi 检测通过传感器中金属薄膜-待测介质界面的 SPW 向介质一侧传播，以检测生物分子结合产生的折射率的变化，不会通过直接接触或发光标记改变生物分子的空间构象，以确保筛选和排序的真实性。

（2）终点结合信号和结合强度信息同时能够获取筛选和排序的有效性。SPRi 检测通过收集金属薄膜-待测介质界面的反射光强度可以监测生物分子结合的全过程，除得到终点结合信号外，还能通过数据处理得到生物分子结合的强度信息，以提高筛选和排序的可靠性[98-99]。

（3）通过金属薄膜材料、结构参数和表面修饰等优化方法可以有效提高 SPRi 检测的能力。通过调节金属薄膜的材料和结构参数来优化 SPR 峰的 DWR 和 SPW 传播深度（Propagation Depth，PD）这两项检测性能指标，可以提高 SPRi 检测在细胞表面检测生物分子间微弱结合信号的能力，进一步提高筛选和排序的准确性[100]。

1.6　SPRi 传感器的灵敏度优化

提高 SPRi 传感器强度检测方法中的灵敏度的方法主要集中在 3 个方面：表面化学修饰方法的改进、采用金属纳米粒子或酶实现后端信号放大和改变 SPR 芯片的物理结构。

1.6.1　表面化学修饰方法的改进

最初，SPR 芯片通常采用二维表面化学修饰方法，主要通过表面自组装单层（Self-Assembled Monolayer，SAM）技术改变芯片表面以适应化学和生物学研究的需要，其目的在于对蛋白质的固定与抗拒非特异性吸附。常用的 SAM 二维表面化学修饰方法有羧基、氨基、聚乙二醇、甲氧基及氨三乙酸等，如图 1.14（a）所示[101]。这种方法不仅可以改善芯片表面的化学性质，为化学和生物反应提供良好的界面，而且可以保护芯片表面使其不与环境直接接触。但这种方法的蛋白质固定量和生物活性有限，因此该方法的反应信号较小，灵敏度较低。改进的方法如图 1.14（b）～（d）所示。

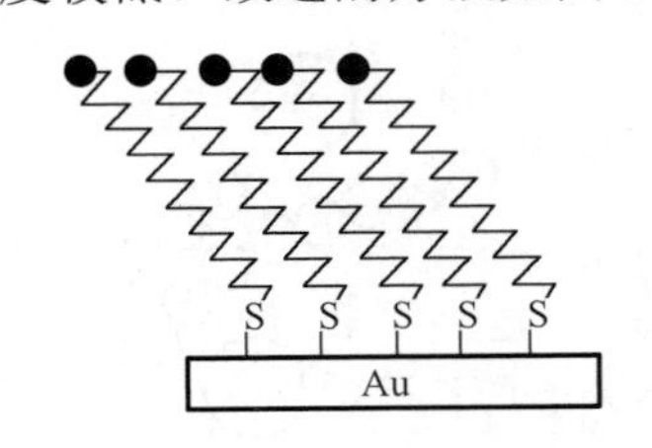

（a）SAM二维表面化学修饰方法

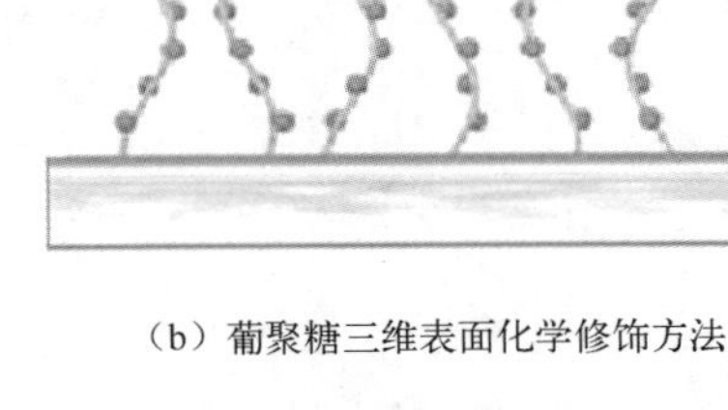

（b）葡聚糖三维表面化学修饰方法

（c）纳米结构蛋白水凝胶三维表面化学修饰方法

（d）SIP三维表面化学修饰方法

图 1.14　常用的表面化学修饰方法

改进的方法都采用了三维表面化学修饰方法，这种修饰方法可以提高蛋白质固定量或生物活性，从而增大反应信号，提高灵敏度，较常用的方法为葡聚糖三维表面化学修饰方法，Biacore 公司的 CM5 芯片采用的就是羧甲基葡聚糖三维表面化学修饰方法[102-104]。Lahiri J 分别用三乙烯乙二醇末端和六乙烯乙二醇羧基末端的硫醇浸泡传统 SPR 芯片表面 12h 形成 SAM，并将这两种表面和 CM5 芯片表面用 N-羟基琥珀酰亚胺（N-Hydroxy Succinimide，NHS）和二氯乙烯（Ethylene Dichloride）活化后，通入 1mol/L 浓度的乙醇胺，他发现 CM5 芯片表面的蛋白质固定量分别是前两种表面的蛋白质固定量的 2.3 倍和 2 倍。

除此以外，常用的方法还有原位引发聚合（Surface Initiated Polymerization，SIP）三维表面化学修饰方法[105-109]。Ma H 等人[109]采用低聚糖（乙二醇）丙烯酸甲酯和甲基丙烯酸-2-羟乙酯单体以 0.5%体积浓度引发剂在传统 SPR 芯片表面生长了 10nm 厚的 SIP，并用三乙烯乙二醇末端的硫醇浸泡传统 SPR 芯片表面 12h 形成 SAM，经过 1-乙基-（3-二甲基氨基丙基）碳酰二亚胺盐酸（N-ethyl-N'-[3-dimethylaminopropyl]Carbodiimide Hydrochloride）和 N-羟基硫代琥珀酰亚胺（Hydroxy-2, 5-Dioxopyrolidine-3-Sulfonicacid Sodium Salt）活化通入免疫球蛋白 G，发现 SIP 表面的蛋白质固定量是 SAM 表面的蛋白质固定量的 5 倍。

1.6.2 采用金属纳米粒子或酶实现后端信号放大

Corn 等人在采用金属纳米粒子或酶实现后端信号放大方面做了大量研究[110-113]。图 1.15 所示为用金属纳米粒子实现后端信号放大的方法。其原理是：当检测物和生物标记层结合引起的 SPR 信号太小时，通入金属纳米粒子可以使其与检测物结合，此时的折射率或芯片表面生物标记层厚度会增大，从而产生更大的 SPR 信号。该课题组采用 LNA 阵列检测 miRNA 时，先在 miRNA 尾部添加 Poly（A），然后通入 T_{30}-coated 包被的金纳米粒子（Au NPs），由 Poly（A）捕获，这样就给 miRNA 添加了质量很大的标签，通过这样的方法能使成像检测信号放大 10^5 倍。

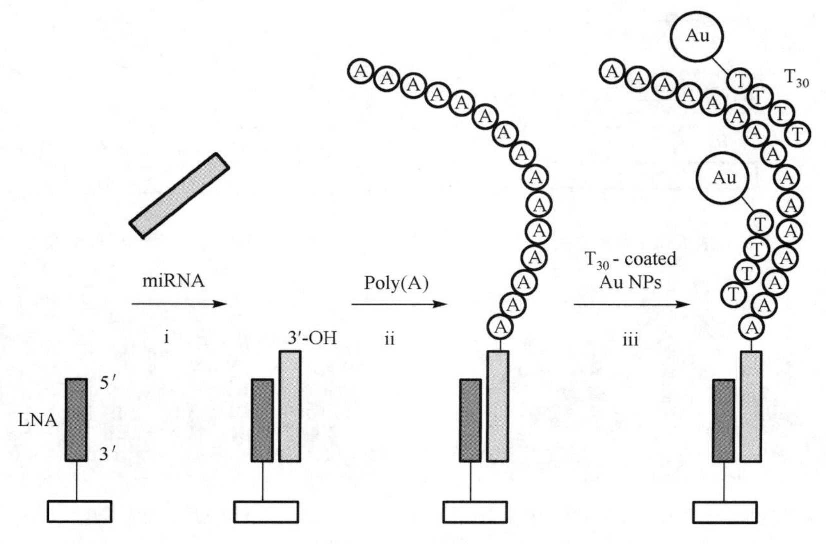

图 1.15 用金属纳米粒子实现后端信号放大的方法

图 1.16 所示为用酶实现后端信号放大的方法。其原理是：当检测物浓度或分子量很低时，将检测物与和生物标记作用的酶一起通入芯片表面，通过检测物和生物标记结合，以

及酶对生物标记的催化实现检测物的局部聚集或生物标记的大量脱落，从而增大 SPR 信号[112-116]。Goodrich TT 等人[113]利用单链 RNA 阵列检测双链 DNA 时，将 DNA 和 RNase H 一起通入芯片表面，双链 DNA 和单链 RNA 的结合能形成异源双链核酸分子，而 RNase H 只能将单链 RNA 水解，此时双链 DNA 又可以和单链 RNA 结合，如此循环会造成大量单链 RNA 脱落，从而进行 SPRi 检测，使信号放大 10^6 倍。

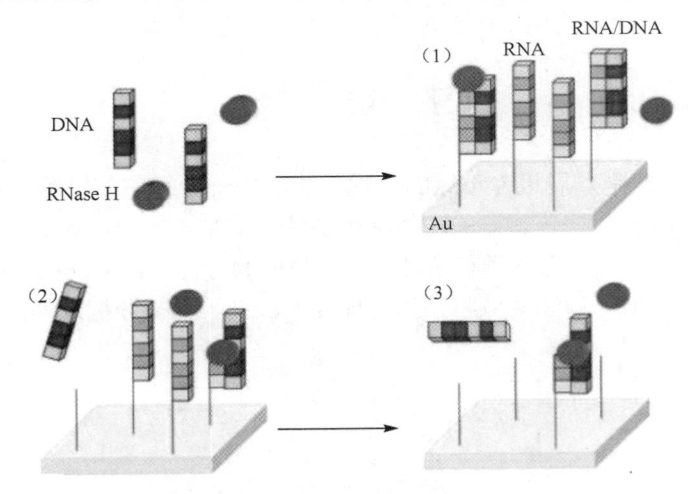

图 1.16　用酶实现后端信号放大的方法

1.6.3　改变 SPR 芯片的物理结构

上述两种方法大多基于传统 SPR 芯片，1.4 节提到即使优化金属层厚度，基于这种芯片的强度检测方法中灵敏度依然较低，因此研究人员对基于其他结构的芯片进行了探索并将其应用于强度检测[117-121]，这些结构的芯片均为多层介质和金属结构的 SPR 芯片或多层金属结构的 SPR 芯片。

多层介质和金属结构的SPR芯片中研究得较多的有长程表面等离子共振（Long Range SPR，LRSPR）芯片、波导耦合表面等离子共振（Waveguide Coupled SPR，WCSPR）芯片和耦合波导表面等离子共振（Coupled Plasmon Waveguide Resonance，CPWR）芯片。Chien FC 等人[116]分别计算了强度检测方法中上述 3 种芯片和传统 SPR 芯片在波长为 633nm 时的灵敏度，发现 LRSPR 芯片、WCSPR 芯片和 CPWR 芯片的灵敏度分别比传统 SPR 芯片的灵敏度提高了 100.97%、27.6%和 47.1%。Wark AW 等人[117]制备了 LRSPR 芯片，通过实验发现其灵敏度比传统 SPR 芯片的灵敏度提高了 20%。Lin CW 等人[118]和 Lee KS 等人[119]通过优化 WCSPR 芯片的结构使其灵敏度分别比传统SPR芯片的灵敏度提高了 30%和 4 倍。

在多层金属结构的 SPR 芯片中，研究得较多的是银-金双金属层 SPR 芯片[120-121]，Xia L 等人[120]通过优化芯片中金和银不同厚度的组合，计算得到的灵敏度比传统 SPR 芯片的灵敏度提高了 80%。Li C 等人[121]制备了银-金双金属层 SPR 芯片，发现其灵敏度比传统 SPR 芯片的灵敏度提高了 1.5 倍。上述银膜芯片比金膜芯片具有更为尖锐的 SPR 峰，银膜芯片的半峰宽度仅为金膜芯片半峰宽度的 1/3，并且可以在 SPR 强度检测中提供更高的灵敏度和信噪比，但是在文献报道中，银膜芯片大多存在检测寿命短的问题，其在磷酸缓冲液中工作 2h 后会出现银膜脱落的情况[121-122]。

此外，多层金属结构的 SPRi 传感器的自身特点给检测性能指标的优化带来了诸多困难和挑战：诸如空间结构复杂、各膜层折射率模型存在差异，以及多项性能指标之间存在关联性。另外，在处理 SPRi 数据时，多检测通道的存在对 SPRi 数据的有效性也是一项挑战。SPRi 传感器的优化及应用中的许多关键问题有待进一步研究。

1.7 结 语

SPRi 生物传感器是发展最为迅速的生物传感器之一。目前已经发展起来的商业 SPR 生物传感器有几十种，这些传感器的功能层大多使用的是单层金，即其芯片使用的是传统 SPR 芯片。这种芯片虽然具有化学稳定性好、容易控制等优点，但其激发的 SPR 峰的半峰宽度较大，灵敏度较低，后续章节将在如何提高灵敏度、数据分析效率，以及开展传感器应用研究方面展开详细介绍。

第 2 章　多层介质和金属结构的 SPRi 传感器的空间建模与生化应用

2.1　引　　言

Nylander C 等人于 1982 年首次将 SPRi 传感器用于气体检测领域[122]，目前这种传感器已经得到了十分广泛的应用。由于不同领域的检测需求不同，人们对 SPRi 传感器的检测性能（如灵敏度、分辨率）提出了更高的要求，因此其传感特性被大量研究和优化[123-125]。此外，除基于单层金属层-介质界面激发 SPW 的传统结构的传感器外，一些基于多层 SPR 结构的传感器由于可以产生比传统结构的传感器更深、更窄的共振峰，以及其金属表面附近介质里的电磁场分布可调控等优点，因此得到了关注[126-131]。

根据多层 SPR 结构的传感器各层采用的材料不同，可以将其大致分为多层介质和金属结构的 SPRi 传感器、多层金属结构的 SPRi 传感器两种。由于工作原理的区别，下面重点介绍多层介质和金属结构的 SPRi 传感器。

2.2　多层介质和金属结构的 SPRi 传感器

多层介质和金属结构的 SPRi 传感器的工作原理可以概括如下：利用金属和介质的折射率的区别，通过多层金属和介质形成各种类型的波导结构，使外界电磁场（如光波）入射或穿过该结构时，能通过波导模式得到的倏逝波激发 SPR 现象，以及直接在金属-介质界面激发倏逝波沿波导结构传播并与波导模式或其他金属-介质界面激发的倏逝波产生耦合以激发 SPR 现象。

基于 Kretschmann 装置，目前研究得较多的第一种多层介质和金属结构的 SPR 传感器有第 1 章介绍的 WCSPR 传感器，第二种多层介质和金属结构的 SPRi 传感器中有第 1 章介绍的 LRSPR 传感器及 CPWR 传感器。上述 3 种传感器的具体结构如图 2.1 所示，以下将对这 3 种传感器及其应用进行简单的介绍。

LRSPR 传感器如图 2.1（a）所示。LRSPR 传感器的结构和前面提到的 Otto 装置的结构类似，金属层不与棱镜直接接触，两者之间存在缓冲层。其原理是：在采用和检测物折射率接近的物质作为缓冲层的条件下，TM 偏振光会在棱镜-缓冲层界面发生全反射以激发倏逝波，并在缓冲层-金属层和金属层-检测物两个界面上激发 SPW，它们都会向金属层内部衰减并沿界面传播。当金属层足够薄时，两个界面激发的 SPW 会发生耦合并产生两种 SPR 模式，即短程表面等离子共振（Short Range SPR，SRSPR）模式和 LRSPR 模式。LRSPR

传感器具有 SPW 在检测物中传播距离长、损耗小的优点，但是由于产生 LRSPR 的条件十分严格，因此 LRSPR 峰很窄，一般为 0.01°～0.1°。另外，这种严格的产生条件也降低了 LRSPR 传感器的特征参数（如共振角度）对检测物参数变化的灵敏度，所以这种传感器一般不采用基于角度测量的检测方法。Slavik R 等人利用折射率为 1.35 的 Teflon 作为缓冲层材料，采用基于波长测量的检测方法使传感器的分辨率达到 2.5×10^{-8}RIU[127]。第 1 章提到 Wark AW 等人将 LRSPR 传感器应用于高通量强度测量，与基于传统 SPR 传感器的强度测量方法相比，灵敏度提高了 20%。

CPWR 传感器如图 2.1（b）所示。CPWR 传感器在传统 SPR 传感器的金属层和检测物之间引入了波导层[128-132]，当金属层-波导层界面被激发 SPW 时，SPW 会在金属层-波导层-检测物形成的波导结构中传播，并与其中的波导模式耦合产生 SPR 现象。因此其激发的 SPR 模式就是波导结构中的波导模式之一，对检测物参数变化的测量是通过类似波导模式的原理实现的。该波导结构不但两侧不对称，而且波导层的厚度对传感器的共振峰和灵敏度的影响很大，导致传感器的特征参数优化难度较大，这些因素限制了它的实际应用。

与 CPWR 传感器不同，WCSPR 传感器采用了如图 2.1（c）所示的上金属层-波导层-下金属层的对称波导结构，当入射角较小时，TM 偏振光会穿过棱镜-上金属层界面，在波导结构内按波导模式传播，当波导模式的电磁波沿界面的传播常数和 SPW 接近时会在下金属层-检测物界面也激发 SPW，并产生 WCSPR 现象[133-134]。由于 WCSPR 传感器的原理与 CPWR 传感器的原理不同，因此 WCSPR 传感器的特征参数对检测物参数变化的灵敏度的限制因素较少。WCSPR 峰很窄，其宽度介于传统 SPR 峰的宽度和 LRSPR 峰的宽度之间，但 WCSPR 传感器的角度检测方法中的灵敏度大于 LRSPR 传感器[116]的灵敏度，因此 WCSPR 传感器被大量应用于各种检测方法[56,77,135-142]中。本书的研究目标之一是将 WCSPR 传感器用于高灵敏度的强度检测中，下面对 WCSPR 传感器及其应用进行简要介绍。

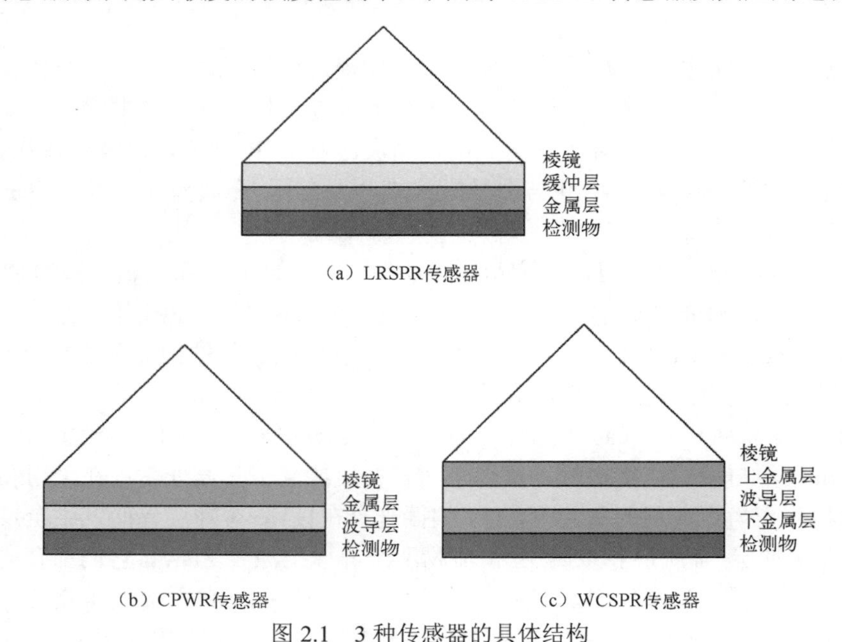

图 2.1　3 种传感器的具体结构

2.2.1　WCSPR 传感器简介

在 WCSPR 传感器中，当 TM 偏振光入射到棱镜时，反射光角度谱根据菲涅耳方程可写作式（2.1）。其中 0～4 分别代表图 2.1（c）中的棱镜、上金属层、波导层、下金属层和检测物。d_i 为各层的厚度，$k_{z,i}$ 为各层垂直于界面方向的波矢分量，k_{0x} 为平行于界面方向的波矢分量，$r_{i,i+1}$ 为相邻两层间的反射率，R 为传感器的反射率。根据式（2.1），结合一定仿真条件可以得到如图 2.2（a）所示的 WCSPR 传感器的反射光角度谱。当入射角从 0° 变大时，首先出现的是由于入射光透过上金属层后在 WCSPR 传感器中形成的波导模式；入射角增大到 50° 后，会出现棱镜-上金属层的全反射角，此时入射光会在棱镜-上金属层界面激发倏逝波并产生 WCSPR 模式；当入射角继续增大时，WCSPR 模式会消失，出现的是倏逝波在 WCSPR 传感器中形成的波导模式；当入射角接近 80° 时，倏逝波会在上金属层-波导层界面产生 SPR 模式，由于其只产生在远离检测物的位置，所以无法用于测量检测物参数的变化。

$$\begin{cases} R = \left| r_{0,4} \right|^2 \\ r_{i,4} = \dfrac{r_{i,i+1} + r_{i+1,4} e^{2 j d_{i+1} k_{z,i+1}}}{1 + r_{i,i+1} r_{i+1,4} e^{2 j d_{i+1} k_{z,i+1}}} & (i = 2,1,0;\ j = \sqrt{-1}) \\ r_{i,i+1} = \dfrac{n_{i+1}^2 / k_{z,i+1} - n_i^2 / k_{z,i}}{n_{i+1}^2 / k_{z,i+1} + n_i^2 / k_{z,i}} & (i = 0,1,2,3) \\ k_{z,i} = \sqrt{\left(\dfrac{2\pi}{\lambda}\right)^2 n_i^2 - k_{0x}^2} & (i = 0,1,2,3,4) \\ k_{0x} = \dfrac{2\pi}{\lambda} n_1 \sin\theta \end{cases} \tag{2.1}$$

由图 2.2（b）可知，WCSPR 传感器的共振峰深度与传统 SPR 传感器的共振峰深度相当，但其半峰深度对应的宽度（Full Width at Half Maximum Height，FWHM）远小于传统 SPR 传感器的半峰深度对应的宽度，这意味着将 WCSPR 传感器用于测量检测物参数的变化可以得到更高的信噪比（Signal-Noise Ratio，SNR）。此外将波导模式应用于强度检测有望进一步提高灵敏度而无须借助第 1 章提到的信号放大方法。

2.2.2　WCSPR 传感器技术

自 Chyou J 等人首次介绍基于金-高分子波导层-金的 WCSPR 传感器之后[129]，Chien FC 等人对该传感器应用于角度、波长和强度检测方法时的灵敏度进行了计算，并与传统 SPR 传感器进行了比较[116]。比较结果显示，与传统 SPR 传感器相比，WCSPR 传感器在强度上有 25%的提高，因此 WCSPR 传感器在强度检测方法上的应用成了一个研究方向[118-119]。

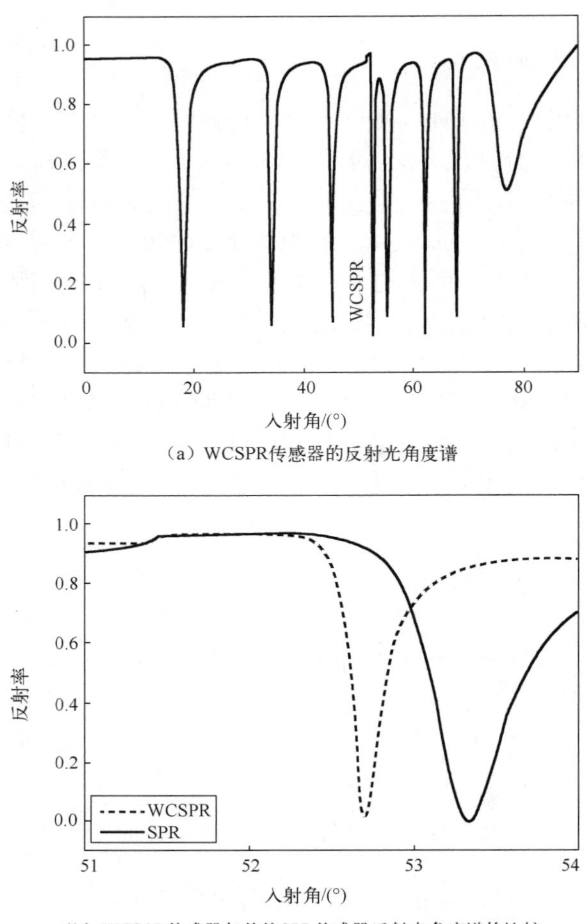

（a）WCSPR传感器的反射光角度谱

（b）WCSPR传感器与传统SPR传感器反射光角度谱的比较

图 2.2 WCSPR 传感器与传统 SPR 传感器的反射光角度谱

在图 2.2 中，$\lambda = 980\text{nm}$，$n_0 = 1.7053$，$n_1 = n_3 = 0.185145+6.1504\text{i}$，$n_4 = 1.333$，$n_2 = 1.60388$，$d_1 = d_3 = 30\text{nm}$，$d_2 = 2.2\mu\text{m}$；传统 SPR 传感器的金材料折射率与 WCSPR 传感器的金材料折射率一致，金属层厚度为 47nm。

2008 年后，本课题组对基于电光效应的 WCSPR 传感器及其检测方法进行了大量研究，并获得了诸多成果[56,135-142]。以下将对上述两种应用分别进行介绍。

2.2.2.1 基于 WCSPR 传感器的强度检测方法

虽然 Chen KP 等人在 2004 年就完成了对 WCSPR 传感器灵敏度的计算，但直到 2006 年才由 Lin CW 等人通过实验验证[118]。实验中，Lin CW 等人只采用金作为金属层，而采用交替的多层 SiO_2、TiO_2 作为波导层。这种高低折射率的交替分布形成了分布式布拉格反射器（Distributed Bragg Reflector，DBR），有助于提高入射光在波导结构中的透过率。通过这种方法制备的 WCSPR 传感器的 FWHM 是传统 SPR 传感器的 FWHM 的 30%，灵敏度是传统 SPR 传感器的 1.3 倍。

2010 年，受银（Ag）-金（Au）双金属结构 SPR 传感器能提高灵敏度的启发，Lee KS 等人提出了银-介质-金结构的 WCSPR 传感器，其中介质采用高折射率的 $ZnS-SiO_2$。$Ag/ZnS-SiO_2/Au$ WCSPR 传感器如图 2.3 所示[119]。其中，$\boldsymbol{E}$ 代表电场分量，θ_P 代表入射角，所有 n 代表折射率，t 代表厚度。在优化银和金厚度的比值得到最优的传感器设计后，WCSPR 传感器的 FWHM 可以达到传统 SPR 传感器的 FWHM 的 10%，灵敏度可以达到传统 SPR 传感器灵敏度的 5 倍。这种方法虽然可以得到很高的灵敏度，但是考虑到银材料在缺乏合适的基底黏附层和保存条件的情况下难以长期保持稳定，而文献中又缺乏这方面的报道，因此难以保证传感器的长期稳定性。

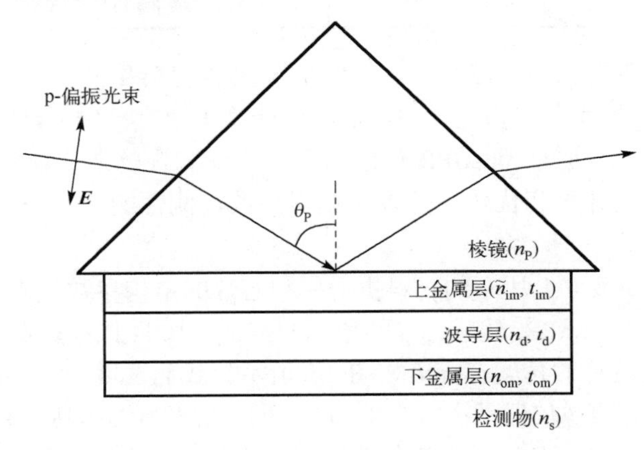

图 2.3　$Ag/ZnS-SiO_2/Au$ WCSPR 传感器

我们提出将 WCSPR 结构应用于 SPRi 仪器，采用的 SPRi 仪器为 Plexera 公司的 K_x5 仪器，外观如图 2.4 所示。该仪器采用高亮度白光 LED 作为光源，通过透镜准直、中心波长为 660nm 的滤光片和偏振片后产生 TM 偏振入射光波，60° –60° –60° 棱镜采用 SF10 玻璃，折射率为 1.721（在入射光波长 660nm 时，需要强调中心波长）[141]。由于芯片玻璃衬底的折射率和棱镜的折射率不同，因此实验中在两者之间需要添加折射率为 1.52 的匹配液。K_x5 仪器的最大成像区域为 14mm×14mm 的方形区域，光学扫描的最大距离为 0～35mm，对应的角度扫描范围为 51.35° ～57.54° ，角度扫描精度为 0.02° ，其中传统 SPR 传感芯片的金属层厚度 d 和对应的棱镜入射角 θ 及棱镜折射率 n_0 的计算关系为

$$\theta = 51.35 + \arcsin[\sin(0.35d) / n_0] \tag{2.2}$$

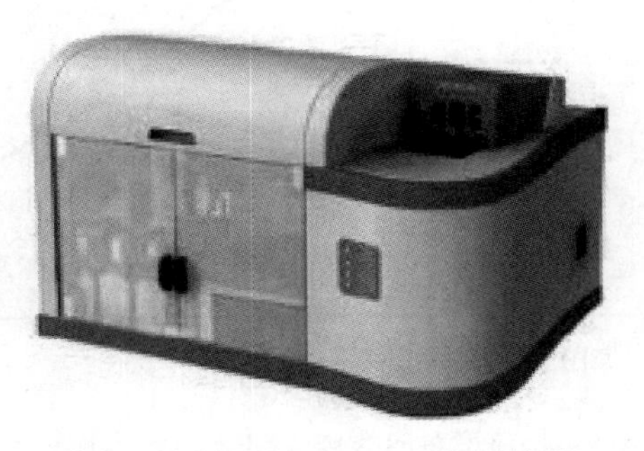

图 2.4　商业化 SPRi K_x5 仪器外观

为使设计、优化和实际加工的 WCSPR 传感芯片的性能更加吻合，我们采用 Wang Z 等人[137]提到的材料和方法，用北京北仪创新真空技术有限公司的 ZZSX800 高真空离子源辅助电子束蒸镀仪制备了铬、金薄膜，并采用 Laurell 公司的 WS-650SZ-6Npp/LITE 旋转涂覆仪旋转涂覆了聚碳酸酯（Polycarbonate，PC）薄膜，通过 J. A. Wollam 公司的 M-2000V 椭偏仪测量了这些材料在 660nm 波长下的折射率，如表 2.1 所示。

表 2.1　不同材料在 660nm 波长下的折射率

材料	铬	金	PC
折射率	2.95527+3.62317i	0.37924+3.38249i	1.558

灵敏度的计算方法如式（1.15）所示，考虑到灵敏度会受角度检测方法的灵敏度的影响[120]，因此在之后的芯片设计和优化中，我们也计算了角度检测方法的灵敏度，并作为芯片设计和优化的参考。在进行 WCSPR 传感芯片的设计和优化之前，先对传统 SPR 传感芯片的灵敏度进行简单的计算和优化，并以优化得到的检测性能作为 WCSPR 传感芯片检测性能优化的对比参照。

将上述仪器参数及表 2.1 所示的材料折射率和芯片的结构参数代入式（2.1），先计算不同金属层厚度对应的传统 SPR 传感芯片的角度扫描谱。按照上述参数得到的不同金层厚度对应的传统 SPR 传感芯片的角度扫描谱如图 2.5 所示。我们发现，SPR 峰的 FWHM 很大，SPR 共振角度都在上述成像仪器动态范围的边界，即 57.54° 附近，因此难以得到完整的 SPR 峰角度扫描谱。然后计算传统 SPR 芯片角度检测方法的灵敏度，如图 2.6（a）所示。我们发现，当金属层厚度大于 42.5nm 时，角度检测方法的灵敏度达到了最大值。在 SPR 峰左侧 30% 归一化强度对应的入射角位置计算得到的强度检测方法的灵敏度仿真结果如图 2.6（b）所示。我们发现，当金属层厚度为 47.5nm 时，灵敏度最大为 3355.24Ref%/RIU。在接下来要介绍的传统 SPR 传感芯片制备中，我们将采用 47.5nm 作为金属层厚度，在计算和实验中，以及 WCSPR 传感芯片检测性能比较时要考虑传统 SPR 传感芯片采用了这种金属层厚度。

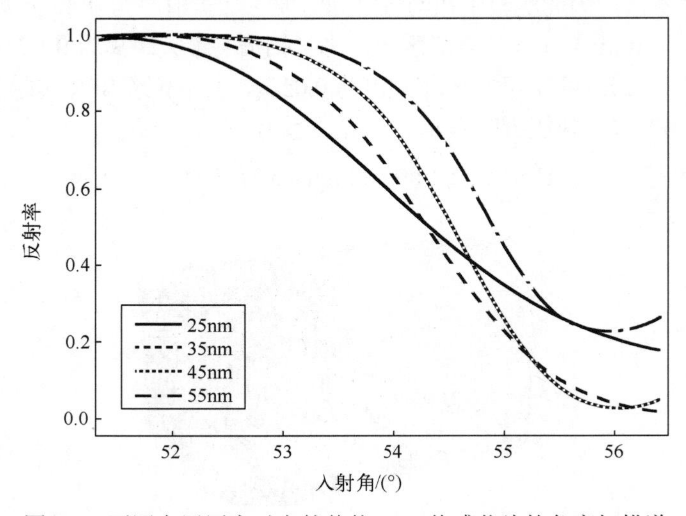

图 2.5　不同金层厚度对应的传统 SPR 传感芯片的角度扫描谱

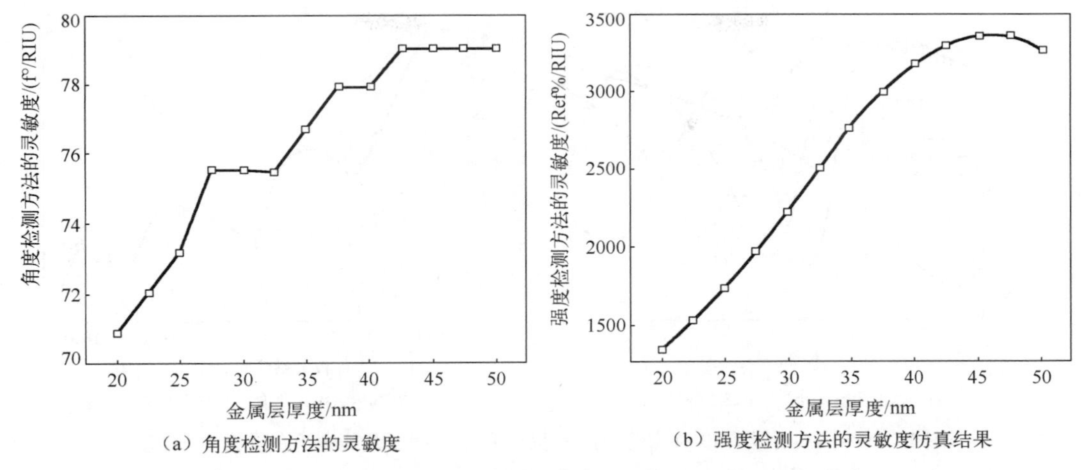

（a）角度检测方法的灵敏度　（b）强度检测方法的灵敏度仿真结果

图 2.6　SPR 共振角度的角度检测灵敏度及归一化灵敏度仿真结果

当波导层足够厚时，WCSPR 传感芯片的角度扫描谱会出现大量的波导模式。当入射角在 50° 和 60° 之间时，扫描谱上会先后出现 WCSPR 模式和一个波导模式，两者容易混淆。而当波导层太薄时，WCSPR 传感芯片中的波导结构则无法激发波导模式，因此角度扫描谱上没有 WCSPR 峰。为了避免上述情况发生，在设计 WCSPR 传感芯片时，我们首先选择上、下金属层厚度为 25nm，并考虑波导层厚度的影响，计算时考虑的波导层厚度范围为 200～2000nm，将上述参数代入式（2.1），计算得到的以水为检测介质的角度扫描谱如图 2.7（a）所示。我们发现，当波导层厚度在 300nm 以下时，在成像装置角度范围内没有 WCSPR 模式，而当波导层厚度在 1900nm 以上时，在成像装置角度范围内会出现一个 WCSPR 模式和一个波导模式。因此首先选择波导层厚度范围为 300～1900nm，其次按照上述方法计算不同波导层厚度对应的 WCSPR 结构在角度检测方法中的灵敏度，如图 2.7（b）所示。我们发现，WCSPR 结构在角度检测方法中的灵敏度小于传统 SPR 结构在角度检测方法中的灵敏度，这和王坤[142]得到的比较结果一致。此外，WCSPR 结构在角度检测方法中的灵敏度会随着波导层变厚而变小，但是结合图考虑到不同波导层厚度对应不同的 WCSPR 峰形状，因此还需要计算不同波导层厚度下 WCSPR 峰左侧 30%归一化反射光强度位置对应的入射角位置强度检测方法的灵敏度，并将结果与传统 SPR 传感器进行比较才能完成对波导层厚度的优化。不同波导层厚度对应的 WCSPR 传感芯片与传统 SPR 传感芯片的灵敏度比较如图 2.8 所示。我们发现，除波导层厚度为 1100nm 时 WCSPR 峰适合成像的区域不在仪器动态范围以内无法得到灵敏度外，其他波导层厚度对应的灵敏度大多比传统 SPR 传感芯片的灵敏度有所提高，这个结果与文献内容的结果类似。但不同之处在于，通过优化 WCSPR 传感芯片的结构，可以得到更大的灵敏度。而灵敏度随波导层厚度变化的趋势和角度检测方法中的灵敏度变化的趋势类似，说明角度检测方法中的灵敏度对 WCSPR 传感芯片的灵敏度也存在影响。图 2.8 中将幅度较大的波导层厚度提高为 300nm 左右、800～1000nm 及 1200nm，根据文献[142]，考虑到制备 300nm 厚的波导层需要较低的高分子溶液浓度和较高的旋转涂覆转速，在实际操作中存在难度，因此适合成像检测的 WCSPR 传感芯片的波导层厚度为 800～1000nm 或 1200nm。

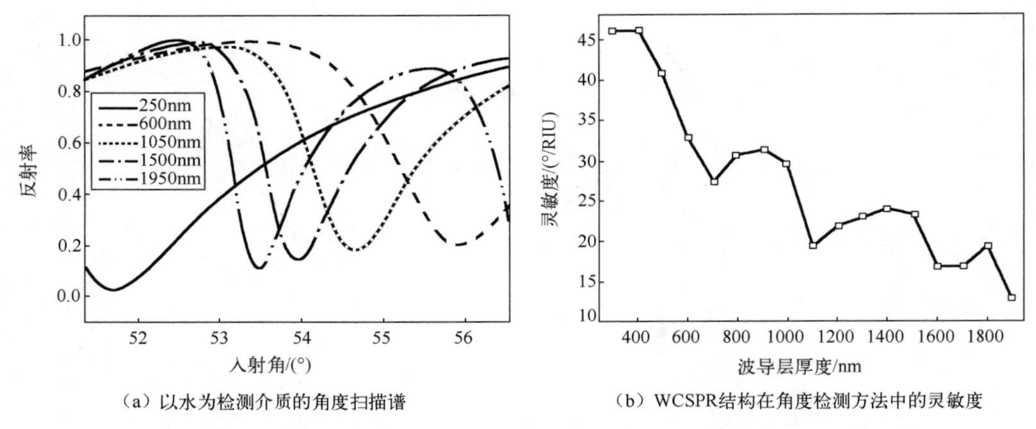

（a）以水为检测介质的角度扫描谱　　（b）WCSPR结构在角度检测方法中的灵敏度

图 2.7　不同波导层厚度对应的角度扫描谱和 WCSPR 共振角度的角度灵敏度

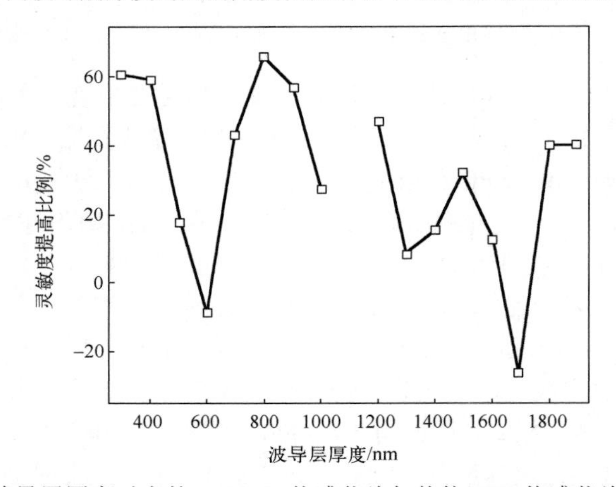

图 2.8　不同波导层厚度对应的 WCSPR 传感芯片与传统 SPR 传感芯片的灵敏度比较

首先，我们将波导层厚度固定在 900nm，考虑不同上、下金属层的厚度。由于文献[142]证明了上金属层对 WCSPR 传感器的性能影响不大，所以考虑到芯片制备时蒸镀金属层的牢固性，计算时上金属层厚度采用 25nm，下金属层厚度采用 10～40nm，将上述参数代入式（2.1），计算得到的角度扫描谱如图 2.9（a）所示。我们发现，对不同下金属层厚度，均可在成像装置角度范围内出现 WCSPR 模式，但 WCSPR 模式对应的共振峰随着厚度的增加深度会变浅。其次，我们按照上述方法计算不同下金属层厚度对应的角度检测方法的灵敏度，如图 2.9（b）所示。我们发现，角度检测方法的灵敏度随下金属层厚度的增加而变大，因此下金属层应该选取较大的厚度。为进一步消除上、下金属层厚度选择的随意性，我们仍然将波导层厚度固定在 900nm，计算不同上、下金属层厚度的组合对应的 WCSPR 传感芯片在归一化强度 30%位置处的强度检测方法中的灵敏度，并与传统 SPR 传感芯片的灵敏度进行比较，结果如图 2.10 所示。WCSPR 传感芯片的上、下金属层厚度区间为 10～40nm，以 5nm 为步长选取厚度值。图中数值大的区域对应的灵敏度较高，而上、下金属层厚度为 25nm 的组合对应的灵敏度也在这个区间，考虑到两个金属层制备的过程中都需要较大的厚度以保证其牢固度和致密性，因此最终选择的上、下金属层厚度为 25nm。

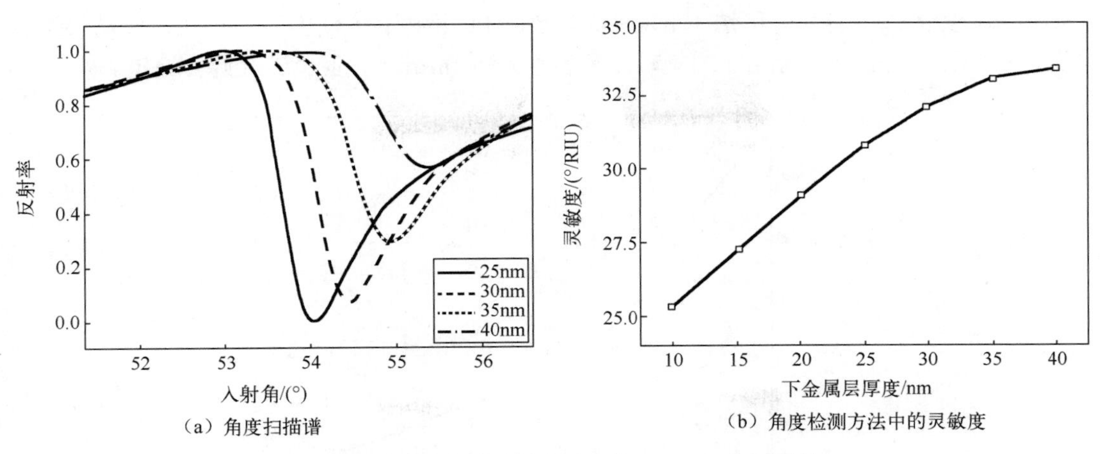

（a）角度扫描谱　　（b）角度检测方法中的灵敏度

图 2.9　不同下金属层厚度对应的 WCSPR 传感芯片

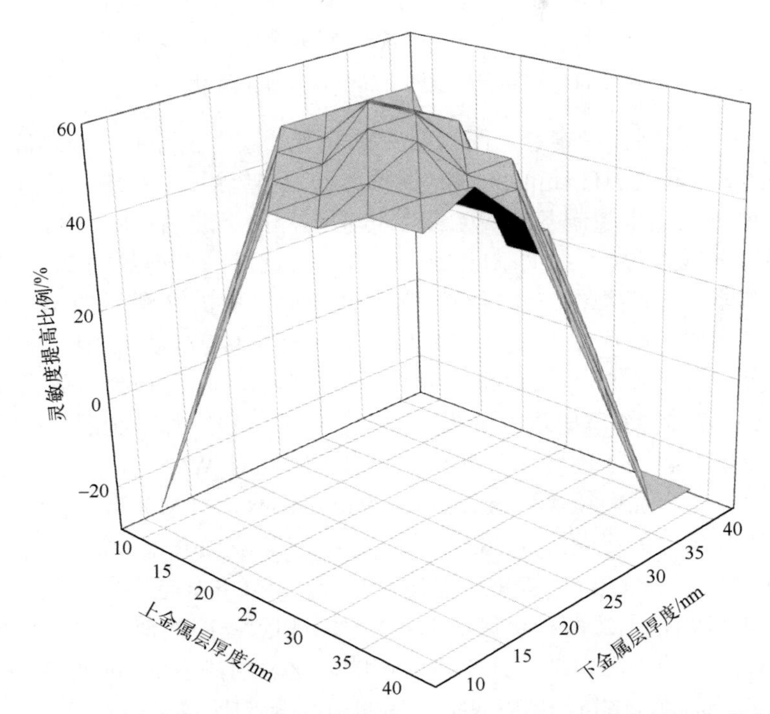

图 2.10　不同上、下金属层厚度的组合对应的 WCSPR 传感芯片在归一化强度 30%位置处的灵敏度与传统 SPR 传感芯片的灵敏度比较

在选定波导层厚度后，我们需要根据波导层厚度控制 PC 的 1, 1, 2, 2 四氯乙烷溶液的质量分数及旋转涂覆转速。文献[142]给出了 10%质量分数 PC 溶液制备的波导层厚度和旋转涂覆转速，以每分钟转速（Round Per Minute）为单位，发现 10%质量分数的 PC 溶液无法制备需要的波导层厚度，于是我们尝试用 8%质量分数的 PC 溶液进行旋转涂覆，制备得到的波导层厚度随旋转涂覆转速的变化关系如图 2.11 所示。从图 2.11 中发现，旋转涂覆转速在 2500r/min 以上时得到的波导层厚度刚好在根据仿真得到的 800～1000nm 范围内，因

此制备 WCSPR 传感芯片时可选用 8%质量分数的 PC 溶液。为使实验结果和仿真结果进行对比，选择以 1000～5000r/min 的旋转涂覆转速及 500r/min 的步长进行旋转涂覆。

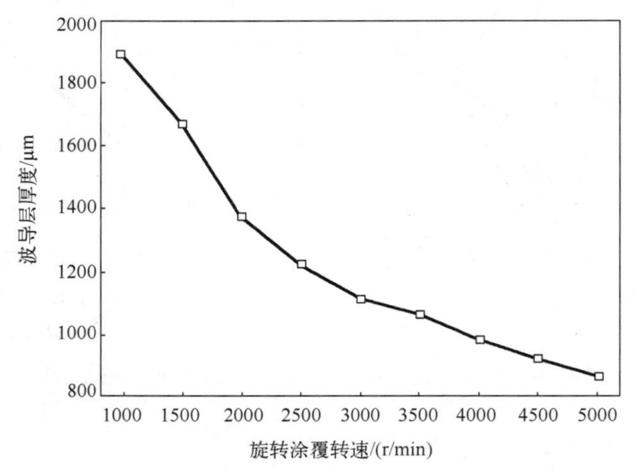

图 2.11 波导层厚度随旋转涂覆转速的变化关系

WCSPR 传感芯片制备步骤示意图如图 2.12 所示。其中步骤（a）玻璃清洗至步骤（e）镀 25nm 厚下金属层和文献[142]的一致，步骤（d）旋转涂覆 PC 波导层的方法也和文献[142]的一致。通过上述步骤制备的 WCSPR 传感芯片由于玻璃衬底的形状是长方形的，旋转涂覆得到的 PC 波导层不如文献[142]中圆玻璃片旋转涂覆得到的 PC 波导层均匀，芯片中央和边缘的厚度存在大约 1%的差异，因此会显示如图 2.13 所示的 WCSPR 传感芯片外观。考虑到将此传感芯片用于 SPR 仪器成像时只使用传感芯片的中间部分，因此这种差异在成像中对 WCSPR 峰的位置和形状的影响不会太大，但是会造成灵敏度的均匀性差异，我们将在本节后续章节中进行分析。与传统 SPR 传感芯片的金层衬底不同，WCSPR 传感芯片的下金属层蒸镀在旋转涂覆的波导层上，因此对 WCSPR 传感芯片和传统 SPR 传感芯片分别由原子力显微镜（Atomic Force Microscopy，AFM）测量表面粗糙度以检查不同衬底对上述金属层的影响。WCSPR 传感芯片与传统 SPR 传感芯片的表面形貌如图 2.14 所示。由 AFM 测量的传统 SPR 传感芯片与 WCSPR 传感芯片的表面粗糙度如表 2.2 所示。由图 2.14 可知，上述两种金属层的颗粒大小和致密度类似。由表 2.2 可知，不同衬底对上述两种金层的表面粗糙度几乎没有影响，这表明制备的 WCSPR 传感芯片与传统 SPR 传感芯片一样可以用于 SPRi 测量，并能在实验中比较检测性能。

我们在 WCSPR 传感芯片和传统 SPR 传感芯片上贴 60μL 容积的流体池并注入去离子水固定于成像仪器的棱镜上进行角度扫描，如图 2.15（a）所示。图 2.15（b）所示为波导层旋转涂覆转速为 4000r/min 的 WCSPR 传感芯片与传统 SPR 传感芯片的角度扫描及其拟合结果在进行归一化计算后的比较，图中两种芯片的实验和拟合结果重合得比较好，说明这两种芯片的设计优化对实验具有较好的指导作用。我们发现，虽然实验得到的传统 SPR 传感芯片的共振峰很宽，但是共振峰的左半边在仪器的动态范围之内。由于这两种芯片的灵敏度测量均在共振峰左侧完成，因此上述现象对传统 SPR 传感芯片的成像检测没有影响。我们得到，WCSPR 传感芯片的 FWHM 的一半为 0.5°，而传统 SPR 传感芯片的 FWHM 的一半为 1.5°，前者为后者的三分之一。

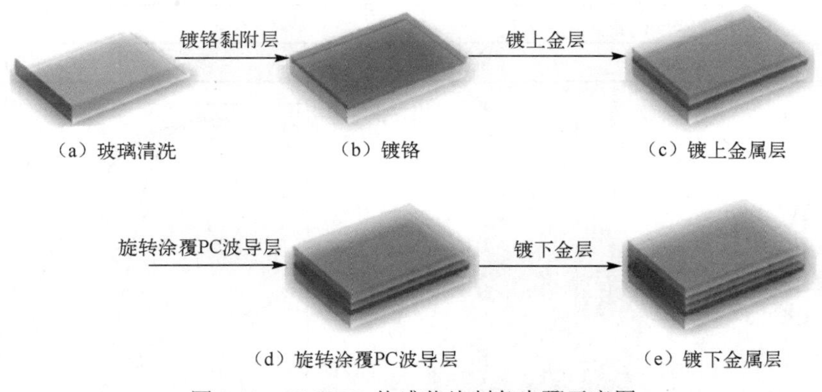

图 2.12　WCSPR 传感芯片制备步骤示意图

图 2.13　WCSPR 传感芯片外观

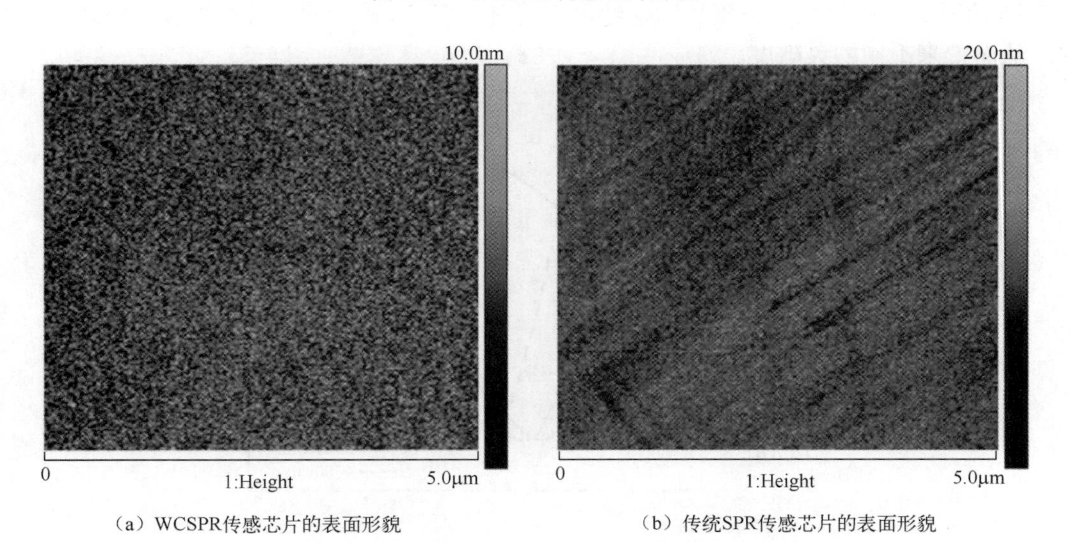

图 2.14　WCSPR 传感芯片与传统 SPR 传感芯片的表面形貌

表 2.2 由 AFM 测量的传统 SPR 传感芯片与 WCSPR 传感芯片的表面粗糙度

粗糙度参数	传统 SPR 传感芯片	WCSPR 传感芯片
算术平均值/nm	0.926	0.889
几何平均值/nm	1.16	1.12

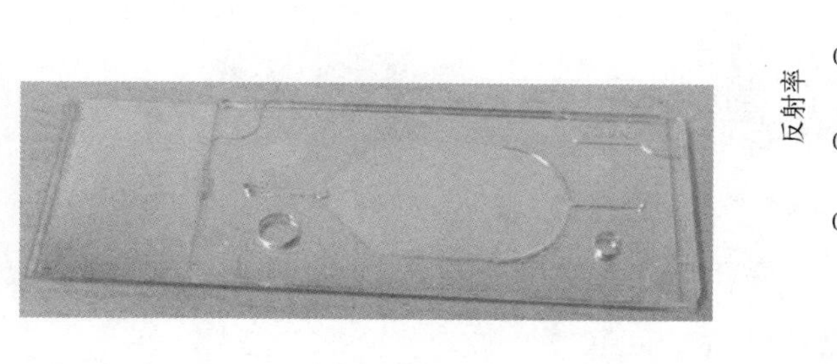

（a）角度扫描

反射率

入射角/(°)

（b）结果在进行归一化计算后的比较

图 2.15 WCSPR 传感芯片与传统 SPR 传感芯片以去离子水为检测物的角度扫描（△：SPR 传感芯片，○：WCSPR 传感芯片）及其拟合结果

在图 2.15 中，传统 SPR 传感芯片的铬层厚度为 5nm，金层厚度为 47.5nm；WCSPR 传感芯片的波导层旋转涂覆转速为 4000r/min，上、下金属层厚度为 25nm。铬和金的折射率如表 2.1 所示。

不同波导层旋转涂覆转速的 WCSPR 传感芯片以去离子水为检测物的角度扫描结果如图 2.16 所示。由图可知，当旋转涂覆转速不同时，WCSPR 峰的位置和深度会随之发生改变，从而带来不同的灵敏度。

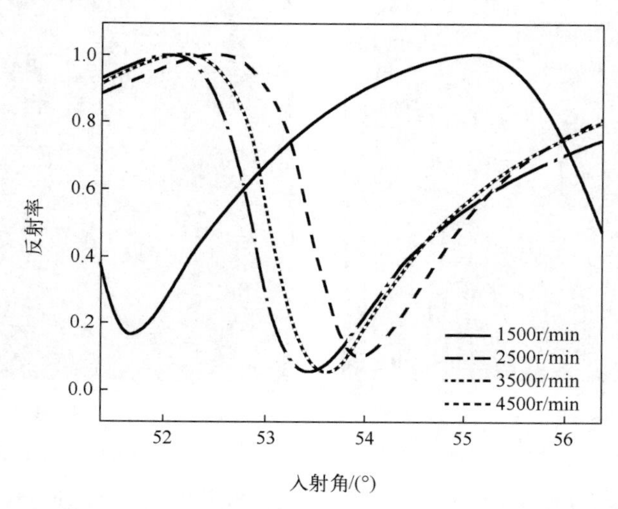

图 2.16 不同波导层旋转涂覆转速的 WCSPR 传感芯片以去离子水为检测物的角度扫描结果

我们采用 1×PBS（Phosphate Buffer Saline，磷酸盐缓冲液）和 2×PBS 作为检测介质，通过检测两者对应的强度测量结果之差来计算上述两种芯片的灵敏度并进行比较。检测时，在这两种芯片的检测区域中均匀选取了 35 个 45 像素×25 像素的感兴趣区（Region Of Interest，ROI），其分布如图 2.17（a）、（b）所示。将这两种芯片成像测量的入射角位置分别定在图 2.15 所示的共振峰 30%深度位置处。仪器产生的成像检测数据以时间单位为 1s 的视频形式保存，本实验采用 Plexera 公司的数据采集软件计算需要的数据，软件界面如图 2.17（c）所示。

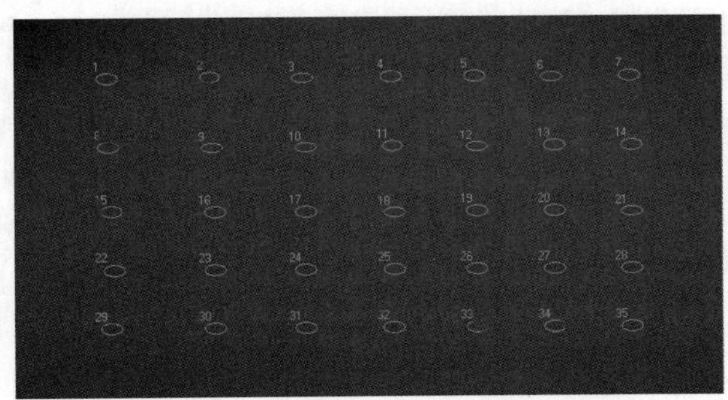

（a）WCSPR 传感芯片的 ROI 分布

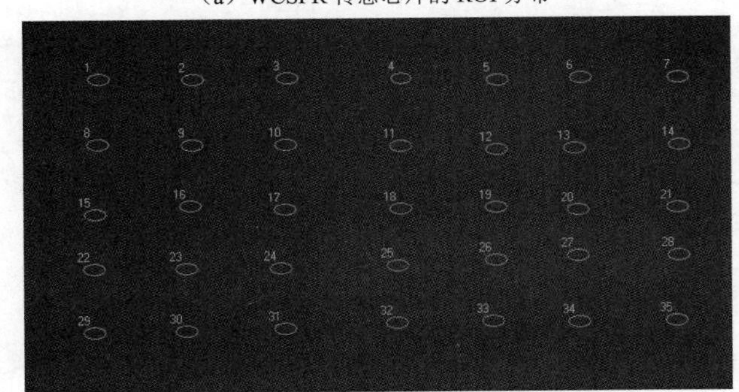

（b）传统 SPR 传感芯片的 ROI 分布

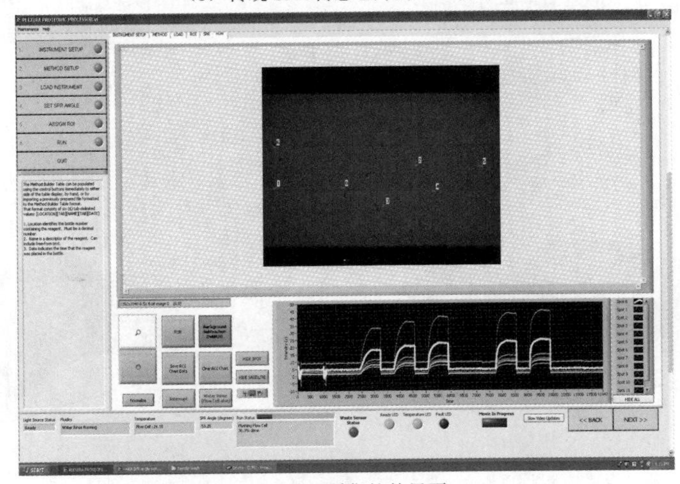
（c）数据采集软件界面

图 2.17　WCSPR 传感芯片与传统 SPR 传感芯片在检测区域的 ROI 分布及数据采集软件界面

传统SPR传感芯片与不同旋转涂覆转速的WCSPR传感芯片的ROI计算得到的灵敏度如图2.18所示。我们发现，传统SPR传感芯片的灵敏度比较均匀，基本集中在3500～3800Ref%/RIU，这和图2.6（b）得到的归一化灵敏度仿真结果基本一致。但是居中和边缘处的ROI的灵敏度比其他区域的灵敏度略大，这可能和芯片在蒸镀过程中不同位置的金层厚度存在差别有关。通过计算得到的灵敏度平均值为3647.08Ref%/RIU，方差为51.68Ref%/RIU。波导层旋转涂覆转速为2500r/min的WCSPR传感芯片不同ROI的灵敏度如图2.18（b）所示。由图发现，WCSPR传感芯片的灵敏度也比较均匀，基本集中在5500～5900Ref%/RIU。与传统SPR传感芯片不同的是，WCSPR传感芯片灵敏度高的位置更多地集中在边缘部分，这主要和旋转涂覆波导层时引起的厚度分布不均有关。通过计算得到灵敏度的平均值为5686.45Ref%/ RIU，方差为125.12Ref%/RIU，以灵敏度的平均值计算得出，WCSPR传感芯片的灵敏度比传统SPR传感芯片的灵敏度提高了55.9%。我们又选取了波导层旋转涂覆转速为4000r/min和4500r/min的WCSPR传感芯片，计算不同ROI的灵敏度，结果如图2.18（c）、（d）所示。我们发现，WCSPR传感芯片不同ROI的灵敏度的分布虽然比较均匀。

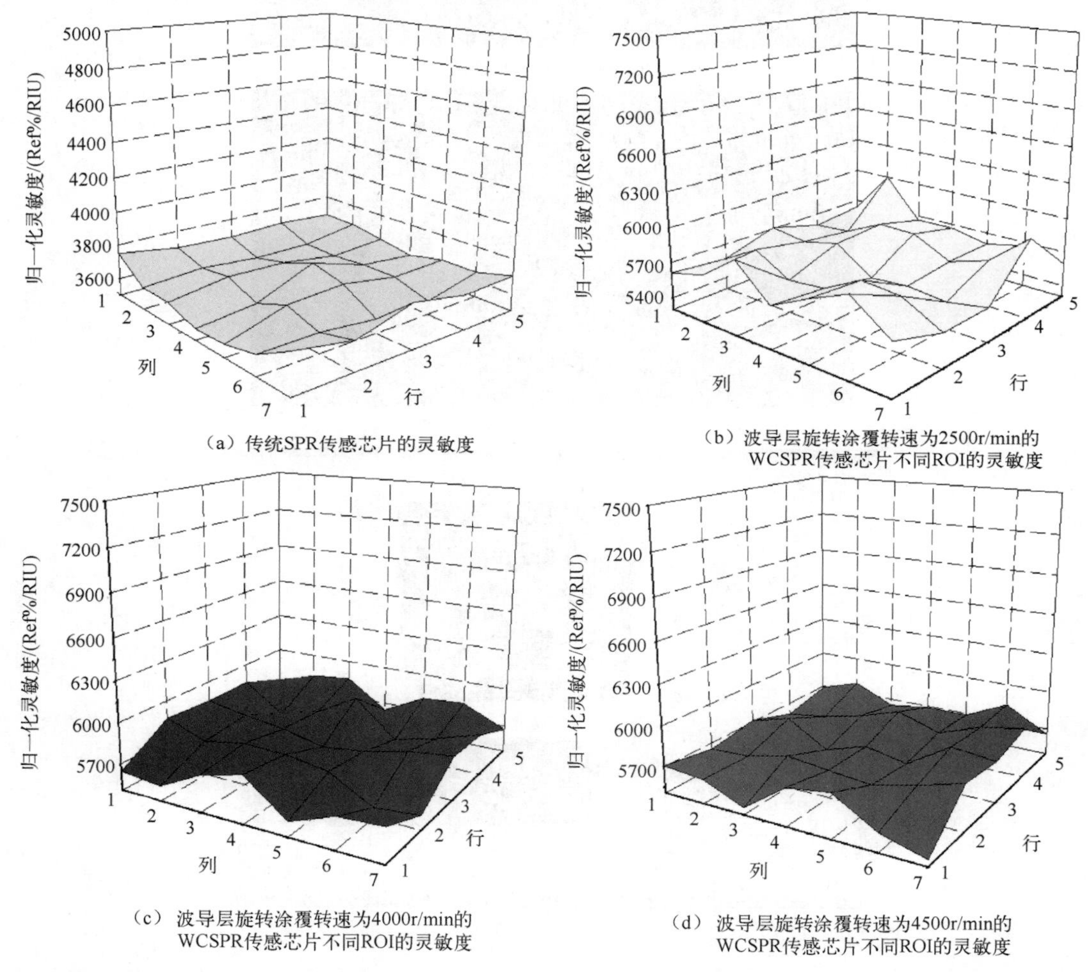

（a）传统SPR传感芯片的灵敏度

（b）波导层旋转涂覆转速为2500r/min的WCSPR传感芯片不同ROI的灵敏度

（c）波导层旋转涂覆转速为4000r/min的WCSPR传感芯片不同ROI的灵敏度

（d）波导层旋转涂覆转速为4500r/min的WCSPR传感芯片不同ROI的灵敏度

图2.18 传统SPR传感芯片与不同旋转涂覆转速的WCSPR传感芯片的ROI计算得到的灵敏度

但差异比传统 SPR 传感芯片大。通过计算得到 4000r/min 的 WCSPR 传感芯片的灵敏度平均值为 5747.1Ref%/RIU，方差为 87.96Ref %/RIU，其灵敏度平均值比传统 SPR 传感芯片的灵敏度平均值提高了 57.6%；4500r/min 对应的 WCSPR 传感芯片的灵敏度平均值为 5715.1Ref%/RIU，方差为 84.3Ref%/RIU，灵敏度平均值比传统 SPR 传感芯片的灵敏度平均值提高了 56.7%，上述比较结果和图 2.10 的比较结果基本一致。

采用上述方法对相同旋转涂覆转速下的传感芯片分别测量后进行统计，得到波导层不同旋转涂覆转速对应的 WCSPR 传感芯片的灵敏度与传统 SPR 传感芯片的灵敏度的对比结果，如图 2.19 所示。可以发现，不同旋转涂覆转速对应的传感芯片的灵敏度不同，其中旋转涂覆转速为 1500r/min 时，由于 WCSPR 峰共振角度的位置接近成像仪器角度扫描范围的边界，所以测量得到的灵敏度较低。当旋转涂覆转速为 3000r/min 时，由于 WCSPR 峰在成像仪器角度扫描范围以外，所以无法得到灵敏度数值。除此以外，在其他旋转涂覆转速下得到的 WCSPR 传感芯片的灵敏度都比传统 SPR 传感芯片的灵敏度高，当旋转涂覆转速超过 3500r/min 时，WCSPR 传感芯片的灵敏度提高比例达到 60%，不过 WCSPR 传感芯片的 FWHM 比传统 SPR 传感芯片的 FWHM 要小很多，这主要是因为前者窄的半峰宽度带来了强度-入射角斜率的优化，但前者的角度检测方法中的灵敏度要小于后者，导致共振峰位置的移动对检测物参数变化的响应变小，因此这种灵敏度的提高是两种因素影响的综合表现[122]。图中的灵敏度误差是由同一旋转涂覆转速下得到的不同芯片、同一芯片上不同位置的波导层厚度，以及不同芯片金属层厚度的差异引起的。

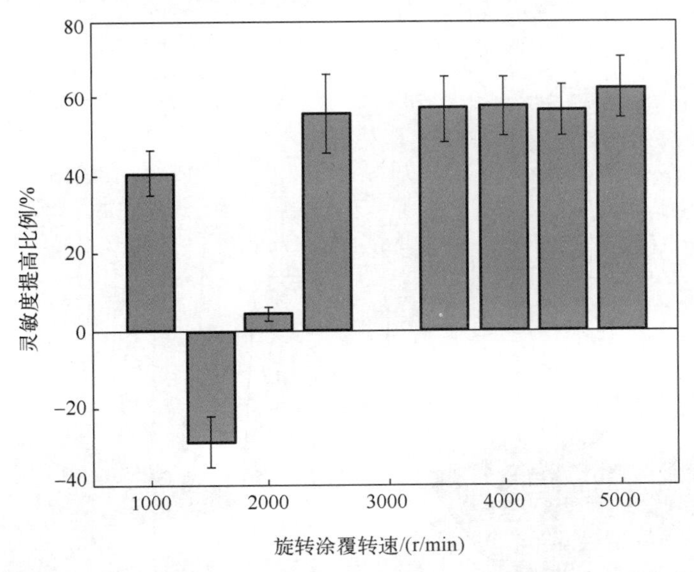

图 2.19　波导层不同旋转涂覆转速对应的 WCSPR 传感芯片的灵敏度与传统 SPR 传感芯片的灵敏度的对比结果

在比较了上述两种芯片的灵敏度之后，我们按照公式计算并比较两种芯片的分辨率。其中噪声值要通过测量时间为 100s 的 1×PBS 对应的强度值并计算这些数据的 SD 得到。结合图 2.11 中 WCSPR 传感芯片灵敏度提高比例和波导层旋转涂覆转速的关系，选取旋转涂覆转速为 2500r/min、4000r/min 和 4500r/min 时的 WCSPR 传感芯片与传统 SPR 传感芯片进行分辨率比较，结果如图 2.20 所示。通过比较发现，结果与上述灵敏度的对比结果一样，WCSPR 传感芯片不同 ROI 间的差别比传统 SPR 传感芯片不同 ROI 间的差别大，这种差别和 WCSPR 传感芯片不同 ROI 间的灵敏度差异有关，计算得到传统 SPR 传感芯片的分辨率为 2.77×10^{-6}RIU，方差为 2.64×10^{-7}RIU。波导层旋转涂覆转速为 2500r/min 的 WCSPR 传感芯片的分辨率为 1.82×10^{-6}RIU，方差为 3.28×10^{-7}RIU，与传统 SPR 传感芯片相比改善了约 52%；波导层旋转涂覆转速为 4000r/min 的 WCSPR 传感芯片的分辨率为 1.78×10^{-6}RIU，方差为 3.2×10^{-7}RIU，与传统 SPR 传感芯片相比改善了约 56%；波导层旋转涂覆转速为 4500r/min 的 WCSPR 传感芯片的分辨率为 1.82×10^{-6}RIU，方差为 3.26×10^{-7}RIU，与传统 SPR 传感芯片相比改善了约 52%。通过比较发现，WCSPR 传感芯片与传统 SPR 传感芯片相比，分辨率改善的结果和灵敏度改善的结果基本相符，说明将 WCSPR 传感芯片应用于 SPRi 检测时，可以通过提高灵敏度来改善分辨率。

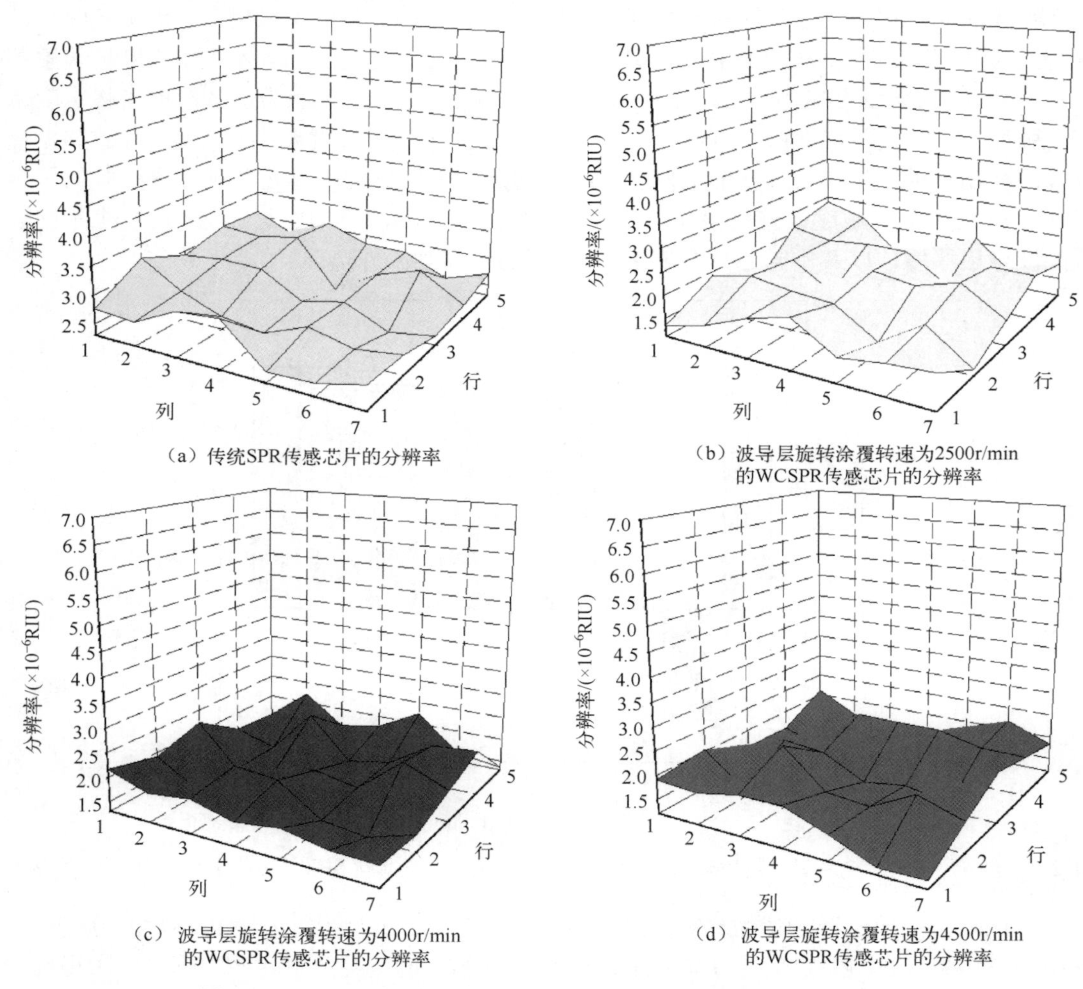

（a）传统SPR传感芯片的分辨率

（b）波导层旋转涂覆转速为2500r/min的WCSPR传感芯片的分辨率

（c）波导层旋转涂覆转速为4000r/min的WCSPR传感芯片的分辨率

（d）波导层旋转涂覆转速为4500r/min的WCSPR传感芯片的分辨率

图 2.20 WCSPR 传感芯片与传统 SPR 传感芯片的分辨率比较结果

检测过程中常见的外界干扰主要包括温度变化带来的扰动和振动带来的噪声，下面我们用仿真计算的方法从上述两个方面比较传统 SPR 传感芯片与 WCSPR 传感芯片。去离子水和金在温度每变化 0.1℃时折射率分别会变化 0.86×10^{-5}RIU 和 4×10^{-5}RIU。通过仿真计算发现，在室温条件下，温度每上升 0.1℃，传统 SPR 传感芯片的灵敏度会下降 0.21‰，而 WCSPR 传感芯片的灵敏度大约会下降 0.38‰。虽然 WCSPR 传感芯片的灵敏度比传统 SPR 传感芯片的灵敏度更易受温度影响，但变化量不大。由文献[143]可知，SPRi 的信噪比还可以由参数 E 体现，计算方法如下：

$$E=\frac{\mathrm{d}R/\mathrm{d}n}{R} \tag{2.3}$$

式中，R 为反射率；n 为介质的折射率。

我们分别对传统 SPR 传感芯片与波导层厚度为 1μm 的 WCSPR 传感芯片共振峰的 5%～30%深度对应的入射角计算参数 E，结果如图 2.21 所示。由图发现，上述两种芯片的参数 E 值均随共振峰位置从深到浅依次减小。当入射角对应的共振峰深度大于 10% 深度时，WCSPR 传感芯片的参数 E 值比传统 SPR 传感芯片的参数 E 值提高了 60% 左右，这和灵敏度提高幅度具有可比性，说明 WCSPR 传感芯片用于成像检测不但可以提高灵敏度和分辨率，而且对检测的信噪比提高也有一定帮助。

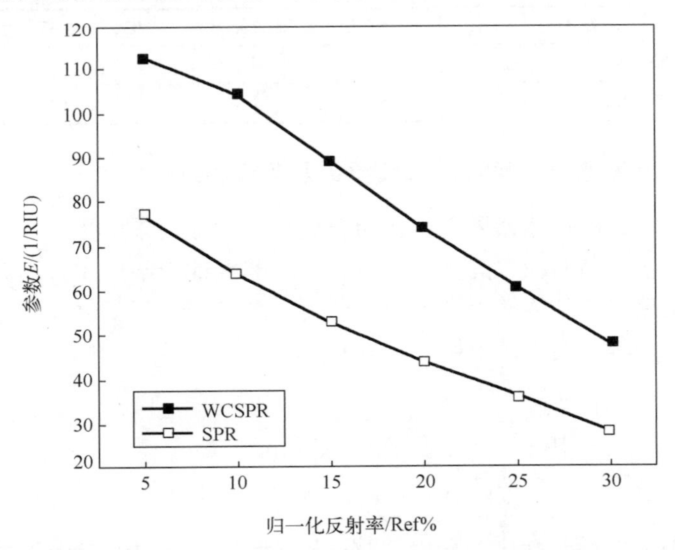

图 2.21　传统 SPR 传感芯片与 WCSPR 传感芯片不同共振峰深度的参数 E 计算结果

为比较传统 SPR 传感芯片与 WCSPR 传感芯片在蛋白质结合检测方面的性能，在制备好的芯片上依次通入被稀释成不同浓度的兔抗过氧化氢酶（Rabbit anti-CATalase，R-CAT），以检测其和蛋白质（Protein）A 的结合结果，并转换成折射率结果，如图 2.22（a）和（b）所示。图中的差异由不同芯片间蛋白质活性的差异引起。图 2.22（a）和（b）的对比结果显示，WCSPR 传感芯片的复杂结构并没有影响其对下金属层表面蛋白质结合信号的测量。采用数据分析模块（DAM）的 1∶1 反应模型进行分析得到两种传感芯片表面蛋白质结合的动力学参数，如表 2.3 所示。虽然对传感芯片表面不同位置的蛋白相互作用，结合信号会有少许差异，但两种芯片分析得到的参数量级相同，数值接近，结果相差不大。这说明在灵敏度和分辨率得到改善的同时，WCSPR 传感芯片可以应用于对生化反应的检测。

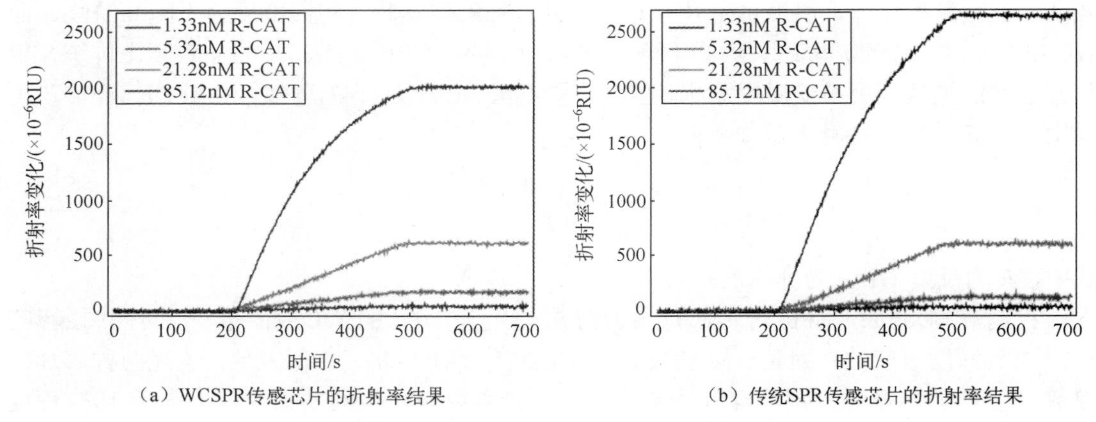

（a）WCSPR传感芯片的折射率结果　（b）传统SPR传感芯片的折射率结果

图 2.22　WCSPR 传感芯片与传统 SPR 传感芯片的表面蛋白质结合结果

表 2.3　WCSPR 传感芯片与传统 SPR 传感芯片表面蛋白质结合的动力学参数

参数类别	传统 SPR 传感芯片	WCSPR 传感芯片
吸附常数/（10^4/Ms）	6.02±0.27	7.43±0.81
解吸附常数/（10^{-5}/s）	3.54±0.35	1.96±0.21

2.2.2.2　基于电光效应的 WCSPR 传感器及其检测方法

我们制备的 WCSPR 传感器采用金作为金属层，波导层采用掺杂生色团的高分子材料作为材料，这种材料在高温极化的条件下具有二阶非线性光学性质。当施加电压时，材料会因为具备的电光效应产生依赖于电压幅度的折射率，折射率变化会改变其产生的反射光角度谱[见图 2.2（a）]。具体介绍如下。

1. 电光效应

当介质处于外加电场中时，电位移 D 可以写作：

$$D = \varepsilon_0 E + \alpha E^2 + \beta E^3 + \cdots \tag{2.4}$$

式中，ε_0 为没有外加电场时介质的介电常数；E 为电场；α 为一阶电光系数；β 为二阶电光系数。根据介电常数的定义，当存在外加电场时介电常数的表达式为

$$\varepsilon = \frac{\mathrm{d}D}{\mathrm{d}E} = \varepsilon_0 + 2\alpha E + 3\beta E^2 + \cdots \tag{2.5}$$

考虑介质折射率和介电常数间的关系，将式（2.5）写成折射率的表达式并进行二阶近似，如下所示：

$$n = n_0 + \frac{\alpha}{n_0} E + \frac{3\beta}{2n_0} E^2 + \cdots \tag{2.6}$$

式中，α/n_0 为线性电光系数，对应的电光效应为 Pockels 效应；$3\beta/2n_0$ 为非线性电光系数，

对应的电光效应为 Kerr 效应[144]。由于一般材料通常只考虑线性电光系数，因此由外加电场引起的折射率变化公式如下：

$$\Delta n_0 = \frac{\alpha}{n_0} E \tag{2.7}$$

引入不同方向的逆介电常数 B_{ij}，其表达式如下：

$$B_{ij} = \frac{1}{n_{ij}^2} \tag{2.8}$$

式中，n_{ij} 为折射率。

当不加外电场时，介质的折射率椭球可以写作：

$$B_{11}x^2 + B_{22}y^2 + B_{33}z^2 = 1 \tag{2.9}$$

式中，x、y、z 为三维空间坐标。

当介质处于外加电场中时，介质的折射率椭球可以写作：

$$B_{11}x^2 + B_{22}y^2 + B_{33}z^2 + 2B_{23}yz + 2B_{13}xz + 2B_{12}xy = 1 \tag{2.10}$$

逆介电常数的变化量可以表示为式（2.11），其 3×6 矩阵为介电张量。

$$\begin{bmatrix} \Delta B_1 \\ \Delta B_2 \\ \Delta B_3 \\ \Delta B_4 \\ \Delta B_5 \\ \Delta B_6 \end{bmatrix} = \begin{bmatrix} \gamma_{11} & \gamma_{12} & \gamma_{13} \\ \gamma_{21} & \gamma_{22} & \gamma_{23} \\ \gamma_{31} & \gamma_{32} & \gamma_{33} \\ \gamma_{41} & \gamma_{42} & \gamma_{43} \\ \gamma_{51} & \gamma_{52} & \gamma_{53} \\ \gamma_{61} & \gamma_{62} & \gamma_{63} \end{bmatrix} \begin{bmatrix} E_1 \\ E_2 \\ E_3 \end{bmatrix} \tag{2.11}$$

研究中采用的波导层材料施加在法向电压极化后，薄膜中的生色团会沿着极化电场方向产生有序排列，具有单轴晶体的特征，光轴平行于极化电场的方向，其介电常数张量表示为

$$[\varepsilon_1] = \begin{bmatrix} \varepsilon_{xx} & 0 & 0 \\ 0 & \varepsilon_{yy} & 0 \\ 0 & 0 & \varepsilon_{zz} \end{bmatrix} = \begin{bmatrix} n_0^2 & 0 & 0 \\ 0 & n_0^2 & 0 \\ 0 & 0 & n_e^2 \end{bmatrix} \tag{2.12}$$

式中，n_0 和 n_e 表示波导层的正常介电系数和反常介电系数。极化后的波导层晶格排列一般属于 4mm 点群，其介电张量的形式如式（2.13）[145]所示：

$$[r] = \begin{pmatrix} 0 & 0 & \gamma_{13} \\ 0 & 0 & \gamma_{13} \\ 0 & 0 & \gamma_{33} \\ 0 & \gamma_{15} & 0 \\ \gamma_{15} & 0 & 0 \\ 0 & 0 & 0 \end{pmatrix} \tag{2.13}$$

如果沿 z 轴方向施加电压，则 $E_x = E_y = 0$，$E_z = E$，新的折射率椭球公式为

$$\left(\frac{1}{n_0^2}+\gamma_{13}E\right)n_x^2+\left(\frac{1}{n_0^2}+\gamma_{13}E\right)n_y^2+\left(\frac{1}{n_e^2}+\gamma_{33}E\right)n_z^2=1 \tag{2.14}$$

式（2.14）中折射率的变化可以表示为式（2.15）～式（2.17）：

$$n_x = n_0 - \frac{1}{2}n_0^3\gamma_{13}E \tag{2.15}$$

$$n_y = n_0 - \frac{1}{2}n_0^3\gamma_{13}E \tag{2.16}$$

$$n_z = n_e - \frac{1}{2}n_e^3\gamma_{33}E \tag{2.17}$$

2. 交流电压调制方法

当 WCSPR 传感器的电光波导层外加电压信号为交流调制信号时，根据电光效应原理波导层的折射率会产生和交流调制信号同步的变化，从而引起反射光强度的变化。基于上述原理，Wang K 等人提出了如图 2.23（a）所示的混合差分调制装置，并证明这种强度变化对电压的微分和其对入射角的微分呈正比关系，且对电压的微分结果可以通过锁相放大器解调并测量幅度值得到 [135]。在测量中，角度扫描的同时会对波导层施加频率大于扫描变化速度的交流信号，得到如图 2.23（b）所示的混合差分调制实验结果。由于共振角度处的反射光强度对入射角的微分结果为 0，因此上述测量的幅度值为 0，对应的入射角就是共振角度。这种方法无须传统的数据处理方法就能直接得到共振角度。Ma X 等人发现了在共振角度附近通过锁相放大器解调得到的强度和调制电压强度，均和检测物的折射率变化呈正比关系[56]，动态强度测量实验结果如图 2.23（c）所示。基于此原理，Ma X 等人发明了如图 2.23（d）所示的动态强度测量装置，测量分辨率可达 10^{-6}RIU 量级。

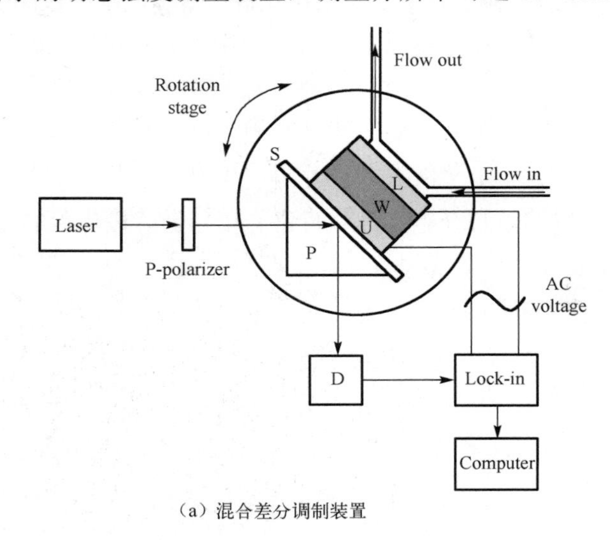

（a）混合差分调制装置

图 2.23 基于交流电压调制方法的不同实验装置及其实验结果

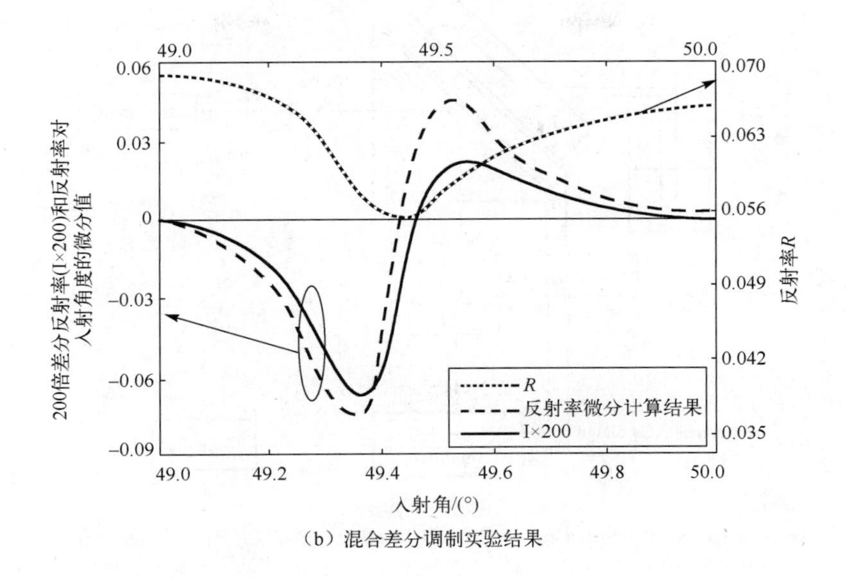

（b）混合差分调制实验结果

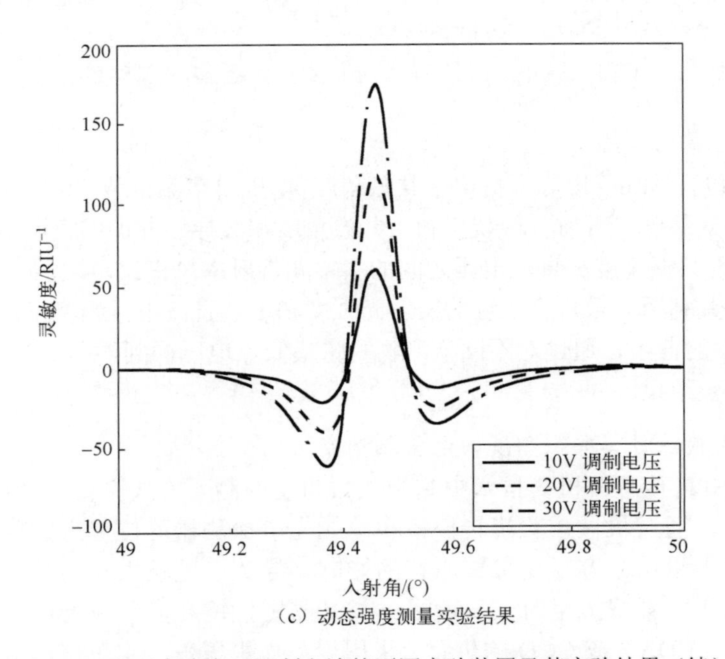

（c）动态强度测量实验结果

图 2.23　基于交流电压调制方法的不同实验装置及其实验结果（续）

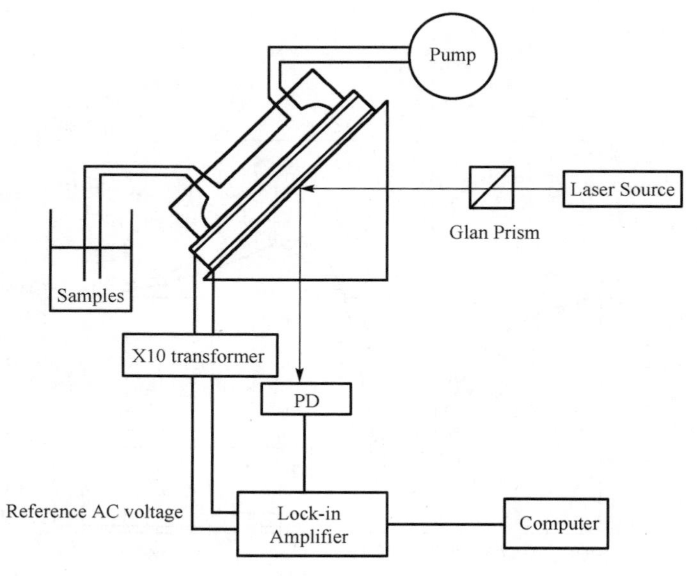

（d）动态强度测量装置

Laser—激光器；Rotation stage—转台；P-polarizer—P 光偏振片；Lock-in—锁相放大器；Computer—计算机；Flow in—流体入口；Flow out—流体出口；P—棱镜；D—探测器；U—上金属层；L—下金属层；W—波导层；AC voltage—交流电压；Pump—泵；Samples—样品溶液；Glan Prism—格兰棱镜；Laser Source—激光器；PD—探测器；Reference AC voltage—参考交流信号；Lock-in Amplifier—锁相放大器；X10 transformer—10 倍放大器。

图 2.23　基于交流电压调制方法的不同实验装置及其实验结果（续）

3. 直流电压调制方法

基于式（2.17），Wang K 等人提出了共振角度-电压斜率测量装置[136][见图 2.24（a）]和共振点电压测量装置[139]。前一种装置利用共振角度和波导层施加的直流电压幅度呈线性关系的原理，发现共振角度和直流电压之间的斜率和折射率呈正比，实验结果如图 2.24（b）所示。后一种装置利用共振角度附近的反射光强度和上述直流电压幅度呈正比关系扫描得到图 2.24（c）中的曲线，通过对不同检测物测量最低点电压得到如图 2.24（d）所示的共振点电压测量实验结果。

4. 基于强度检测计算共振角度的电压测量方法

1.4 节提到 SPR 传感器检测技术中基于共振角度的测量方式主要分为两类，其中一类是采用准直光束，通过机械装置旋转棱镜和单元光电探测器的位置来实现对入射角的扫描。它的缺点是测量结果容易受机械漂移的影响，导致误差较大，另外，用机械装置旋转棱镜进行扫描需要耗费大量时间。而另一类是固定棱镜和多单元光电探测器阵列，如线性二极管阵列（LDA）或 CCD 的位置，采用聚焦光束覆盖一定范围的入射角以实现快速扫描。这种类型的 SPR 传感器能够消除上述第一类 SPR 传感器的缺点，但是它的分辨率受反射光覆盖的光电探测器单元数的影响，棱镜和多单元光电探测器阵列之间的距离越远，光电探测器单元数越多，分辨率越高，由于 SPR 传感器体积的限制，这类传感器难以达到较高的分辨率。

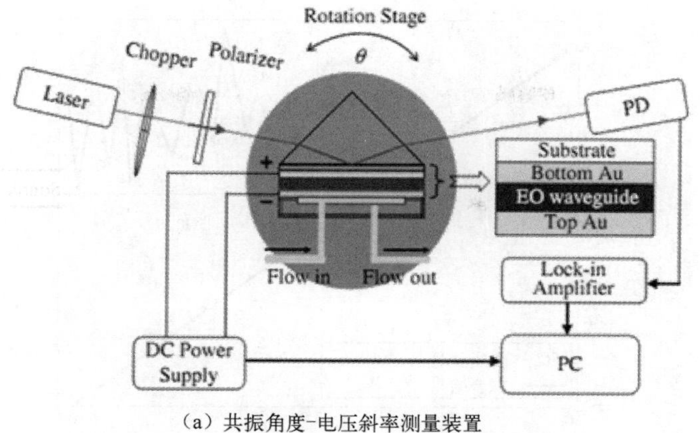

（a）共振角度-电压斜率测量装置

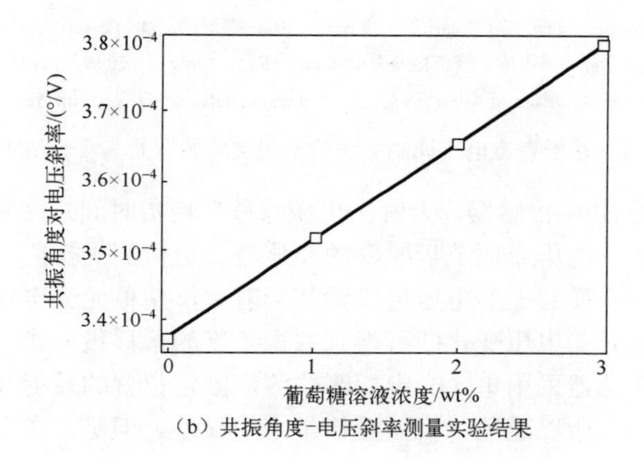

（b）共振角度-电压斜率测量实验结果

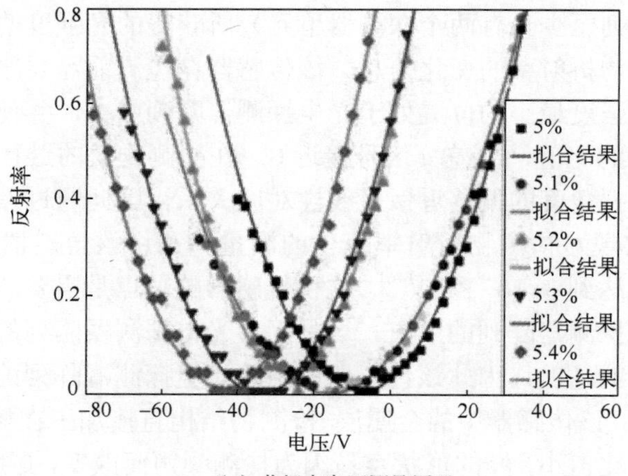

（c）共振点电压测量原理

图 2.24　基于直流电压调制方法的不同实验装置及其实验结果

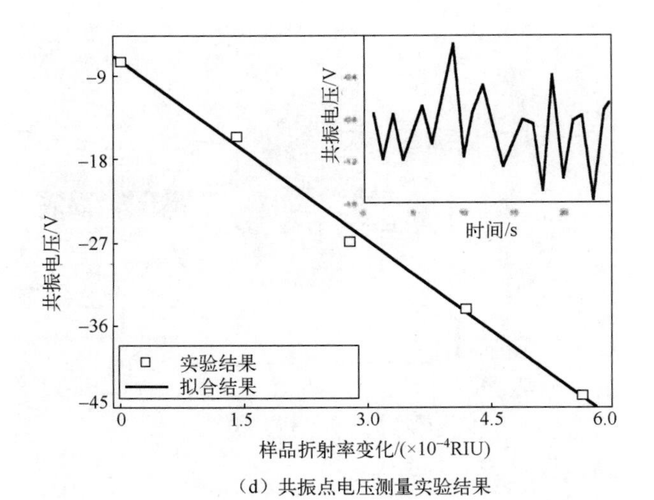

（d）共振点电压测量实验结果

Laser—激光器；Chopper—斩波器；Polarizer—偏振片；PD—探测器；DC Power Supply—直流电源；PC—计算机；Lock-in Amplifier—锁相放大器；Rotation Stage—转台；Flow in—流体入口；Flow out—流体出口；Substrate—玻璃；Bottom Au—下金属层；EO waveguide—波导层；Top Au—上金属层。

图 2.24 基于直流电压调制方法的不同实验装置及其实验结果（续）

针对上述第一类 SPR 传感器，为解决机械漂移、耗费时间过多等问题，可以在金属层和检测物之间加入改变电压或调节折射率的介质层。当检测物折射率的改变引起共振角度变化时，改变施加于介质层上的电压可以调节折射率，使单元光电探测器测得的反射光强度最小，通过测量此时的电压变化即可得到共振角度的偏移量，进而得到检测物折射率的变化信息。由于该传感器采用单元光电探测器测量固定位置的反射光强度并判断测量结果是否为强度的最小值，所以避免了机械操作带来的误差。但是，由于探测噪声的影响，该传感器难以准确并重复得到反射光强度的最小值，因此也难以准确得到共振角度的偏移量。

对于上述第二类 SPR 传感器，为了在不增加体积的前提下提高分辨率，通过光电探测器阵列（该探测器阵列至少具有两个探测器单元）所获得的光强度的差分来获取所述共振角度并进而得到检测物折射率的变化信息。该传感器在检测前需要严格调节光电探测器阵列的位置，使反射光强度最小的位置处于光电探测器阵列中央，并使光电探测器阵列左右两部分信号的差与和的比值，即差分信号接近 0。在检测物质的过程中，由于光电探测器阵列的差分信号和共振角度的偏移近似呈线性对应关系，因此通过差分信号可以得到共振角度的偏移，从而实现对检测物折射率变化的测量。利用该传感器，在入射光束波长为 635nm 时分辨率可以达到 3×10^{-8}RIU[146]。这种传感器的缺点是需要严格保证共振角度所对应的反射光位于光电探测器阵列的中央。这是因为光电探测器阵列的差分信号越大所述线性对应关系的线性度就越差，因此该传感器所用的光电探测器阵列的位置调节非常困难，而且重复性差。此外，该传感器中的金属层-检测物结构直接加工在棱镜上，所产生的共振吸收峰深度和宽度的比值小，峰的形状容易因为探测噪声而改变，影响测量结果的准确性。

为克服上述困难，我们提出了基于 WCSPR 结构的一种响应时间短、测量线性度高、分辨率高的强度检测及计算共振角度的电压测量方法[147]。其中 SPR 传感器的结构如图 2.25（a）所示，其测量步骤如下。

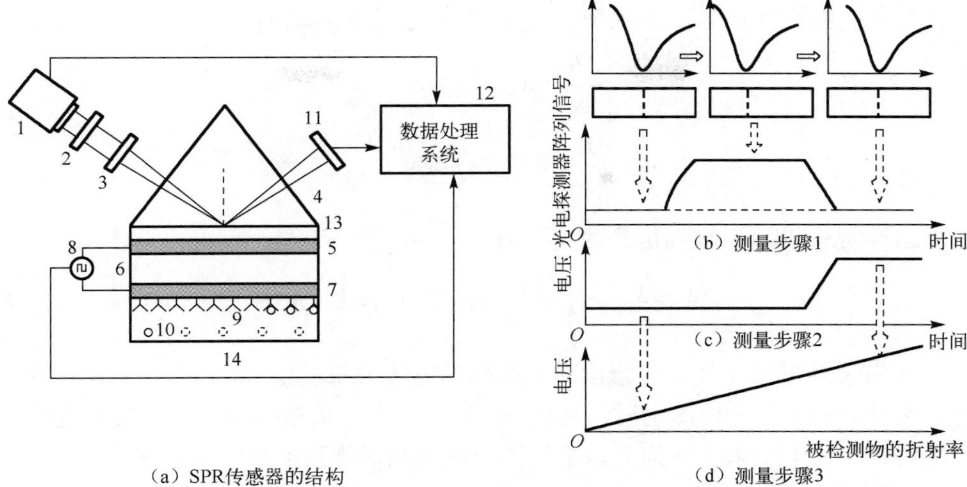

(a) SPR传感器的结构　(b) 测量步骤1　(c) 测量步骤2　(d) 测量步骤3

1—激光器；2—偏振片；3—透镜；4—棱镜；5—上金属层；6—介质层；7—下金属层；8—可调电压输出装置；9—生物标记；10—被检测物；11—差分式光电探测器阵列；12—数据处理系统；13—玻璃基底；14—样品池。

图 2.25　基于强度检测计算共振角度的电压测量方法

（1）在样品池中通入折射率已知的标准样品，将聚焦光束入射到 SPR 传感器上，由光电探测器阵列接收反射光信号并输出标定步骤的差分信号，如图 2.25（b）所示。图 2.26 所示为基于差分式光电探测器阵列的探测原理。图中 θ_0 为共振角度，θ_{01}、θ_{02} 分别为差分式光电探测器阵列覆盖入射角范围的左右边界，我们定义图 2.26 中的参数，公式如下：

$$\begin{cases} \theta_1 = \dfrac{\theta_{01} + \theta_{02}}{2} \\ \beta = \dfrac{\theta_{02} - \theta_{01}}{2} \end{cases} \tag{2.18}$$

式中，θ_1 代表中心角度；β 代表角度检测范围的一半。

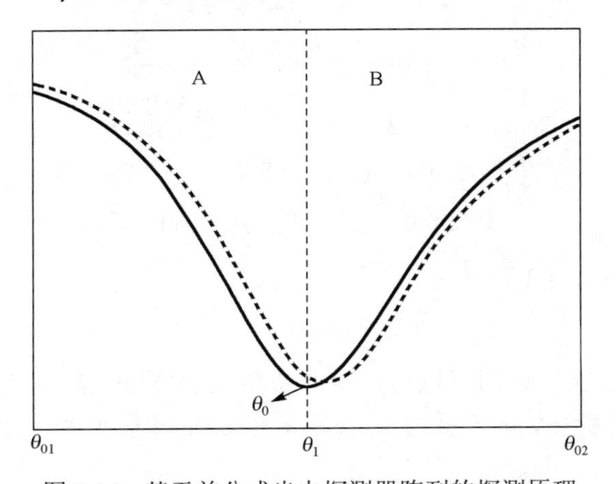

图 2.26　基于差分式光电探测器阵列的探测原理

SPR 传感器中存在两个灵敏度参数，共振角度对被检测物的折射率 n_4 的灵敏度 C_2 和共振角度对介质层的折射率 n_2 的灵敏度 C_1，其表达式分别如下：

$$\begin{cases}\dfrac{\mathrm{d}\theta_0}{\mathrm{d}n_2}=C_1，n_4\text{固定}\\ \dfrac{\mathrm{d}\theta_0}{\mathrm{d}n_4}=C_2，n_2\text{固定}\end{cases} \tag{2.19}$$

图 2.25 中光电探测器阵列信号的定义如下：

$$J=\frac{I_{\mathrm{A}}-I_{\mathrm{B}}}{I_{\mathrm{A}}+I_{\mathrm{B}}},\quad I_{\mathrm{A}}=\int_{\theta_{01}}^{\theta_1}R\mathrm{d}\theta,\quad I_{\mathrm{B}}=\int_{\theta_1}^{\theta_{02}}R\mathrm{d}\theta \tag{2.20}$$

式中，R 为 SPR 传感器中反射光强度对入射角的响应关系；I_{A}、I_{B} 代表 A、B 两部分测得的强度。当检测物为参考检测物时，对图 2.25（b）中的共振吸收峰（实线）进行多项式展开，得到式（2.21）。其中 γ 为共振角度离光电探测器阵列中心的偏移量。

$$R\approx\alpha_1+\alpha_3(\theta-\theta_1+\gamma)^2 \tag{2.21}$$

式中，a_1、a_3 为泰勒级数展开的系数，没有具体意义

（2）当检测物为其他物质时，n_4 发生改变，共振角度发生 $\Delta\theta_{01}$ 的变化，（2.21）变为

$$R_1\approx\alpha_1'+\alpha_3'(\theta-\theta_1-\Delta\theta_{01}+\gamma)^2=\alpha_1'+\alpha_3'(\theta-\theta_1-C_2\Delta n_4+\gamma)^2 \tag{2.22}$$

通过电压对所述介质层折射率进行调节，使共振角度发生 $\Delta\theta_{02}$ 的变化，得到式（2.23）。

$$R_2\approx\alpha_1''+\alpha_3''(\theta-\theta_1-\Delta\theta_{02})^2=\alpha_1''+\alpha_3''(\theta-\theta_1-C_1\Delta n_4-C_2\Delta n_2)^2 \tag{2.23}$$

式中，Δn_4 为检测物折射率相对样品折射率的变化；Δn_2 为介质层折射率的变化。

将式（2.21）、式（2.23）代入式（2.20）分别得到光电探测器阵列的输出 J_0、J_1，如式（2.24）所示，其中 $\Delta\theta_0$ 为共振角度的改变量。

$$\begin{cases}J_0=\dfrac{-\gamma\beta}{\dfrac{1}{3}(\beta^2+3\gamma^2)}\\ J_1=\dfrac{(\Delta\theta_0-\gamma)\beta}{\dfrac{(\beta^2+3\gamma^2)}{3}-2\gamma\Delta\theta+(\Delta\theta)^2}\end{cases} \tag{2.24}$$

令式（2.24）中的两式相等，计算得到式（2.25）。

$$3\gamma(\Delta\theta)^2-(\beta^2+9\gamma^2)\Delta\theta=0 \tag{2.25}$$

解式（2.25）得到式（2.26）。

$$\Delta\theta=0 \tag{2.26}$$

式（2.19）、式（2.26）说明可以通过对介质层施加外场来改变其折射率 n_2，以补偿被检测物的折射率 n_4 的变化，这样就可以把对 n_4 的测量转换为对 n_2 的测量，如图 2.25（c）所示。

（3）根据外场与不同检测物折射率的对应关系，得出被检测物折射率，如图 2.25（d）所示。介质层外加电压随被检测物折射率变化的结果如图 2.27 所示。

为检测该方法的抗噪声和角度偏差能力，在评估性能时叠加了 40dB 信噪比的高斯噪声，其无偏差时的线性度分析结果和偏差为 0.12° 时的线性度分析结果分别如图 2.28 与图 2.29 所示。图中的线性度分布均呈正态分布，其中图 2.28 中的线性度期望值为 0.99980，图 2.29 中的线性度期望值为 0.99959。

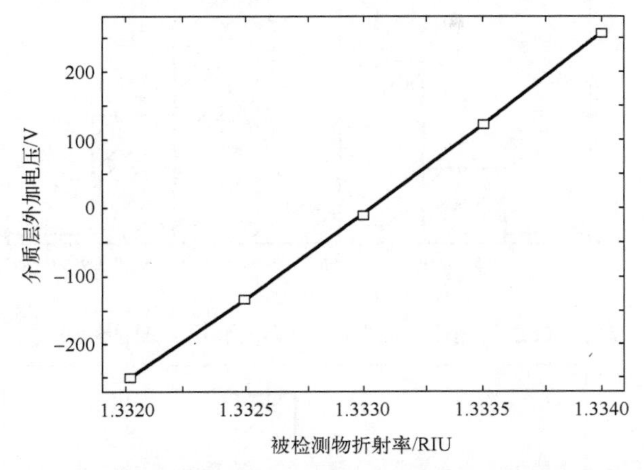

图 2.27　介质层外加电压随被检测物折射率变化的结果

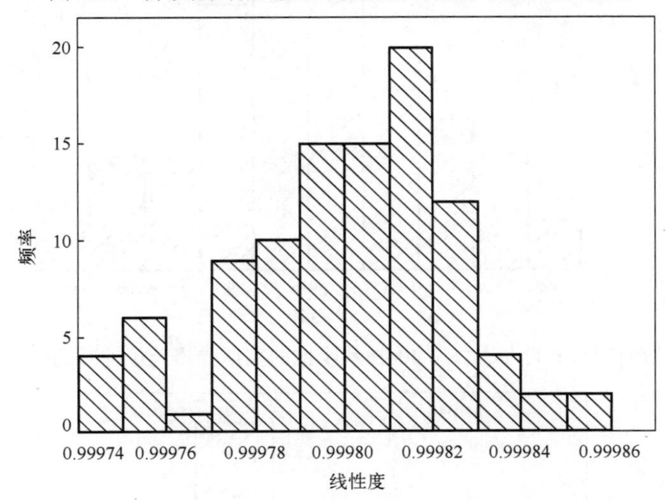

图 2.28　叠加 40dB 信噪比的高斯噪声无偏差时的线性度分析结果

作为比较，用文献[146]中的方法叠加 40dB 信噪比的高斯噪声无偏差时和偏差为 0.1° 时的线性度分析结果分别如图 2.30 与图 2.31 所示。图 2.30 中的线性度期望值为 0.99961，图 2.31 中的线性度期望值为 0.99924，均小于图 2.28、图 2.29 中的分析结果。上述比较说明，在被检测物折射率变化时，我们提出的方法可以进行更线性的测量（输出信号的变化能更真实地反映折射率的变化），同时标准偏差（频率最高数的 1/2.718 对应的两个线性度之间的距离）小于文献[146]中的方法计算的标准偏差，因此在具有相同分布的高斯噪声影响下，我们提出的方法的线性度不容易受到干扰，对相同样品的测量重复性高。此外，我们提出的方法还能增加测量的线性范围，可以不必在测量前进行调零，这样大大节省了测量时间。

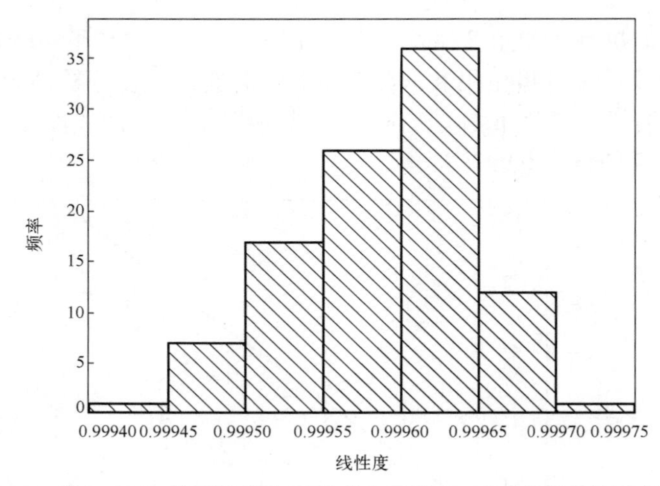

图 2.29 叠加 40dB 信噪比的高斯噪声偏差为 0.12°时的线性度分析结果

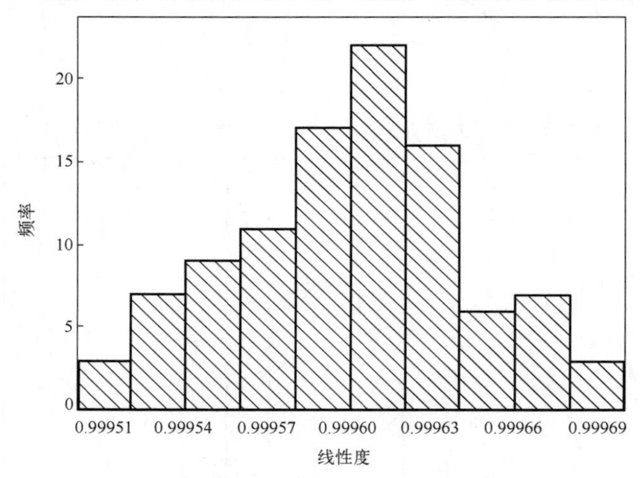

图 2.30 用文献[146]中的方法叠加 40dB 信噪比的高斯噪声无偏差时的线性度分析结果

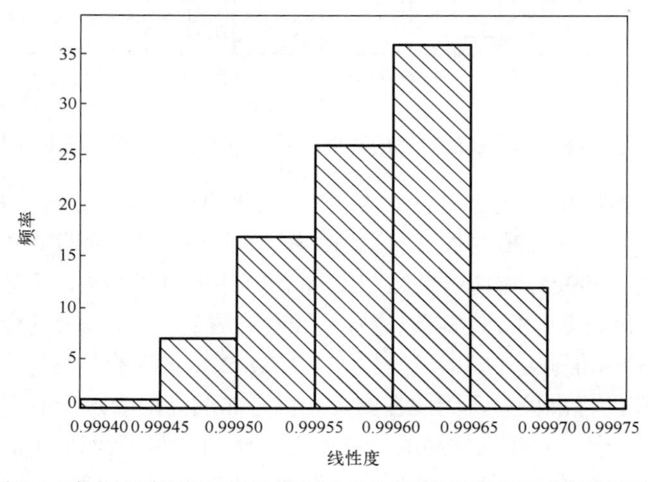

图 2.31 用文献[146]中的方法叠加 40dB 信噪比的高斯噪声偏差为 0.1°时的线性度分析结果

5. 基于差分强度检测的电压测量方法

在基于强度检测计算共振角度的电压测量方法基础上，我们提出了基于差分强度检测的电压测量方法，原理示意图如图 2.32（a）[148]所示。激光器出射光经过准直透镜和起偏器后经透镜聚焦于 WCSPR 传感器的玻璃衬底-上金属层界面上，反射的发散光由具有探测单元 A 和 B 的双单元光电探测器收集。当聚焦光束覆盖入射角范围的中心角度为 WCSPR 共振角度时，反射光中心会产生 WCSPR 峰，引起的光强值最小，通过调节双单元光电探测器的位置使反射光的中心线垂直入射双单元光电探测器并使共振峰均匀分布于双单元光电探测器上，如图 2.32（b）所示。通过锁相放大器直接收集双单元光电探测器两个单元的测量信号之差，定义为 A–B，并由计算机采集。在波导层上施加的直流电压及其扫描过程也由计算机控制。

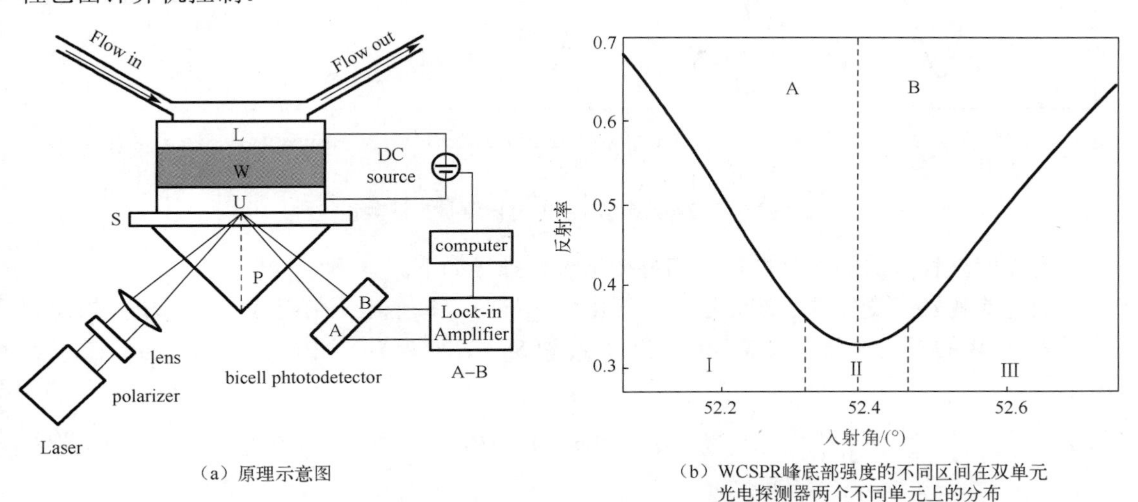

（a）原理示意图

（b）WCSPR峰底部强度的不同区间在双单元光电探测器两个不同单元上的分布

P—棱镜；S—玻璃衬底；U—上金属层；W—波导层；L—下金属层；Laser—激光器；polarizer—偏振片；lens—透镜；bicell phtotodetector—双单元光电探测器；lock-in Amplifier—锁相放大器；computer—计算机；DC source—直流电源；Flow in—流体入口；Flow out—流体出口。

图 2.32　基于差分强度检测的电压测量方法

该方法具体的测量过程如下：对参考检测物、波导层施加的直流电压为 0V，记录此时的 A–B 值作为共振点的标记，反射光强度分布如图 2.33（a）所示。当检测物发生改变时，共振峰发生偏移，反射光强度分布如图 2.33（b）所示。此时对施加的电压幅度进行扫描，共振峰会发生如图 2.33（c）所示的由虚线到实线的移动，扫描过程中会记录每个电压值对应的 A–B 值，直到该值回到共振点的对应值[149]，此时对应的电压被定义为共振电压，并作为该方法对参考检测物折射率的测量结果。

考虑到图 2.32（b）所示的 WCSPR 峰底部的反射光强度和入射角的函数关系，将底部分成三个区域：Ⅰ区、Ⅱ区和Ⅲ区。其中Ⅰ区和Ⅲ区中的反射光强度和入射角呈线性关系，这两个区域一般用于强度检测；Ⅱ区为非线性区，一般用于数据处理时求取共振角度，由第 3 章可知该区域的四阶多项式拟合最优，该区域在共振角度两侧是对称的，因此当共振角度在 A、B 分界线上时，强度在两个单元上的分布也是对称的。当检测物为参考检测物时，定义两个单元的检测信号分别为S_A和S_B，它们和A–B的表达式I_1如式(2.27)、式（2.28）所示，其中θ、n_2和n_4分别代表入射角、波导层折射率和检测物折射率。

$$S_A=\int_{\mathrm{I}}R(\theta,n_2,n_4)+\int_{\mathrm{II}}R(\theta,n_2,n_4),\quad S_B=\int_{\mathrm{II}}R(\theta,n_2,n_4)+\int_{\mathrm{III}}R(\theta,n_2,n_4) \tag{2.27}$$

$$I_1=\int_{\mathrm{I}}R(\theta,n_2,n_4)-\int_{\mathrm{III}}R(\theta,n_2,n_4) \tag{2.28}$$

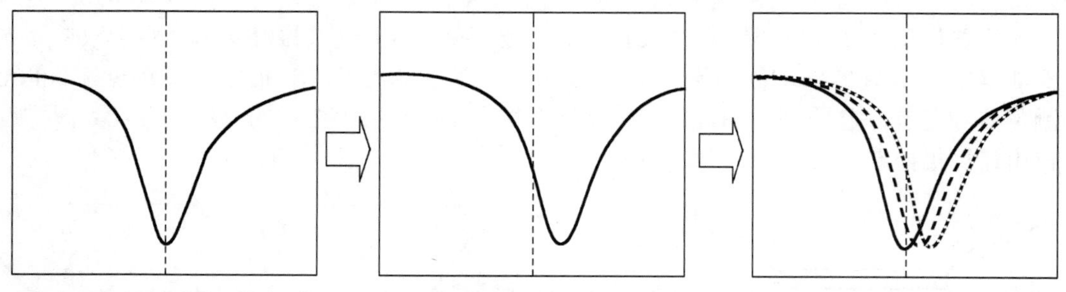

图 2.33　基于差分强度检测的电压测量方法测量过程

为证明这种方法的可行性，我们将测量过程推导如下。

当检测物发生变化并于波导层上进行电压扫描时，每个电压值对应的两个单元的检测信号和A–B的表达式分别由S_A和S_B变为S'_A和S'_B，I_1变为I_2，如式（2.29）～式（2.31）所示。

$$S'_A=\int_{\mathrm{I}}R(\theta,n_2+\Delta n_2,n_4+\Delta n_4)+\int_{\mathrm{II}}R(\theta,n_2+\Delta n_2,n_4+\Delta n_4) \tag{2.29}$$

$$S'_B=\int_{\mathrm{II}}R(\theta,n_2+\Delta n_2,n_4+\Delta n_4)+\int_{\mathrm{III}}R(\theta,n_2+\Delta n_2,n_4+\Delta n_4) \tag{2.30}$$

$$I_2=\int_{\mathrm{I}}R(\theta,n_2+\Delta n_2,n_4+\Delta n_4)-\int_{\mathrm{III}}R(\theta,n_2+\Delta n_2,n_4+\Delta n_4) \tag{2.31}$$

当电压为共振电压时，I_1和I_2相等。参考文献[56]，I_2的表达式按泰勒展开并忽略高阶项可写作式（2.32）。

$$\begin{aligned}I_2&=\int_{\mathrm{I}}\left[R(\theta,n_2,n_4)+\Delta n_2\left.\frac{\partial R}{\partial n_2}\right|_{n_2,n_4}+\Delta n_4\left.\frac{\partial R}{\partial n_4}\right|_{n_2,n_4}\right]\\&\quad-\int_{\mathrm{III}}\left[R(\theta,n_2,n_4)+\Delta n_2\left.\frac{\partial R}{\partial n_2}\right|_{n_2,n_4}+\Delta n_4\left.\frac{\partial R}{\partial n_4}\right|_{n_2,n_4}\right]\\&=I_1+\int_{\mathrm{I}}\left(\Delta n_2\left.\frac{\partial R}{\partial n_2}\right|_{n_2,n_4}+\Delta n_4\left.\frac{\partial R}{\partial n_4}\right|_{n_2,n_4}\right)\\&\quad-\int_{\mathrm{III}}\left(\Delta n_2\left.\frac{\partial R}{\partial n_2}\right|_{n_2,n_4}+\Delta n_4\left.\frac{\partial R}{\partial n_4}\right|_{n_2,n_4}\right)\end{aligned} \tag{2.32}$$

其中对于不同区域，灵敏度的定义如下：

$$S_{j,n_k} = \left.\frac{\partial R}{\partial n_k}\right|_{n_2,n_4} \quad (j = \mathrm{I}, \mathrm{III}; k = 2,4) \tag{2.33}$$

由式（2.17）得到由施加电压引起的波导层折射率的变化，如式（2.34）所示，其中 r_{33} 为通过极化得到的电光系数，d_2 为波导层厚度，V_{DC} 为直流电压。

$$\Delta n_2 = -\frac{1}{2} n_2^3 \frac{V_{\mathrm{DC}}}{d_2} r_{33} \tag{2.34}$$

将式（2.33）、式（2.34）代入式（2.32），得到该方法的灵敏度表达式。

$$S \sim \frac{2d_2}{r_{33} n_2^3} \frac{\int_{\mathrm{I}} S_{\mathrm{I},n_4} - \int_{\mathrm{III}} S_{\mathrm{III},n_4}}{\int_{\mathrm{I}} S_{\mathrm{I},n_2} - \int_{\mathrm{III}} S_{\mathrm{III},n_2}} \tag{2.35}$$

当 n_2 和 n_4 在强度检测的动态范围内时，由文献[137]可知 S 可以视作常数。上述计算说明，用 A-B 值记录共振条件时，对不同检测物可以通过在波导层上施加对应的共振电压使共振条件保持不变，并证明了该方法的可行性，以及为下面的实验提供了理论基础。当 n_2 为 1.6 左右，d_2 为微米量级，电光系数为 10pm/V 量级时，将上述条件带入式（2.35）即得到 S 的量级为 10^4V/RIU。

我们根据上述理论搭建了基于差分强度检测的电压测量方法的实验装置，如图 2.34 所示。实验中采用的激光器是 Thorlabs 公司的单模半导体激光二极管 L9805E2P5，波长为 980nm，出射光斑为椭圆形光斑。由于出射光存在一定的发散角，因此采用内置准直透镜 C440TME-B［见图 2.34（c）］进行第一次准直[150]。此外，若出射光方向沿传播方向有下降趋势，则可加入两个反射镜将准直光束传播方向调节至光学平台。准直光斑采用焦距分别为 75mm 和 100mm 的双凸透镜组成的透镜组进一步准直，并通过两个透镜间焦点处的孔径为 80μm 的针孔进行滤波[151]，以实现对杂散光和第一次准直可能产生的多级衍射的滤除。通过透镜组后得到的强度空间分布由 Toshiba 公司的 CCD 探测器 TCD1505D 接收，接收得到的出射光强度在 CCD 上的分布如图 2.35（a）所示，光强的高斯分布半腰宽为 1mm 左右。准直光束经过偏振片和斩波器后由焦距为 150mm 的双凸透镜聚焦于玻璃衬底-上金属层界面，覆盖角度约为 0.8°。距棱镜 100mm 处的反射光强度在 CCD 上的分布如图 2.35（b）所示。上述两图说明，基于图 2.34（a）原理的光路设计对光束的传播和 WCSPR 现象的激发、探测没有影响。在实验中，反射光由 OSI 公司在 980nm 波长下响应度较好的双单元探测器 SPOT2D［见图 2.34（d）］接收[152]，信号经过前置放大器后由锁相放大器采集。图 2.34（a）中的直流电压源由 keithley 公司的 6430 源表提供。图 2.34（b）所示为对应的实际光路。

我们采用文献[142]所述的方法制备 WCSPR 传感芯片，步骤示意图如图 2.36 所示。其中上、下金属层厚度分别为 30nm，波导层厚度为 2μm。为确保进行电压测量，在对 WCSPR 传感芯片进行极化后测得电光系数为 36pm/V[153]。其中，极化后 WCSPR 传感芯片的外观［见图 2.37（a）］、计划装置和电光系数测量方法与文献[142]类似。将 WCSPR 传感芯片置于图 2.38 所示的 WCSPR 传感芯片角度扫描装置中，以质量分数为 0.4%的葡萄糖溶液为检测物进行测量，得到的实验数据如图 2.37（b）所示，其中共振角度为 52.39°。

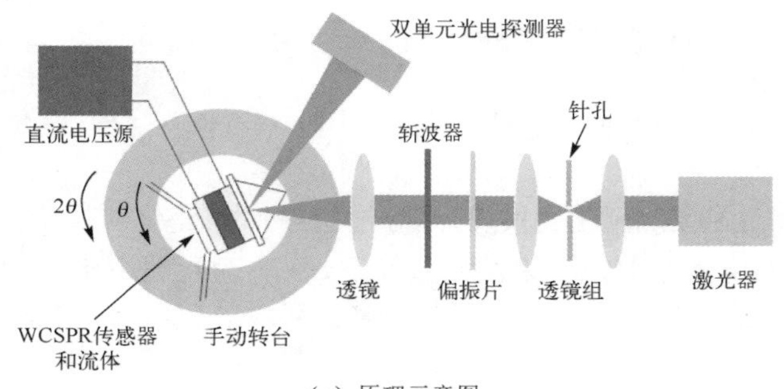

（a）原理示意图

（b）光路　（c）C440TME-B　（d）SPOT2D

图 2.34　基于差分强度检测的电压测量方法的实验装置

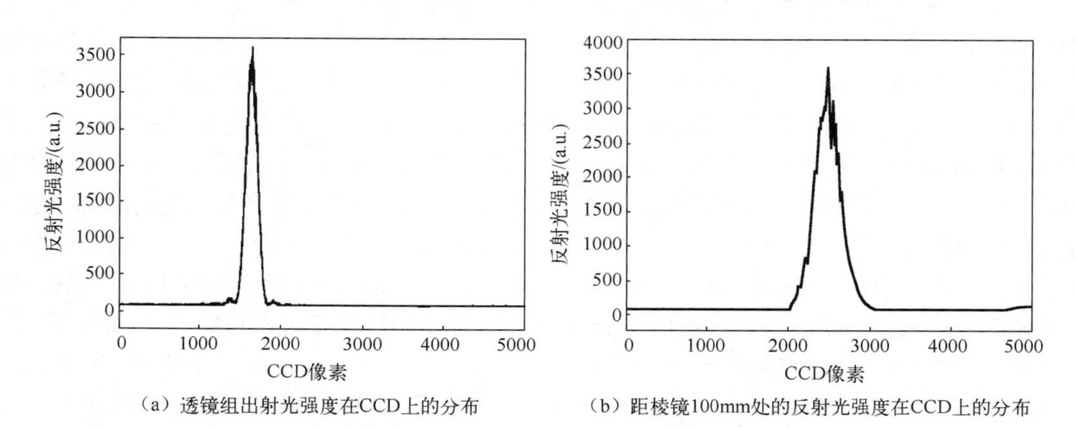

（a）透镜组出射光强度在CCD上的分布　（b）距棱镜100mm处的反射光强度在CCD上的分布

图 2.35　出射光强度和反射光强度在 CCD 上的分布

在对波导层不施加直流电压的情况下，测量其对质量分数为 0～0.4%葡萄糖溶液的响应，如图 2.39（a）所示，并以去离子水为检测物对波导层施加不同幅度的直流电压，测量其对电压幅度的响应，如图 2.39（b）所示。对比上述两图发现，当检测物折射率变大、电压减小时，在共振角度增大的同时，共振峰深度也在增加。这说明对不同检测物可以通过在波导层施加不同幅度的共振电压以保证上述 A–B 值代表的共振条件一致。

将上述经过角度测量的芯片置于图 2.34（b）所示的光路中，以质量分数为 0.4%的葡萄糖溶液为检测物，将入射角的中心角固定于所对应的共振角度位置。斩波器调制频率为

1kHz，电压扫描速度为 3 步/s，由锁相放大器的积分时间所限制。按上述原理调节好光路后，首先测量差分强度对质量分数为 0～0.4%葡萄糖溶液的响应，如图 2.40（a）所示；其次以去离子水为检测物对波导层施加不同幅度的直流电压，测得的响应如图 2.40（b）所示。这些图体现的差分强度对不同检测物和不同施加电压幅度的响应与图 2.39 中共振角度对不同检测物和不同施加电压幅度的响应趋势一致。

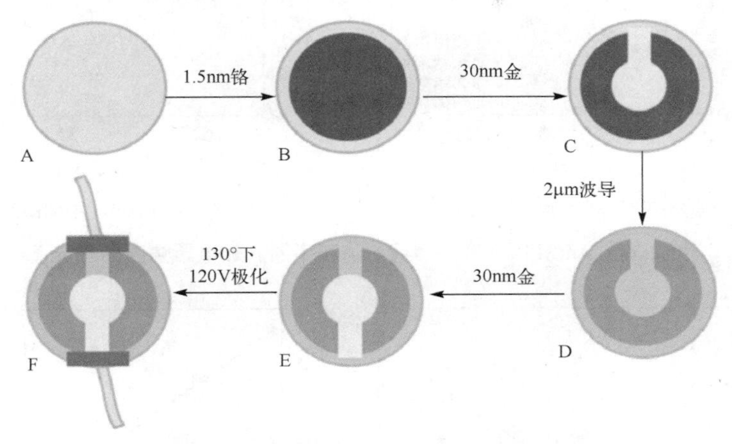

图 2.36　WCSPR 传感芯片制备步骤示意图

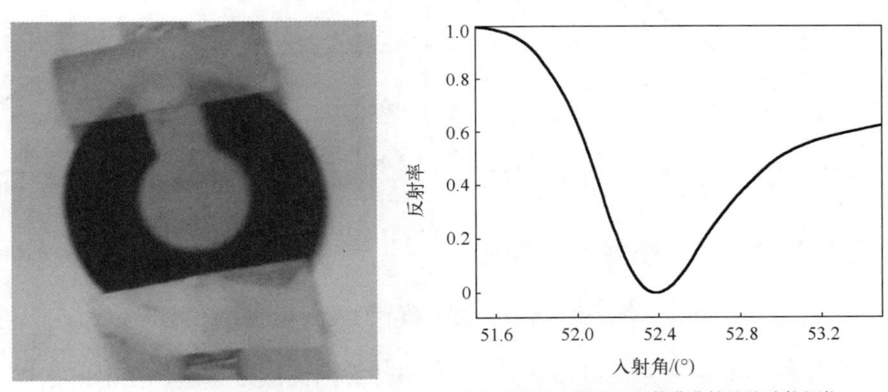

（a）极化后WCSPR传感芯片的外观　（b）以质量分数为0.4%的葡萄糖溶液为检测物进行测量时得到的实验数据

图 2.37　WCSPR 传感芯片外观及实验数据

图 2.38　WCSPR 传感芯片角度扫描装置

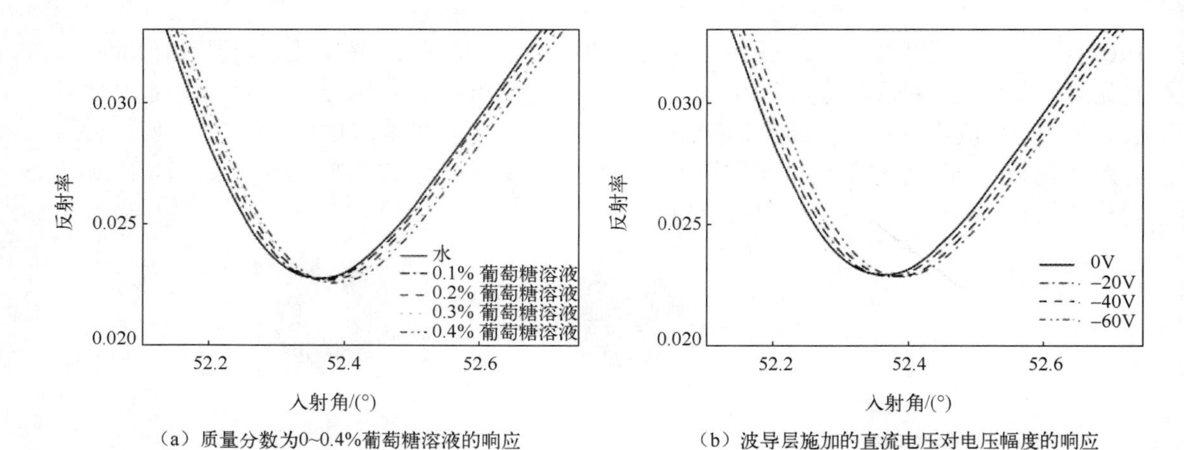

（a）质量分数为0~0.4%葡萄糖溶液的响应（b）波导层施加的直流电压对电压幅度的响应

图 2.39 WCSPR 峰对不同检测物和不同施加电压幅度的响应

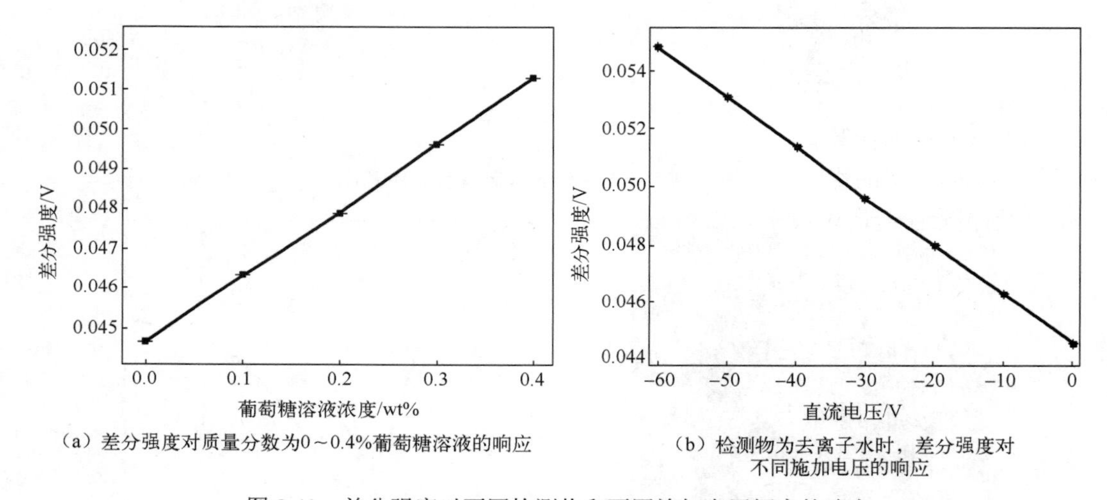

（a）差分强度对质量分数为0～0.4%葡萄糖溶液的响应（b）检测物为去离子水时，差分强度对不同施加电压的响应

图 2.40 差分强度对不同检测物和不同施加电压幅度的响应

首先，结合图 2.40 的噪声标准差和式（2.35）计算的灵敏度量级，在电压扫描过程中以 0.1V 作为步长，范围为−60～0V。不同质量分数的葡萄糖溶液得到的共振电压如图 2.41（a）所示。从图中计算得到灵敏度大约为 7.5×10^4V/RIU[154]，和上述用共振点电压测量方法计算得到的灵敏度的量级一致。然后，以去离子水为检测物测量共振电压持续 100min 时该方法的长期稳定性，如图 2.41（b）所示。虽然差分强度测量可以缓解由激光器出射光强度抖动带来的噪声，但机械固定装置的不完善使外界振动引起的噪声难以完全消除，此外外界温度波动的影响也不能忽略。虽然波导层材料对这种波动不敏感，但是实验中用的去离子水和金在温度每变化 0.1℃时折射率分别会变化大约 0.86×10^{-5}RIU 和 4×10^{-5}RIU[155-156]，仿真显示会引起 0.08V 的共振电压变化，对应的折射率测量误差为 10^{-6}RIU，比角度扫描的结果好。上述因素造成的结果需要额外的电压值进行补偿，体现为如图 2.41（b）所示的测量误差。图 2.41（b）中共振电压的标准差（SD）为 0.2V 左右，根据上述灵敏度可以计算得到对应装置的分辨率为 10^{-6}RIU 量级。如果采用更好的机械固定装置和温度控制方法，则装置的分辨率会更好。

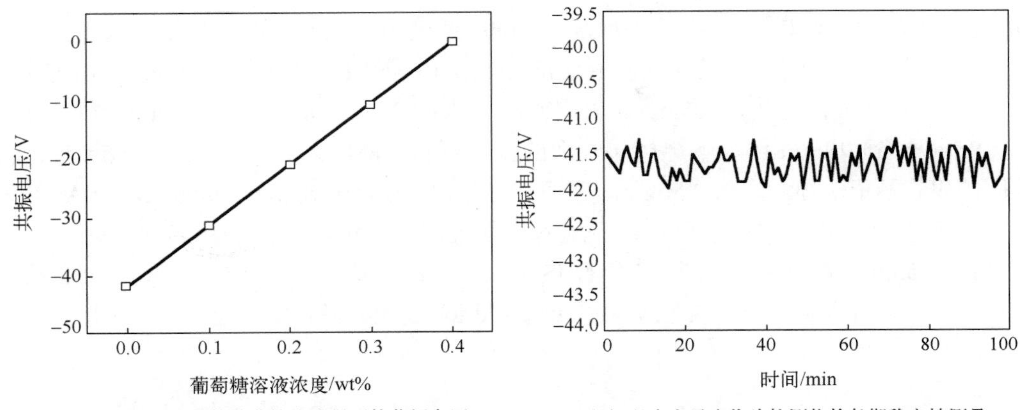

（a）不同质量分数的葡萄糖溶液得到的共振电压　（b）以去离子水作为检测物的长期稳定性测量

图 2.41　共振电压对不同检测物的响应

在现有的大部分基于 SPR 传感器的测量方法中，去除噪声并求取特征参数的数据处理方法是必不可少的，和这些测量方法不同，基于差分强度检测的电压测量方法通过电压扫描可以直接得到和检测物对应的共振电压而不需要进行数据处理，与此同时其得到的分辨率和基于强度检测计算共振角度的电压测量方法得到的分辨率相当。在去除实验中锁相放大器积分时间因素的影响时，考虑到电子装置的响应速度快于机械装置的响应速度，与角度扫描及课题组基于 WCSPR 传感器的交流调制方法相比，电压扫描方法有望缩短测量时间，同时可消除转台转动带来的机械振动。而与基于 WCSPR 传感器的直流调制方法的单元光电探测器相比，该方法中的双单元光电探测器能够部分消除激光器出射光强度抖动引起的共模噪声。

基于差分强度检测的电压测量方法和之前介绍的交流电压调制方法相比，虽然两种方法有相似之处，如都是通过参数扫描重现特征信号代替 SPR 共振信息实现检测的，无须进行数据处理，但是基于差分强度检测的电压测量方法无须交流电压调制方法中的电压调制和信号解调的装置及角度扫描的过程，因此检测过程更快、装置更简单；与直流电压调制方法相比，虽然两种方法都以对波导层施加的直流电压进行扫描作为检测手段，最终也以特征电压作为检测结果，但是直流电压调制方法无法抑制共模噪声，特征电压又是通过分析带有这种噪声的数据获得的，因此检测分辨率受到很大的影响，而基于差分强度检测的电压测量方法可以有效去除这种噪声，所以其检测分辨率更高，且更加实用。

基于差分强度检测的电压测量方法的另外一个特点是，根据式（2.18）～式（2.26）可以在一定范围内控制测量灵敏度。本章中的 S 参数随 WCSPR 传感芯片的结构变化不大，但是通过改变波导层厚度和电光系数可以增大同样折射率对应的电压变化从而调节测量灵敏度。在实验中考虑到电压装置输出范围的约束，采用上述参数进行了实验。

在实验中，虽然基于差分强度检测的电压测量方法中装置的响应速度不如商业化 SPR 仪器的快，但是考虑到亲和力较弱的分子间的反应需要较长时间才能完成，因此将该方法应用于蛋白质-抗体结合的动力学检测[157]。由于考虑到下金属层需要进行表面修饰才能用于生化检测，因此传感芯片在极化后采用如下检测步骤对下金属层进行处理（见图 2.42）：先用 10^{-3}mol/L 浓度的 11-巯基十一烷酸（Mercaptoundecanoic，MUA）乙醇溶液浸泡芯片表面 8h，然后采用 Milli-Q 去离子水冲洗 10min，通过 10^{-4}mol/L 浓度的 N-（3-二甲基氨基丙）-N’-乙基碳二亚胺［N-（3-Dimethylaminopropyl）-N’-Ethylcarbodiimide，（EDC）］和 NHS 的混合水溶液活化表面 15min，再用去离子水冲洗 10min，通入 1μg/mL 浓度的蛋白质 G（Protein G）20min 作为下金属层表面的生物标记，最后采用 1×PBS 冲洗 5min 将固定不牢固的生物标记洗净，通入 2.5μg/mL 牛血清白蛋白（Bovine Serum Albumin，BSA）30min 以封闭表面没有生物标记的部分，减少通入抗体过程中可能产生的非特异性吸附，并采用 1×PBS 冲洗 5min。其中 MUA、EDC 和 NHS 购买自上海共价化学科技有限公司，PBS 购买自北京索莱宝科技有限公司，BSA 购买自 Sigma-Aldrich 公司，酒精购买自北京化工厂。

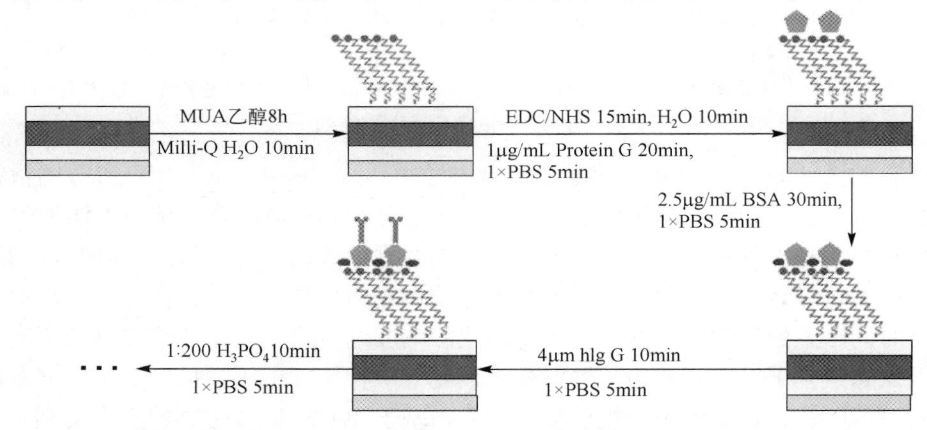

图 2.42 WCSPR 芯片用于动力学检测的步骤示意图

在实验中，我们采用施加电压为 0V，1×PBS 为参考检测物时的差分强度信号作为共振条件，将电压扫描速度改为 10 步/s，先分别通入作为抗体的 4μm 和 8μm 浓度的人免疫球蛋白质 G（human Immunoglobin G，hIgG）10min，然后用 1×PBS 解吸附，两次通入的 hIgG 之间用体积比为 1∶200 的磷酸（H_3PO_4）溶液重生芯片表面。基于差分强度检测的电压测量方法对不同浓度的蛋白结合信号的测量结果如图 2.43 所示。

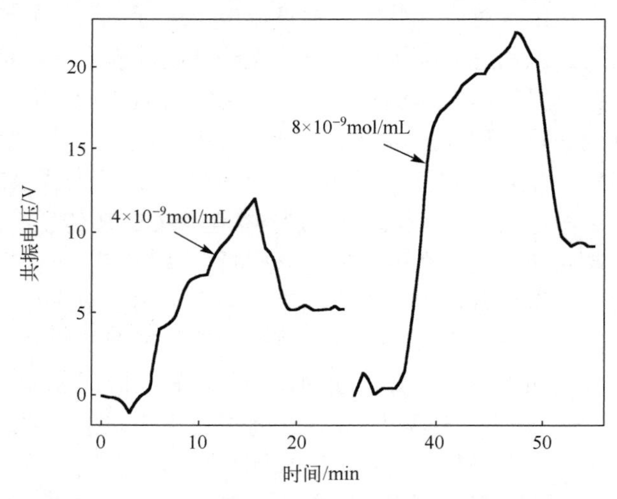

图 2.43 基于差分强度检测的电压测量方法对不同浓度的蛋白结合信号的测量结果

从图 2.43 中发现，由于蛋白反应信号比较弱，因此基于差分强度检测的电压测量方法基本可以实现实时测量。在实验中采用的微流通道没有温度控制，而生化物质存放温度通常较低，所以在溶液切换前后会存在温度的变化，导致图中的共振电压波动比较剧烈。通过 Scrubber 软件[158]拟合 4μm 的 hIgG 和 Protein G 动力学曲线得到的吸附常数为 1.75×10^4/Ms，解吸附常数为 1.66×10^{-3}/s，这些数据和商业 SPR 仪器测量的结果一致。这个实验说明该方法经过改进有望应用于实时生化检测。

2.3　结　语

本章在第 1 章介绍的 SPR 传感器的基础上，更具体地介绍了多层结构 SPR 传感器的研究和应用。多层结构 SPR 传感器可分为多层介质和金属结构的 SPRi 传感器与多层金属结构的 SPRi 传感器，在前一种 SPRi 传感器中研究得较多的有 LRSPR 传感器、CPWR 传感器和 WCSPR 传感器，其中 LRSPR 传感器和 WCSPR 传感器已被用于强度检测。实验得到的 LRSPR 传感器的灵敏度比传统 SPR 传感器的灵敏度提高了 20%，计算得到的 WCSPR 传感器的灵敏度比传统 SPR 传感器的灵敏度提高了 25%。

本章基于电光效应，对 WCSPR 传感器的检测方法进行了简单介绍。基于上述传感器，采用双单元光电探测器和对电光波导层施加直流电压扫描装置，从原理上首先验证了基于差分强度检测的电压测量方法的可行性。在实验中，基于其工作原理实现了对装置的搭建及对样品的检测，证明其具有较高的灵敏度和较好的长期稳定性，同时分辨率可以达到 10^{-6}RIU 量级。我们将该方法应用于生化检测并进行动力学分析得到了合理结果，说明该方法有应用于动力学实时检测的潜力。由于该方法具有装置简单、无机械振动、高灵敏度和测量速度快等优点，因此通过该方法有望制成小型化、实时测量的 SPR 传感器。

在制备适用 SPRi 技术的上金属层/波导层/下金属层 WCSPR 传感芯片，并将其应用于高通量 SPR 检测方面，通过对不同波导层厚度的芯片进行灵敏度对比得到最优波导层厚度，并将优化的 WCSPR 传感芯片与传统 SPR 传感芯片在相同条件下进行表面处理和蛋白质打印，并进行相同的蛋白质-蛋白质结合动力学检测。结果表明，WCSPR 传感芯片的灵敏度和分辨率与传统 SPR 传感芯片的灵敏度和分辨率相比提高了大约 60%，该结果与动力学检测经分析得到的常数数量级一致。这说明通过用 WCSPR 传感芯片取代传统 SPR 传感芯片有望实现更高灵敏度和分辨率的高通量 SPR 检测。

在计算 WCSPR 传感器共振角度方面，本章通过选取共振吸收峰底部附近数据和引入统计学模型讨论了数据样本大小、多项式拟合阶次对拟合精度和准确度的影响，总体来说，当阶次大于 4 时，拟合阶次越高，拟合的精度和准确度也越高。上述结论对于提高 SPRi 技术的灵敏度和数据分析精准度具有较大的学术意义和工程价值。

第 3 章　混合模式多层介质–金属结构 SPRi 技术

3.1　检测深度可调 SPRi 技术

第 2 章提到传统 SPR 传感器中 SPW 垂直于金属-介质界面的传播深度由金属和介质层的折射率决定。因此在金属层材料和厚度一定的情况下，SPW 检测深度只随介质层折射率的变化而改变。当 SPW 检测深度大于介质层深度时，介质层深度范围之外的背景介质层的折射率变化将形成检测背景信号，对上述深度范围的检测有效信号形成干扰。与传统 SPR 传感器不同，LRSPR 传感器中的 SPW 垂直于金属-介质界面的传播深度，由金属及其两侧介质层的折射率决定。当金属层的材料和厚度一定的情况下，除要检测介质层折射率的变化外，金属另一侧的介质层或介质层组合的折射率变化也会影响 LRSPR 传感器的 SPW 检测深度。通过改变所述介质层或介质层组合折射率，将 SPW 检测深度控制在介质层厚度范围内，使 LRSPR 传感器无法检测背景介质层的折射率变化，只会对检测的介质层的折射率变化产生响应。因此有望实现检测深度可调的 LRSPR 传感器，其能解决现有技术中传感器因信号干扰或折射率变化影响传感器的可探测介质层深度的问题。该传感器技术的核心在于，通过外场调节折射率或调节介质层组合的折射率来实现对 SPW 检测深度的调节，以及实现对功能层和样品折射率变化的检测。

检测深度可调的 LRSPR 传感器示意图如图 3.1 所示。LRSPR 传感器安装在机械转台上，其包括激光器、透镜、棱镜、LRSPR 传感芯片、单元光电探测器和可调电压输出装置。LRSPR 传感芯片包括制备于棱镜底面上的氧化物导电层、折射率调节介质层组合、金属功能层、检测功能层和样品池。检测功能层包括修饰纳米磁珠的参考通道和未修饰纳米磁珠的检测通道，以检测功能层中心为分界线，修饰纳米磁珠的参考通道和未修饰纳米磁珠的检测通道各占检测功能层面积的 50%。样品池内盛放有检测样品，其与检测功能层的下表面之间留有一间隙，检测样品的液面与检测功能层的下表面接触。折射率调节介质层组合包括匹配介质层和折射率可变介质层（图中未标出），匹配介质层与检测功能层的折射率匹配[176]。当检测功能层的折射率为 1.35，折射率可变介质层的折射率为 1.6 时，计算得出共振角度处垂直于各层界面方向的电场强度分布，以及检测深度可调的 LRSPR 传感器玻璃-氧化物导电层界面深度 2.5～4.5μm 处的电场强度分布图，如图 3.2、图 3.3 所示（各层编号见图 3.1）。其中激光器输出的光束波长为 814nm；棱镜的折射率为 1.711；氧化物导电层的厚度为 2nm，折射率为 1.9；在折射率调节介质层组合中，上部折射率可变介质层的厚度为 1μm，折射率为 1.6，电光系数为 100pm/V，下部匹配介质层的厚度为 2μm，折射率为 1.38；金属功能层的厚度为 20nm，折射率为 0.185+5.11i。

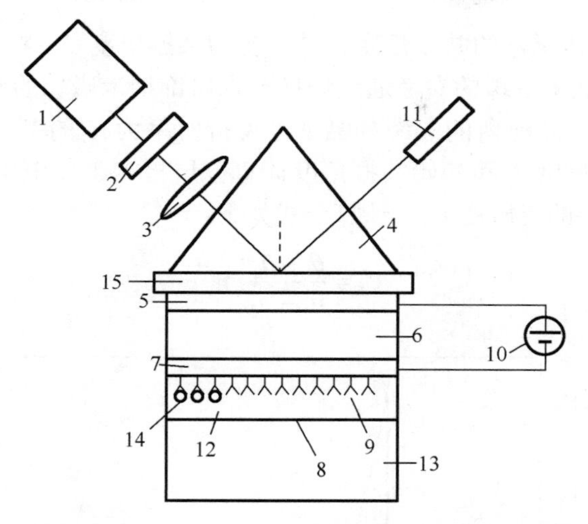

1—激光器；2—偏振片；3—透镜；4—棱镜；5—氧化物导电层；6—折射率调节介质层组合；7—金属功能层；8—样品池；9—未修饰纳米磁珠的检测通道；10—可调电压输出装置；11—单元光电探测器；12—检测功能层；13—样品；14—修饰纳米磁珠的参考通道；15—玻璃基底。

图 3.1　检测深度可调的 LRSPR 传感器示意图

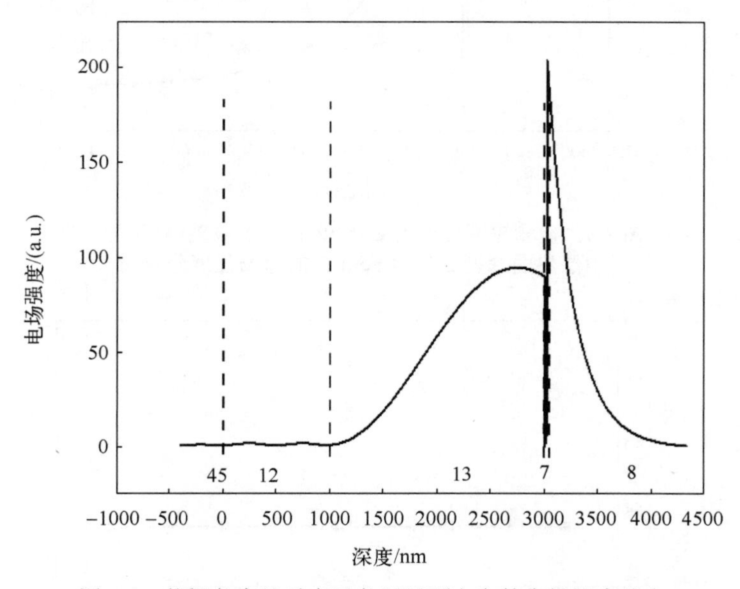

图 3.2　共振角度处垂直于各层界面方向的电场强度分布

其中，SPW 在检测功能层中的电场强度从金属功能层和检测功能层界面处 0nm 时的 204.1（a.u.）降至 1200nm 时的 0.83（a.u.），即检测深度大于 1200nm 时，LRSPR 传感器无法检测到检测功能层的折射率变化，将此时样品池内参考样品 1 的折射率记录为 n_1。SPR 传感器的共振角度随检测功能层折射率变化的结果如图 3.4 所示。

以 10V 为步长调节施加电场的电压，使折射率可变介质层的折射率发生变化，直到 SPR 传感器的共振角度产生 0.1° 的变化，将电压记录为分层检测工作电压，将未修饰纳米磁珠的检测通道的 LRSPR 传感器的共振角度记录为初始共振角度 θ_0。将 LRSPR 传感芯片手动旋转 180°，并将修饰纳米磁珠的参考通道切换至未修饰纳米磁珠的检测通道，保持分层检测工作电压不变，将样品池内的参考样品 1 改为折射率为 n_2 的参考样品 2，通过此时的 LRSPR 传感器的共振角度 θ_1 和初始共振角度计算分层检测工作电压下未修饰纳米磁珠的检测通道中检测功能层的灵敏度 C_1，计算公式如下：

$$C_1 = \frac{\theta_1 - \theta_0}{n_2 - n_1} \tag{3.1}$$

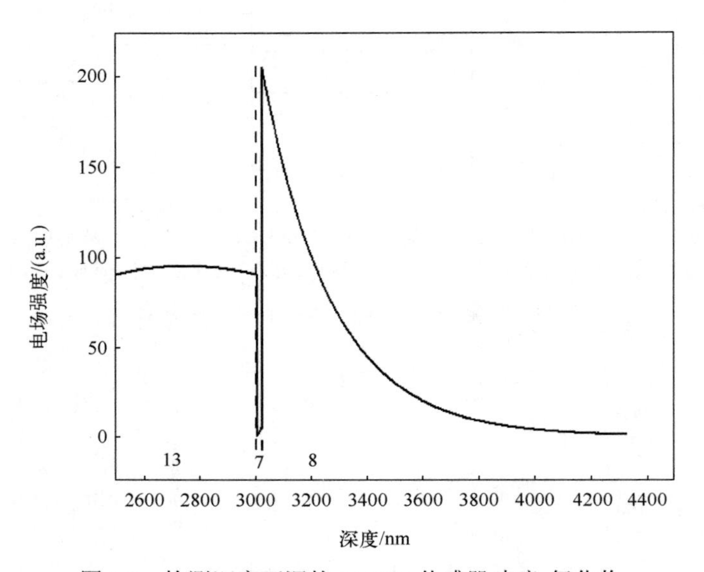

图 3.3 检测深度可调的 LRSPR 传感器玻璃-氧化物导电层界面深度 2.5～4.5μm 处的电场强度分布图

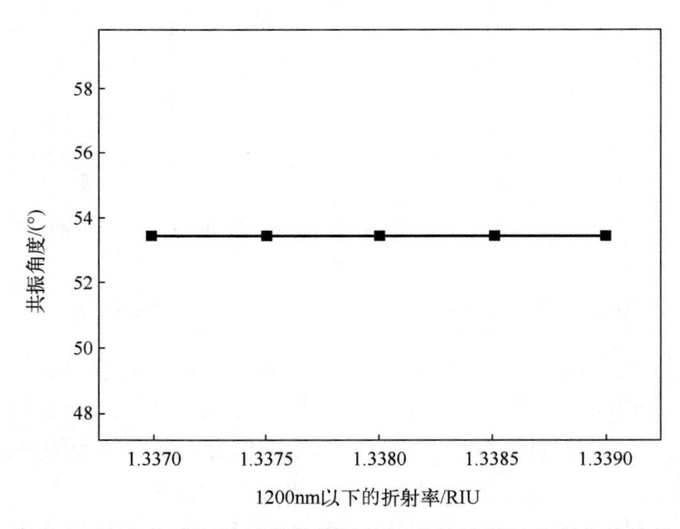

图 3.4 SPR 传感器的共振角度随检测功能层折射率变化的结果

除去施加电场，记录此时的 LRSPR 传感器的共振角度 θ_2，将样品池内的参考样品 2 改为折射率为 n_3 的参考样品 3，分别记录施加分层检测工作电压前后的 LRSPR 传感器的共振角度 θ_3 和 θ_4，并分别计算得到无分层检测工作电压下未修饰纳米磁珠的检测通道中检测功能层和检测样品的灵敏度 C_2 和 C_3，如式（3.2）、式（3.3）所示：

$$\theta_2 - \theta_0 = C_3(n_2 - n_1) + \frac{C_2}{C_1}(\theta_1 - \theta_0) \tag{3.2}$$

$$\theta_4 - \theta_0 = C_3(n_3 - n_1) + \frac{C_2}{C_1}(\theta_3 - \theta_0) \tag{3.3}$$

在样品池中通入折射率为 n_4 的检测样品，分别记录施加分层检测工作电压前后的 LRSPR 传感器的共振角度 θ_5 和 θ_6，并通过式（3.4）、式（3.5）分别计算检测功能层和检测样品的折射率变化 Δn_1 和 Δn_2，如下所示：

$$\Delta n_1 = \frac{\theta_6 - \theta_0}{C_1} \tag{3.4}$$

$$\Delta n_2 = \frac{\theta_5 - \theta_0 - C_2 \Delta n_1}{C_3} \tag{3.5}$$

当检测功能层和背景介质层的折射率均为 1.35，外场电压为−300V 时，折射率可变介质层的折射率变为 1.7843，电压变化后 LRSPR 传感器的共振角度随检测功能层折射率变化的结果如图 3.5 所示。电压变化后检测深度可调的 LRSPR 传感器的各层电场强度分布图如图 3.6 所示。电压变化后检测深度可调的 LRSPR 传感器玻璃-氧化物导电层界面深度 2.5～4.5μm 处的电场强度如图 3.7 所示。

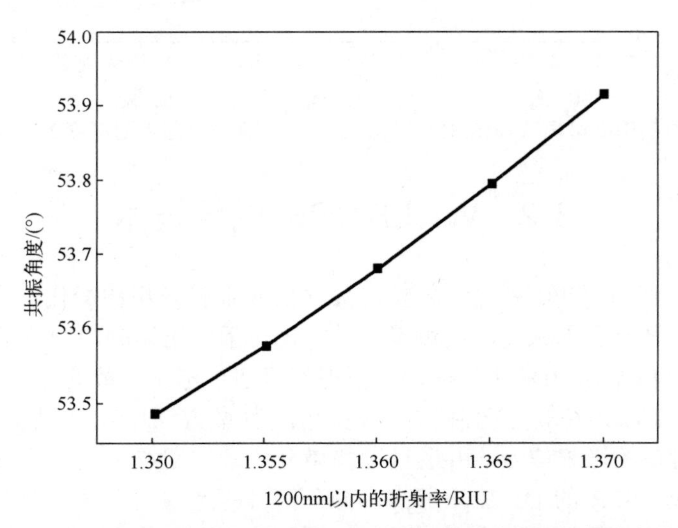

图 3.5　电压变化后 LRSPR 传感器的共振角度随检测功能层折射率变化的结果

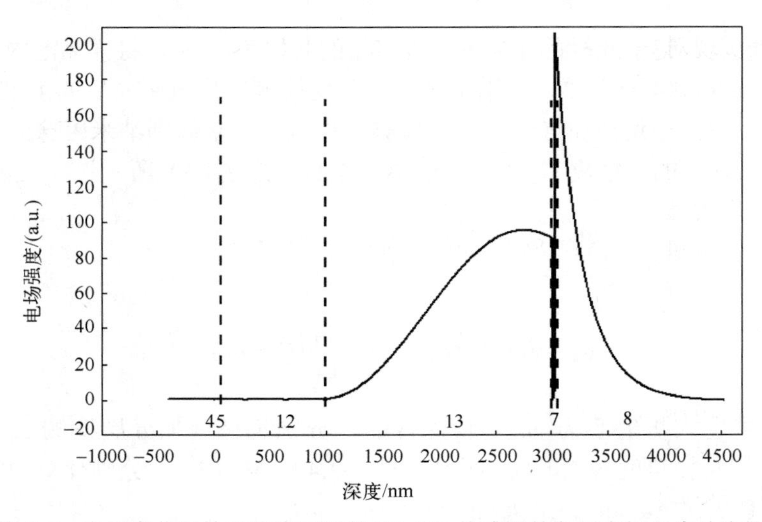

图 3.6 电压变化后检测深度可调的 LRSPR 传感器的各层电场强度分布图

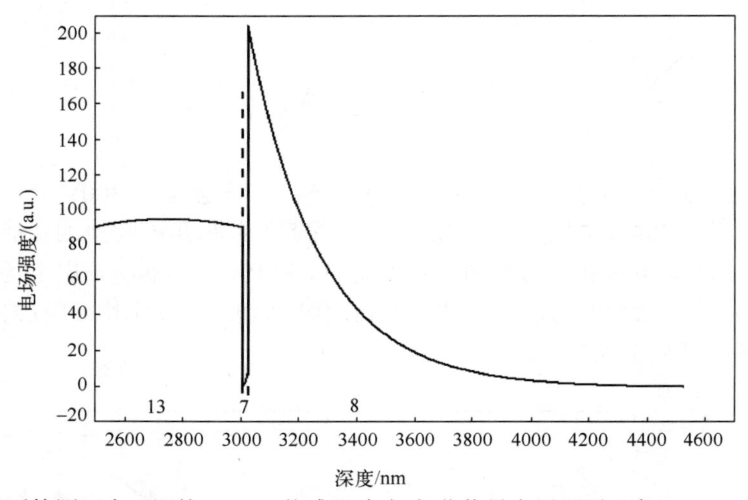

图 3.7 电压变化后检测深度可调的 LRSPR 传感器玻璃-氧化物导电层界面深度 2.5～4.5μm 处的电场强度

3.2 WCLRSPR 成像技术

第 2 章我们提到 WCSPR 利用波导模式激发 SPR 监控环境的变化，以获得分析物的参数。基于 WCSPR 传感器的共振角度测量方法中，对于电压调制辅助测量的不同方法进行了研究。电压调制辅助测量方法中均采用了折射率可通过电压调节的介质作为波导层材料。其中文献[142]介绍的交流电压调制辅助共振角度测量方法中，通过交流电压调制得到 WCSPR 峰对入射角的微分信号，并通过寻找微分信号的零点实现对共振角度的测量，这种方法的缺点是 WCSPR 的 DWR 不够高，微分信号的过零点容易受噪声干扰，导致该方法的分辨率低，此外角度扫描速度慢，影响了该方法的响应时间。在文献[137]介绍的直流电压调制辅助共振角度测量方法中，通过直流电压的幅度扫描寻找双单元光电探测器差分信号的过零点来实现对共振角度的测量，这种方法的缺点是 WCSPR 的 DWR 不够高，需要通过测量前的零点来调节及保证检测的准确性，操作复杂，而且差分运算降低了该方法的响应速度。同理，第 2 章提到的 LRSPR 传感器通过金属薄膜上下两个表面的表面等离子波耦合可以增加入射光耦合进入倏逝波的比例，从而提高吸收峰的 DWR，折射率可通过电压调节材料作为缓冲介质，LRSPR 传感器也可以通过直流电压辅助、角度扫描的方式实现对共振角度的测量，但是角度扫描速度慢，降低了该方法的响应速度。

我们研究了一种波导耦合长程表面等离子共振（Waveguide Coupled Long Range Surface Plasmon Resonance，WCLRSPR）传感器及其测量方法，解决了现有技术中角度扫描速度慢的问题，弥补了该方法响应速度慢的缺陷。当检测介质发生变化时，通过在波导介质层上施加交流电压来采集 WCLRSPR 反射光强度的微分信号，同时采用直流电压扫描并读取微分信号的零点，最后以零点对应的直流电压幅度作为折射率变化的检测结果。WCLRSPR 传感器示意图如图 3.8 所示[177]。

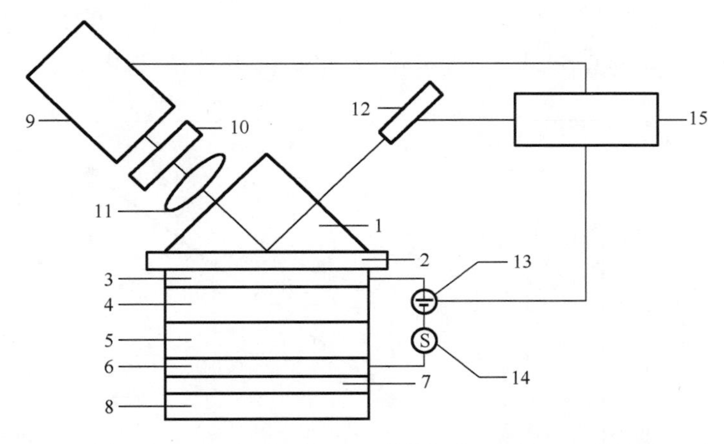

1—棱镜；2—玻璃基底；3—上金属包被层；4—折射率可调介质层；5—折射率匹配介质层；
6—下金属包被层；7—表面修饰层；8—样品池；9—激光器；10—偏振片；11—透镜；
12—单元光电探测器；13—直流电压输出装置；14—交流电压输出装置；15—数据处理系统。

图 3.8　WCLRSPR 传感器示意图

激光器的波长为 980nm；上、下金属包被层为银，厚度为 30nm，折射率为 0.04+6.9624i；折射率可调介质层采用具有电光效应的高分子材料，折射率为 1.6，电光系数为 100pm/V，厚度为 1000nm；折射率匹配介质层采用特氟龙，折射率为 1.35，厚度为 2000nm。基于外场调制的传感器中存在两个灵敏度，对应交流电压调节零点信号的共振角度 θ_0 对折射率可调介质层的折射率 n_6 和检测介质层的折射率 n_{10} 的灵敏度，它们的变化趋势如图 3.9～图 3.12 所示，表达式如下：

$$\begin{cases} \dfrac{\mathrm{d}\theta_0}{\mathrm{d}n_{10}} = C_1, & n_6\text{固定} \\ \dfrac{\mathrm{d}\theta_0}{\mathrm{d}n_6} = C_2, & n_{10}\text{固定} \end{cases} \tag{3.6}$$

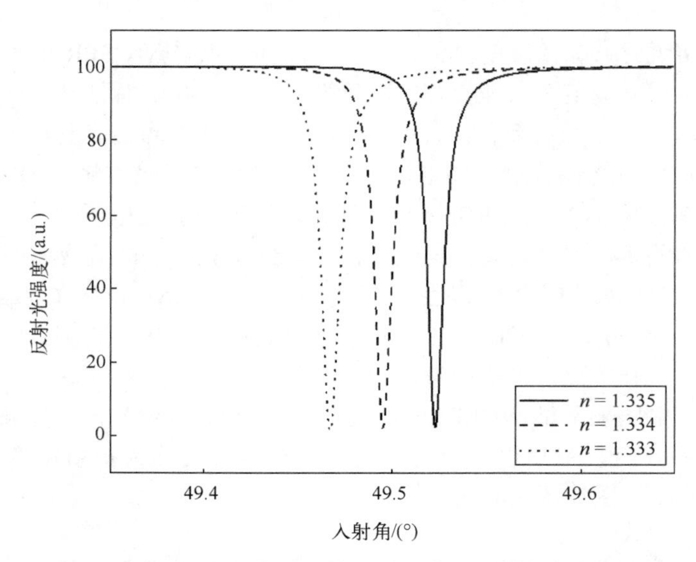

图 3.9 WCLRSPR 传感器的反射光强度随检测介质层折射率变化的响应曲线图

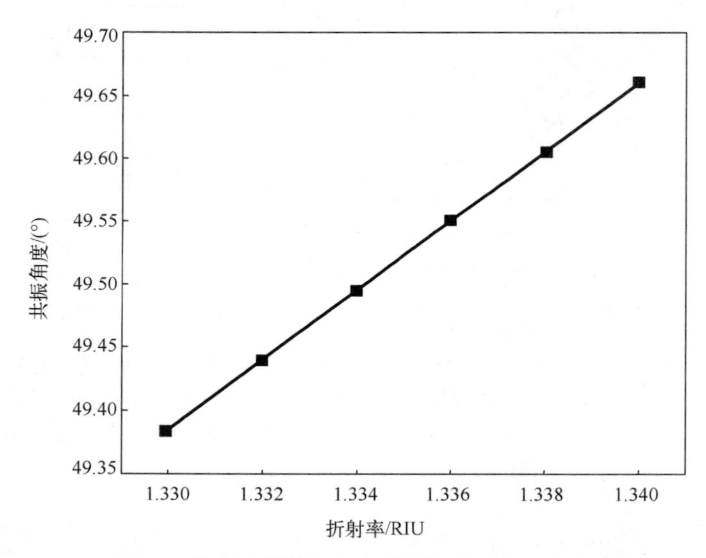

图 3.10 WCLRSPR 传感器的共振角度随检测介质层折射率变化的响应图

其中 C_1、C_2 均为常数，基于交流直流混合调制的强度检测传感器的探测原理，当检测物为参考检测物时，折射率可调介质层和折射率匹配介质层的外场为 0，WCLRSPR 传感器的共振角度为 θ_1；当检测物为其他物质时，n_{10} 会发生改变，共振角度会发生 $\Delta\theta_{01}$ 的变化，采用直流电压对所述折射率可调介质层进行调节，共振角度会发生$-\Delta\theta_{01}$ 的变化，使共振角度回到 θ_1，得到式（3.7）：

$$C_2\Delta n_6 + C_1\Delta n_{10} = 0 \tag{3.7}$$

式（3.7）说明可以通过测量 n_6 的变化来实现对 n_{10} 的测量，具体地，要测量检测物的折射率 n_{10}，可以首先选定折射率已知的标准物，得出 WCLRSPR 传感器使用标准物时的共振角度，然后将标准物换成检测物，此时，由式（3.7）可知，只要改变外场折射率可调介质层的折射率 n_6，使其达到一个适当的取值，就可以补偿 WCLRSPR 传感器中检测介质层替换标准物所造成的折射率变化，从而使整个 WCLRSPR 传感器的共振角度不变。WCLRSPR 传感器的折射率可调介质层的共振电压与不同被检测物折射率的对应关系如图 3.13 所示。另外，从式（3.7）还可以看出，无论 n_{10} 的变化是多少，利用补偿原理进行测量的结果均不受 WCLRSPR 传感器的共振吸收峰形状的影响，因此基于外场调制的强度检测 LRSPR 传感器相对于现有的强度检测 LRSPR 传感器能够提高测量结果的动态范围。

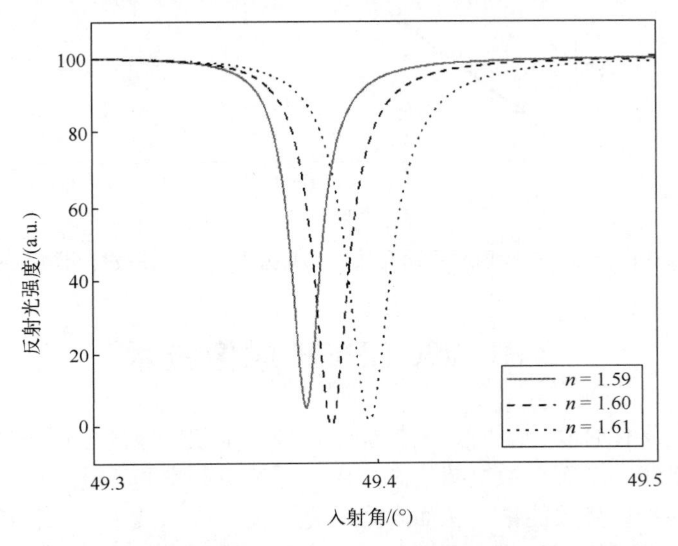

图 3.11　WCLRSPR 传感器的反射光强度随折射率可调介质层折射率变化的响应曲线图

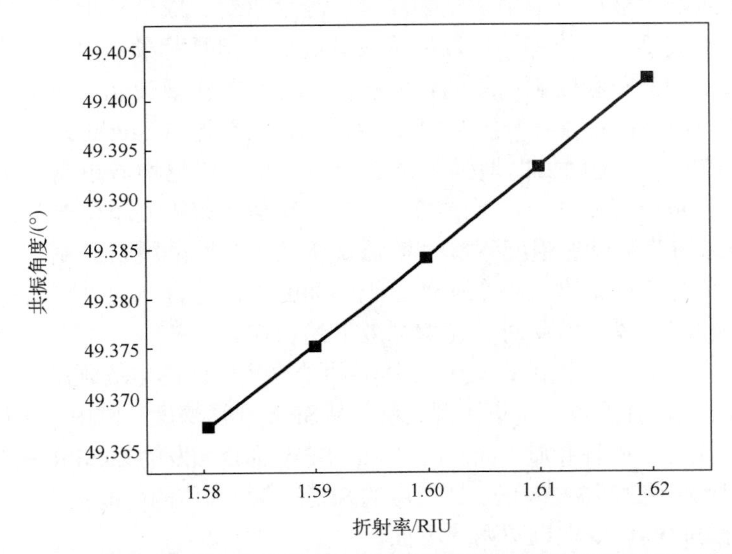

图 3.12　WCLRSPR 传感器的共振角度随折射率可调介质层折射率变化的响应图

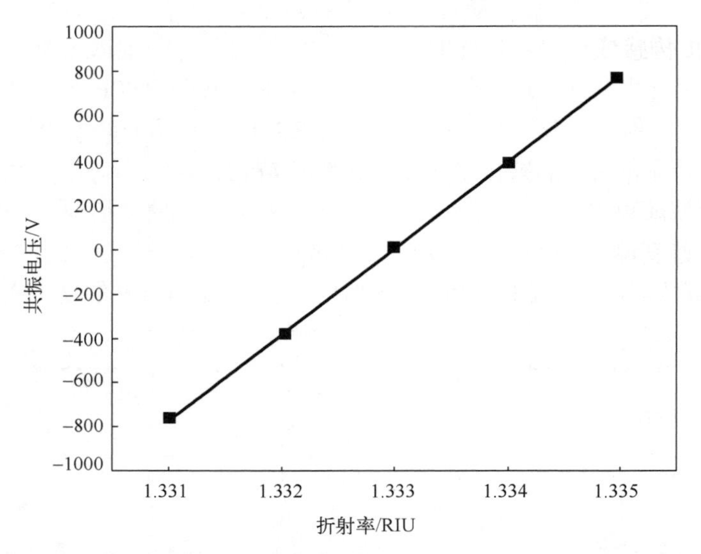

图 3.13 WCLRSPR 传感器的折射率可调介质层的共振电压与不同被检测物折射率的对应关系

3.3 WCSPEF 成像技术

当光照射到荧光化合物分子时，光的能量使分子里某些原子核周围的一些电子从基态跃迁到第一激发单线态或第二激发单线态。由于上述单线态是不稳定的，因此电子会恢复到基态，并以光的形式释放能量，从而产生荧光。荧光成像技术是一种通过收集荧光素受激发射的荧光强度定量检测被荧光素标记物质的探测技术。由于该技术具有工作原理简单、可定量检测等优点，已被广泛应用于生物成像、医疗诊断、成分分析等领域。目前，荧光成像技术普遍采用玻璃基底传感芯片，虽然成本低廉，但是背景噪声大、检测灵敏度低，无法用于对微量生物分子和细胞精细结构的检测。为有效实现荧光成像信号的放大，文献[178]提出了将 SPR 传感器用于表面等离子增强荧光（Surface Plasmon Enhanced Fluorescence，SPEF）。金属表面增强荧光是指当荧光素标记物质距离金属表面很近时，利用金属表面的电磁场剪裁效应，通过增大荧光衰减速率来提高单位时间内的荧光发射强度，使其比自由态的荧光发射强度有显著增强。通过在金属薄膜表面制备纳米量级厚度的介质缓冲层，使荧光素标记物质和金属薄膜表面间的距离符合产生金属表面增强荧光的条件，通过介质缓冲层的厚度实现对荧光增强效果的调控。

荧光强度和传感器结构中金属薄膜-介质界面处介质一侧的电场强度与金属薄膜一侧的电场强度的比值即场增强系数，呈正比例关系。从 SPW 穿透深度范围内的平均场增强系数角度分析，以金属薄膜上下两种介质表面同时产生的 SPW 耦合激发的 LRSPR 模式与传统 SPR 模式相比，平均场增强系数高 3.625 倍，比对应的 SPEF 信号峰值的电场强度高 4.4 倍。

上述方法的局限性体现在以下两个方面。

第一，LRSPR 传感器结构复杂，加工材料选择范围比较窄。只有当金属两侧的介质折射率相近且金属薄膜厚度接近趋肤深度的条件下才能激发 LRSPR 现象，因此在制备用于激发 SPEF 的 LRSPR 传感器时，不但需要控制金属薄膜的厚度，而且需要选择合适的缓冲层和金属薄膜另一侧的介质来实现折射率匹配，增加了器件制备和缓冲层材料选取的难度。

第二，LRSPR 传感器难以实现对局域场增强系数的调节。由于荧光化合物的分子层厚度通常远小于表面等离子波的传播距离，因此当现有 LRSPR 传感器中上述金属薄膜和介质层结构参数固定后，金属薄膜-介质层附近的电场分布及局域场增强系数为常数，难以根据不同的荧光化合物分子层厚度调节电场分布及局域场增强系数，以获得最佳的 SPEF 信号放大效果。

为克服上述局限性，我们提出了基于电压调制 WCSPR 结构的表面等离子增强荧光（Waveguide Coupled Surface Plasmon Enhanced Fluorescence，WCSPEF）传感器，相对于传统表面等离子增强荧光传感器，其能够调节检测介质层内的电场分布，以及局域场增强系数。WCSPEF 传感器结构示意图如图 3.14 所示。

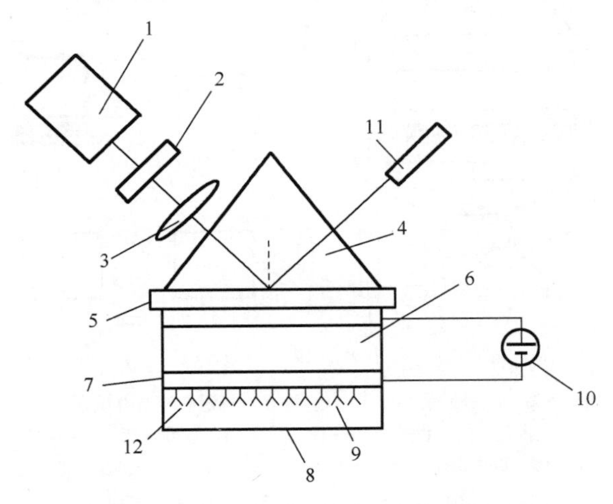

1—激光器；2—偏振片；3—透镜；4—棱镜；5—上金属层；6—折射率调节介质层；7—下金属层；8—样品池；9—缓冲层；10—可调电压输出装置；11—探头；12—样品层。

图 3.14　WCSPEF 传感器结构示意图

激光器波长为 814nm，棱镜材料为 ZF3 玻璃，上、下金属层厚度为 30nm，具有电光效应的高分子材料制成折射率调节介质层的厚度为 3μm，折射率为 1.63，电光系数为 100pm/V，特氟龙缓冲层的厚度为 200nm，折射率为 1.38，表面荧光化合物为氟化钇钠单纳米粒子层，测量实验前样品池内的样品为去离子水，折射率为 1.333。将 WCSPEF 传感器固定于以 ZF3 玻璃为材料的棱镜上，两者之间以折射率为 1.711@814nm 的折射率匹配液填充。我们围绕 WCSPEF 传感器搭建了检测装置，其示意图如图 3.15 所示。图中样品池底部与准直器接触，用于收集氟化钇钠单纳米粒子层发射的荧光，上述所有装置均固定在转台上。以步长为 0.01° 扫描入射角，探头会得到反射光强度随样品层折射率变化的响应曲线，如图 3.16 所示。

当入射角为 WCSPR 传感器的共振角度 θ_0 时，上金属层、折射率调节介质层、下金属层、缓冲层和样品层内的电磁场分布表达式如式（3.8）所示。其中，$\boldsymbol{E}_i$ 是每层的电场矢量，$\boldsymbol{H}_i$ 是每层的磁场矢量，xy 平面平行于各层界面，z 方向垂直于各层界面，电场矢量和磁场

矢量的 x,i、y,i 和 z,i 下标分别代表不同层内的电场矢量和磁场矢量在 x、y 和 z 方向的分量，**rot** 表示计算矢量的旋度，**div** 表示计算矢量的散度，c 是光在真空中的传播速度，ε_i 是每层的介电常数，k_{0x} 是棱镜内平行界面的波矢分量，λ 是入射光波长，$k_{z,i}$ 是每层垂直界面的波矢分量，n_0 是棱镜的折射率。下标 i 为 0～5 时依次代表棱镜、上金属层、折射率调节介质层、下金属层、缓冲层和样品层。

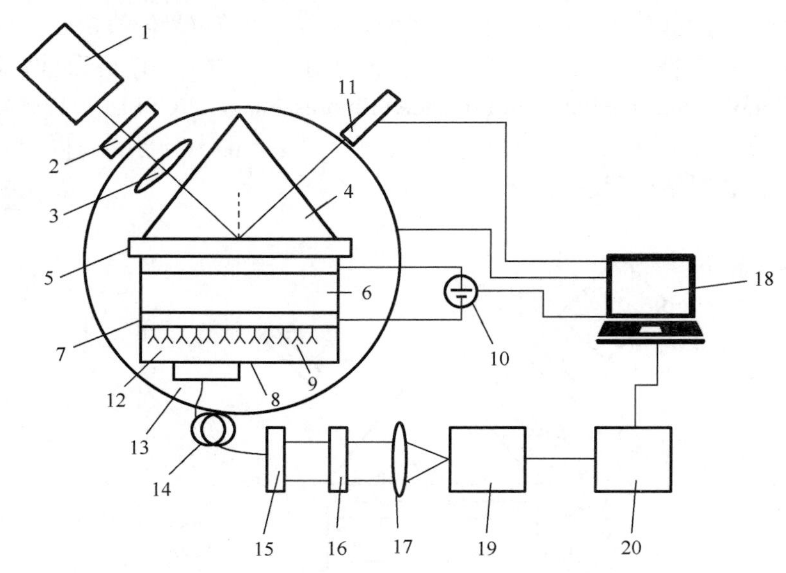

1—激光器；2—偏振片；3—透镜；4—棱镜；5—上金属层；6—折射率调节介质层；7—下金属层；8—样品池；9—缓冲层；10—可调电压输出装置；11—探头；12—样品层；13—前准直器；14—单模光纤；15—后准直器；16—滤光片；17—聚焦透镜；18—计算机；19—光电倍增管；20—前置放大器。

图 3.15 WCSPEF 传感器检测装置示意图

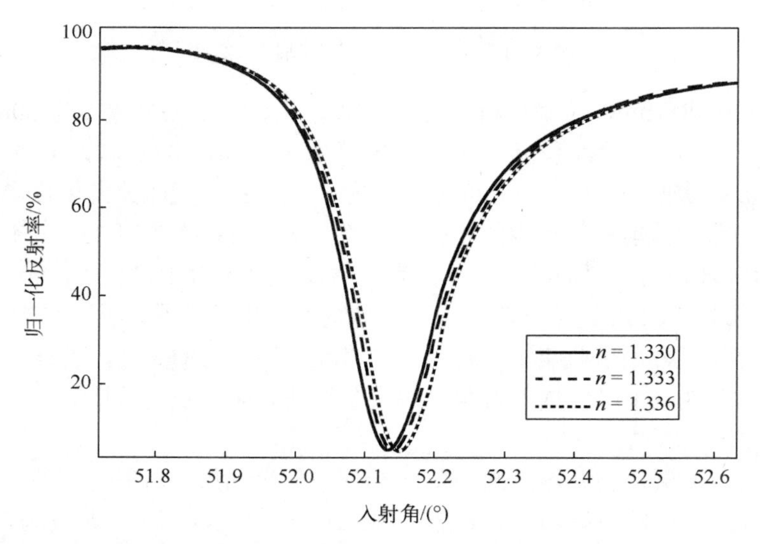

图 3.16 WCSPEF 传感器的反射光强度随样品层折射率变化的响应曲线

$$\begin{cases} \boldsymbol{H}_i = (0, H_{y,i}, 0)\exp[j(k_{0x}x + k_{z,i}z - \omega t)] \quad (i = 5,4,3,2,1,0; j = \sqrt{-1}) \\ \boldsymbol{E}_i = (E_{x,i}, 0, E_{z,i})\exp[j(k_{0x}x + k_{z,i}z - \omega t)] \quad (i = 5,4,3,2,1,0; j = \sqrt{-1}) \\ \mathbf{rot}\boldsymbol{H}_i = \varepsilon_i \dfrac{1}{c}\dfrac{\partial}{\partial t}\boldsymbol{E}_i \quad (i = 5,4,3,2,1,0) \\ \mathbf{rot}\boldsymbol{E}_i = -\dfrac{1}{c}\dfrac{\partial}{\partial t}\boldsymbol{H}_i \quad (i = 5,4,3,2,1,0) \\ \mathbf{div}\varepsilon_i\boldsymbol{E}_i = 0 \quad (i = 5,4,3,2,1,0) \\ \mathbf{div}\boldsymbol{H}_i = 0 \quad (i = 5,4,3,2,1,0) \\ k_{0x} = \dfrac{2\pi}{\lambda} n_0 \sin\theta_0 \end{cases} \tag{3.8}$$

在相邻层的边界处，上述电场和磁场的分量遵循连续性定理，表达式如下：

$$\begin{cases} \boldsymbol{E}_{x,i} = \boldsymbol{E}_{x,i+1} \quad (i = 0,1,2,3,4) \\ \boldsymbol{H}_{y,i} = \boldsymbol{H}_{y,i+1} \quad (i = 0,1,2,3,4) \\ \varepsilon_i\boldsymbol{E}_{z,i} = \varepsilon_{i+1}\boldsymbol{E}_{z,i+1} \quad (i = 0,1,2,3,4) \end{cases} \tag{3.9}$$

将式（3.9）代入式（3.8）得到本实例的 WCSPEF 传感器在共振角度下垂直于各层界面方向的电场强度分布，如图 3.17 所示。其中深度 0 处为棱镜或玻璃基底与上金属层的界面，图中不同数字表示的部位，如图 3.14 所示。图 3.18 所示为图 3.17 中 WCSPEF 传感器深度范围为 3000～3300nm 的电场强度分布的局部放大。当 WCSPEF 传感器工作时，前准直器收集得到的荧光信号经单模光纤传递至后准直器，经滤光片和聚焦透镜聚焦后入射到光电倍增管，采集的信号经前置放大器放大后由计算机采集。转台的转动、探头的反射光强度采集、可调电压输出装置对电压输出的控制由计算机完成。在折射率调节介质层上施加不同幅度的直流电压信号，以波长为 814nm 的 TM 偏振光为入射光，以图 3.16 中折射率为 1.333 时的 WCSPR 共振角为入射角的情况下，在前置放大器上记录的 WCSPEF 的峰值信号，如图 3.19 所示。

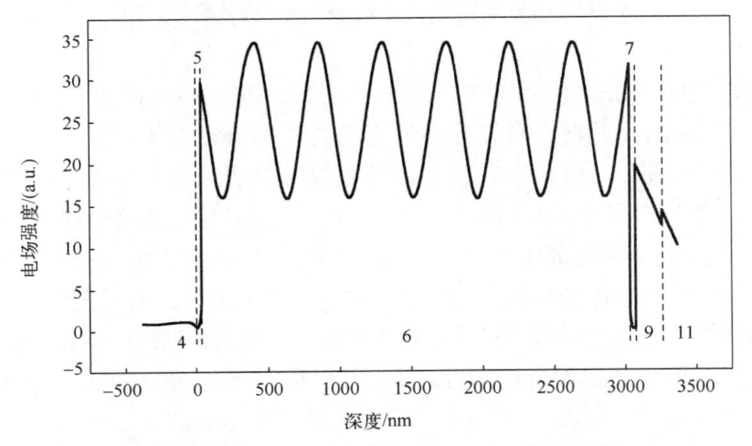

图 3.17　WCSPEF 传感器在共振角度下垂直于各层界面方向的电场强度分布

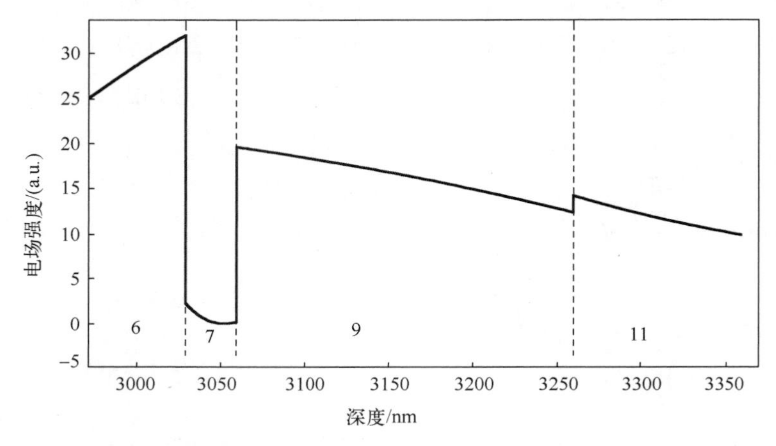

图 3.18 WCSPEF 传感器深度范围为 3000～3300nm 的电场强度分布的局部放大

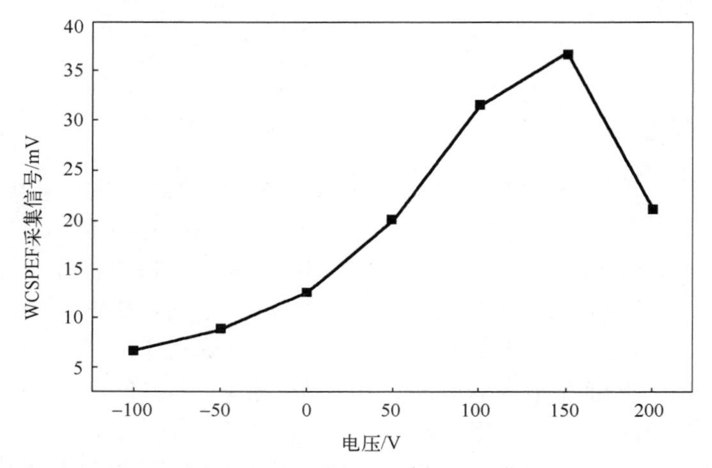

图 3.19 WCSPEF 传感器在前置放大器上记录的 WCSPEF 的峰值信号

3.4 双金属 LRSPR 成像技术

第 2 章提到，在 LRSPR 传感器中，用于激发 LRSPR 现象的金属功能层需要在介质层上制备。目前，常用的介质材料有氟化镁等无机材料和特氟龙等含氟聚合物材料。在上述介质材料上可通过制备金、银、铜、铁、铝等金属功能层来激发 LRSPR 现象，其中金和银由于和生物、化学材料有良好的相容性，因此是制备 LRSPR 传感器金属功能层常用的材料。银的化学稳定性比金的化学稳定性略低，通常银金属功能层表面需要添加一层保护层来提高其稳定性。而且，这种 LRSPR 传感器在角度检测方法中的灵敏度比采用金作为金属功能层材料的 LRSPR 传感器的更高。此外，银材料还具有成本低和形成的金属功能层表面粗糙度小的优点。然而采用上述无机材料、含氟聚合物作为介质缓冲层和银金属功能层的黏附力不如金金属功能层的黏附力强，导致这种 LRSPR 传感器的长期稳定性较低。为克服上述局限性，我们提出了一种双金属 LRSPR 传感器，其示意图如图 3.20 所示，用于解决现有技术中传感器稳定性低的问题。

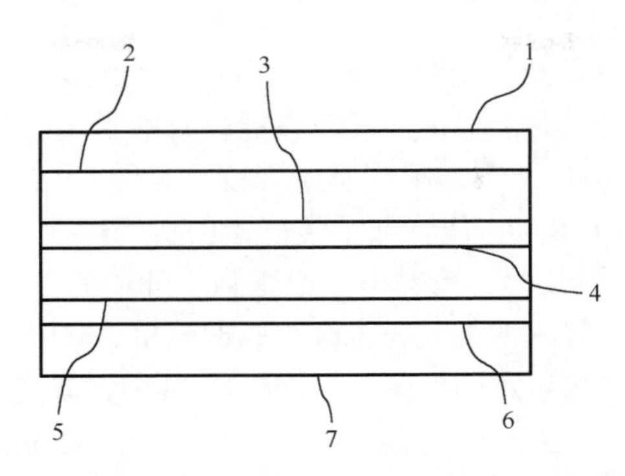

1—ZF3 玻璃基底层；2—氟化镁缓冲介质层；3—金黏附层；4—银金属功能层；
5—羧基-（乙二醇）6-硫醇 SAM；6—检测介质层；7—样品池。

图 3.20　双金属 LRSPR 传感器示意图

在激光器波长为 660nm 的条件下，选择氟化镁缓冲介质层的厚度为 1μm，金、银金属功能层的厚度均为 18nm，以不同浓度的甘油水溶液作为检测介质层计算得到 LRSPR 传感器的共振角度，为便于比较，我们制备了如图 2.1（a）所示的 LRSPR 传感器，其中氟化镁缓冲介质层的厚度为 1μm，分别采用 18nm 厚的金、银薄膜作为单金属功能层。双金属 LRSPR 传感器对检测介质层的灵敏度保持在 27.60°/RIU，而以金、银薄膜作为单金属功能层的 LRSPR 传感器的灵敏度分别为 20.17°/RIU 和 18.07°/RIU。LRSPR 传感器的共振角度随检测介质层折射率变化的结果如图 3.21 所示。

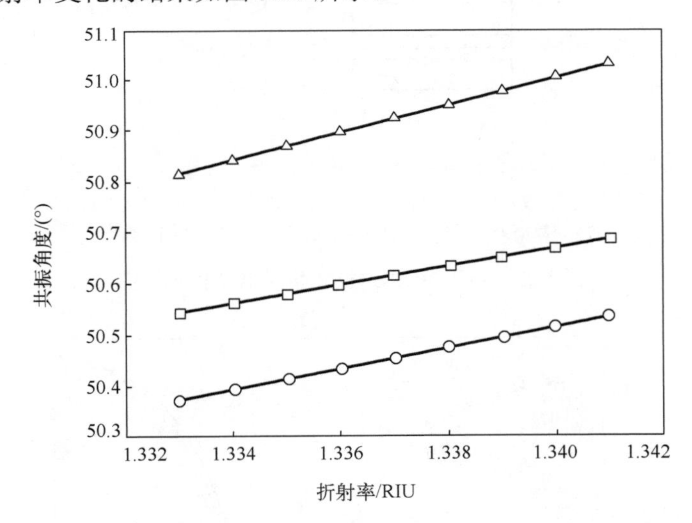

△——双金属 LRSPR，□——金金属功能层 LRSPR，○——银金属功能层 LRSPR

图 3.21　LRSPR 传感器的共振角度随检测介质层折射率变化的结果

3.5　电压调谐 LRSPR 成像技术

第 2 章提到基于强度测量的 LRSPR 传感器最初采用单元光电探测器固定在共振角度附近测量反射光强度的变化，这种方法虽然工作原理简单、响应速度快，但是受到光电探测器位置、入射光强度和背景光强度的涨落，光电探测器测量误差和共振吸收峰几何特性（如对称性和形状的改变）的影响，16 个脱氧核糖核苷酸长度的序列检测极限为 5nm，计算得到的分辨率只有 10^{-6}～10^{-5}RIU。根据基于强度测量的 LRSPR 传感器的结构参数计算得到的动态范围只有 1.6×10^{-3}RIU，故降低了传感器的实用性。为此，我们设计了一种电压调谐 LRSPR 传感器，并利用其检测折射率，通过测量外场的信号（如幅度、频率、相位）可以计算得出检测介质层折射率的变化，其检测原理简单、响应速度快、检测动态范围大，提高了传感器的实用性，结构示意图如图 3.22 所示。其中，激光器波长为 814nm，外场调制介质层采用具有电光效应的高分子材料制成，其厚度为 1000nm，折射率为 1.6，电光系数为 100pm/V；缓冲介质层采用氟化镁制成，其厚度为 2000nm，折射率为 1.6；金属功能层厚度为 20nm，折射率为 0.185+5.11i；表面修饰层为 11-巯基十一酸的单分子自组装层 SAM，其厚度为 10nm，折射率为 1.35，反射率和共振角度随样品折射率、外场调制介质层折射率的变化结果分别如图 3.23～图 3.26 所示。

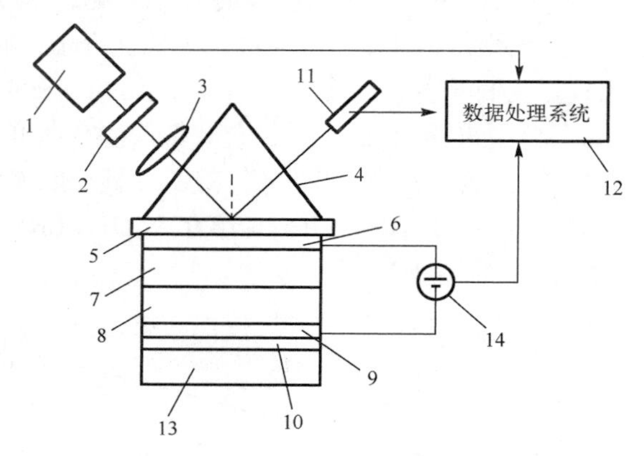

1—激光器；2—偏振片；3—透镜；4—棱镜；5—玻璃基底；6—氧化物导电层；7—外场调制介质层；8—缓冲介质层；9—金属功能层；10—表面修饰层；11—单元光电探测器；12—数据处理系统；13—样品池；14—直流调制电源。

图 3.22　电压调谐 LRSPR 传感器结构示意图

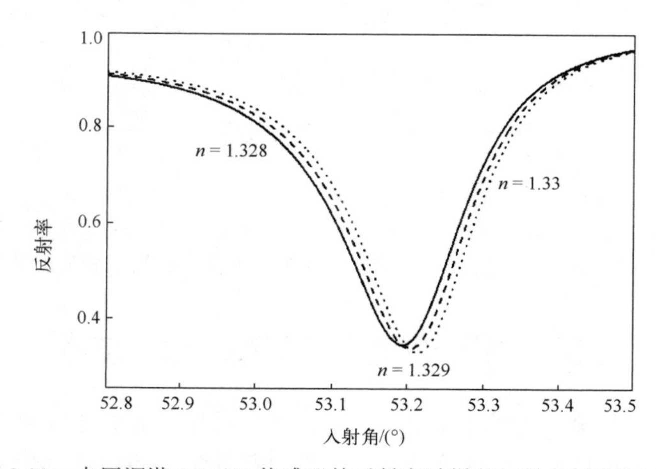

图 3.23　电压调谐 LRSPR 传感器的反射率随样品折射率的变化结果

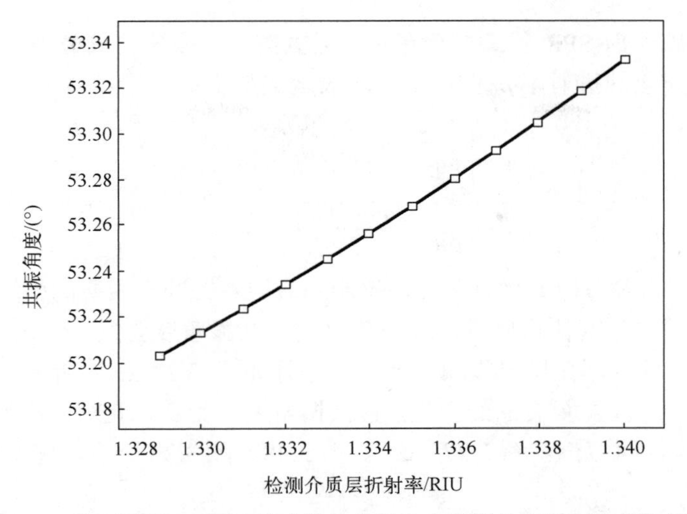

图 3.24 电压调谐 LRSPR 传感器的共振角度随样品折射率的变化结果

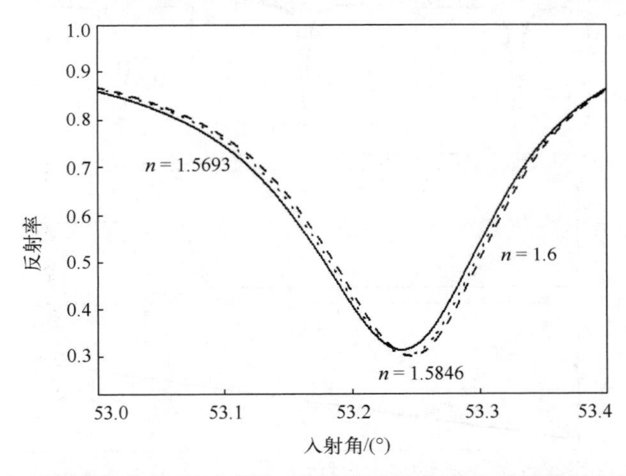

图 3.25 电压调谐 LRSPR 传感器的反射率随外场调制介质层折射率的变化结果

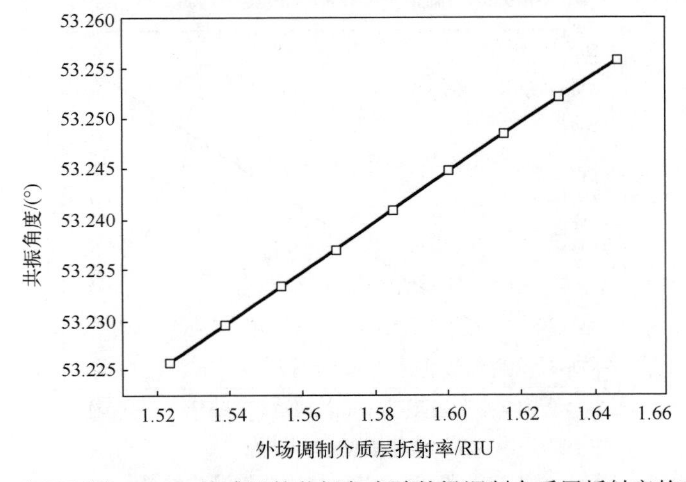

图 3.26 电压调谐 LRSPR 传感器的共振角度随外场调制介质层折射率的变化结果

基于外场调制的 LRSPR 传感器存在两个灵敏度，共振角度 θ_0 对外场调制介质层的折射率 n_2 和检测介质层的折射率 n_6 的灵敏度，表达式如下：

$$\begin{cases} \dfrac{\mathrm{d}\theta_0}{\mathrm{d}n_2} = C_1, & n_6\text{固定} \\ \dfrac{\mathrm{d}\theta_0}{\mathrm{d}n_6} = C_2, & n_2\text{固定} \end{cases} \tag{3.10}$$

当检测介质层为参考检测物时，外场调制介质层和缓冲介质层的外场为 0，共振角度为 θ_1；当检测介质层为其他物质时，n_6 发生改变，共振角度会发生如图 3.27（a）左图至中图的变化，对外场调制介质层施加直流电压进行如图 3.27（b）所示的调节，共振角度会发生如图3.27（a）左图至右图的变化，使共振角度回到 θ_1，此时电压为共振电压，其检测物折射率的动态测量范围如图 3.27（c）、图 3.28、图 3.29 所示，并得到式（3.11）：

$$C_2\Delta n_6 + C_1\Delta n_2 = 0 \tag{3.11}$$

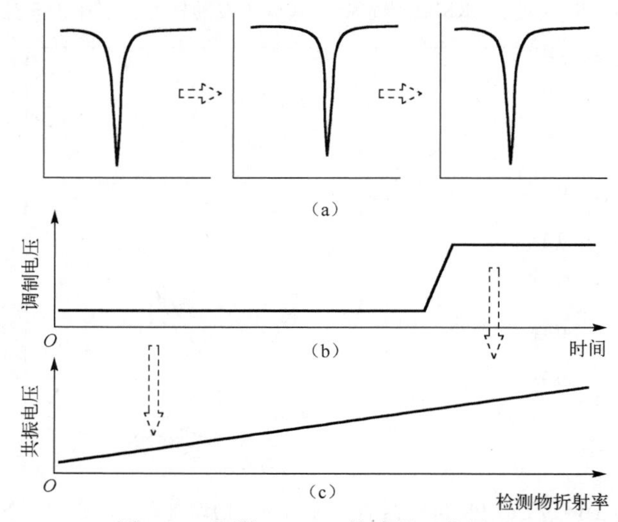

图 3.27 调谐 LRSPR 传感器工作原理

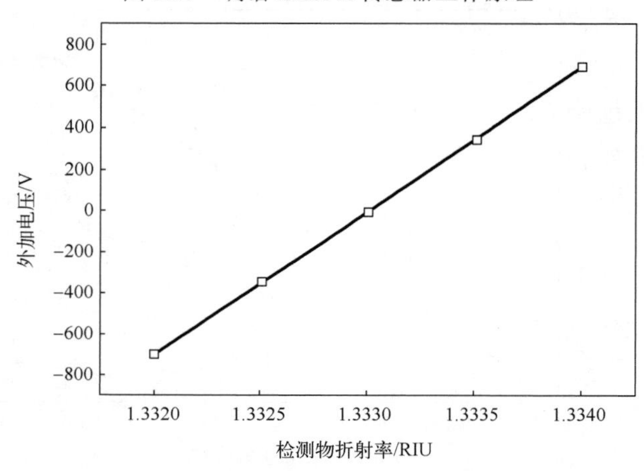

图 3.28 调谐 LRSPR 传感器的测量结果

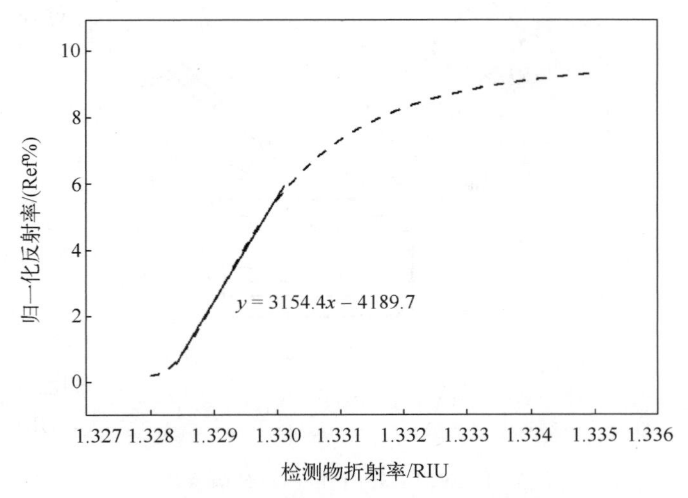

图 3.29　调谐 LRSPR 传感器的动态测量范围

3.6　WCLRSPEF 成像技术

在 3.3 节 WCSPEF 的基础上进一步提高场增强系数，实现荧光强度信号的放大，我们提出了一种新型波导耦合长程表面等离子增强荧光（Waveguide Coupled Long Range Surface Plasma Enhanced Fluorescence，WCLRSPEF）传感器，WCLRSPEF 传感器结构包括基底、上包被层、波导介质层、金属下包被层、折射率匹配介质层，其中上包被层、波导介质层和金属下包被层形成波导结构，用于产生波导模式并激发 LRSPR 现象；折射率匹配介质层的折射率与波导介质层的折射率接近，两者和金属下包被层组成了 LRSPR 传感器结构，用于实现 WCLRSPEF。由于波导模式和 LRSPR 模式均可实现高比例的入射光能量耦合，两种模式的结合进一步提高了入射光耦合进入倏逝波的能量，从而在传统 LRSPR 的基础上提高了金属下包被层-折射率匹配介质层界面的场增强系数及 WCLRSPEF 信号的强度。

WCLRSPEF 传感器结构示意图如图 3.30 所示，激光器波长为 980nm，棱镜折射率为 1.7761，银金属上包被层和金属下包被层的厚度均为 30nm，折射率为 0.04+6.9624i；采用特氟龙制成波导介质层，厚度为 3μm，折射率为 1.35；折射率匹配介质层的厚度为 200nm，折射率为 1.35；表面荧光化合物为氟化钇钠单纳米粒子层；样品池中初始样品层的折射率为 1.333。该结构的共振角度和强度随样品层折射率变化的响应曲线如图 3.31 所示。

根据式（3.8）、式（3.9）计算得到，在共振角度下 WCLRSPEF 传感器垂直于各层界面方向的电场强度分布，如图 3.32 所示，其中深度 0 处为基底与银金属上包被层的界面，图中数字表示的部位如图 3.30 所示，WCLRSPEF 传感器不同检测物介质层的折射率对应的场增强系数如图 3.33 所示。将 WCLRSPEF 传感器放在图 3.34 所示的装置上，用前置放大器收集的荧光信号如图 3.35 所示。

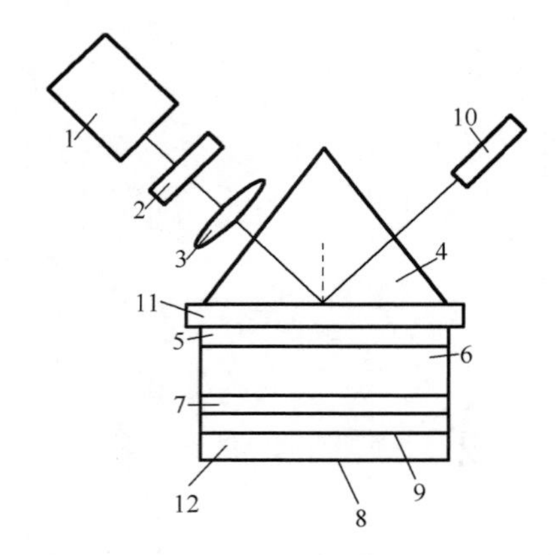

1—激光器；2—偏振片；3—透镜；4—棱镜；5—银金属上包被层；6—波导介质层；7—金属下包被层；8—样品池；9—折射率匹配介质层；10—单元光电探测器；11—玻璃基底；12—检测物介质层。

图 3.30 WCLRSPEF 传感器结构示意图

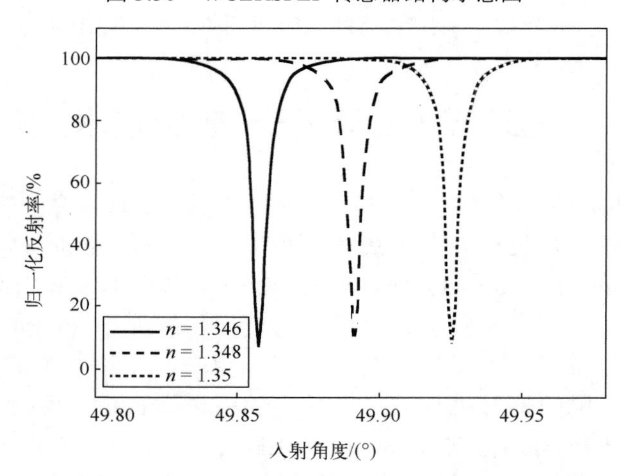

图 3.31 WCLRSPEF 传感器结构的共振角度和强度随样品层折射率变化的响应曲线

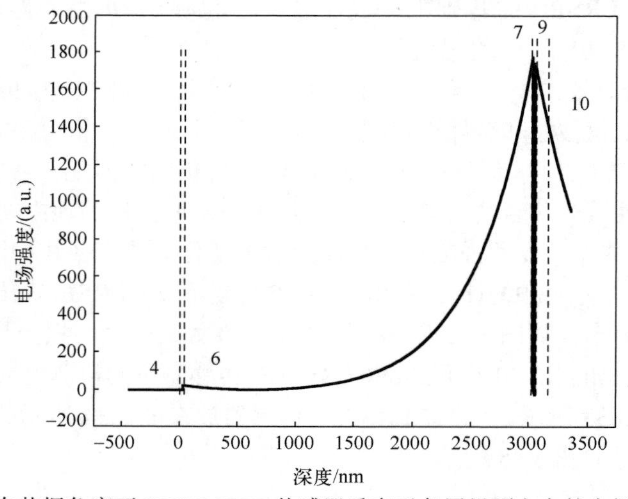

图 3.32 在共振角度下 WCLRSPEF 传感器垂直于各层界面方向的电场强度分布

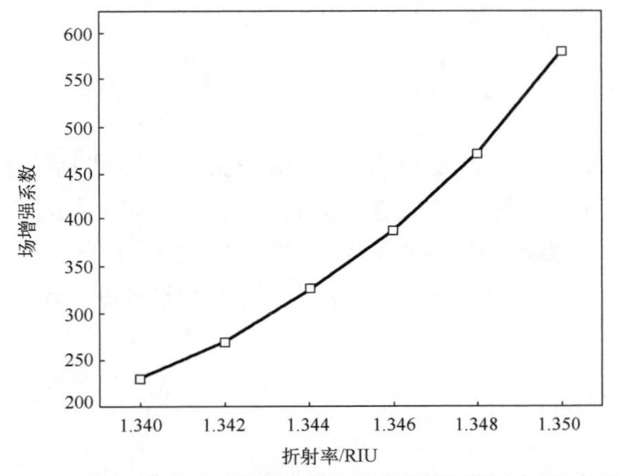

图 3.33　WCLRSPEF 传感器不同检测物介质层的折射率对应的场增强系数

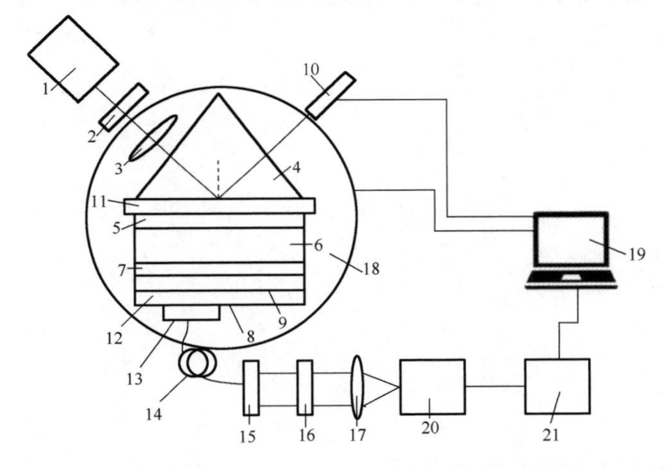

1—激光器；2—偏振片；3—透镜；4—棱镜；5—上包被层；6—波导介质层；7—金属下包被层；8—样品池；9—折射率匹配介质层；10—单元光电探测器；11—玻璃基底；12—检测物介质层；13—前准直器 1；14—光纤；15—后准直器 2；16—滤光片；17—聚焦透镜；18—转台；19—计算机；20—光电倍增管；21—前置放大器。

图 3.34　WCLRSPEF 测量装置示意图

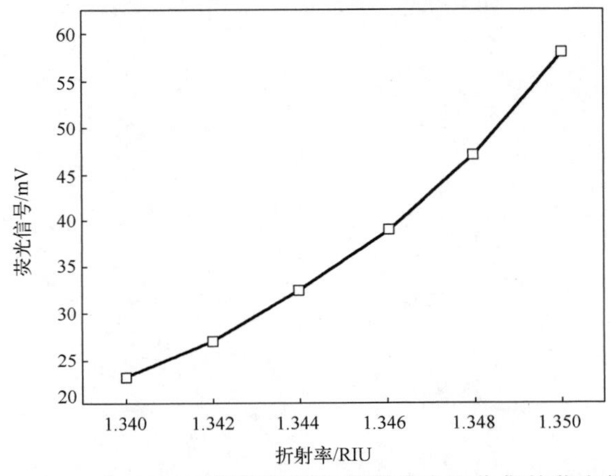

图 3.35　WCLRSPEF 测量装置用前置放大器收集的荧光信号

3.7 结　　语

本章介绍了 SPRi 技术、多种复杂的 SPR 结构及与电压调制技术相结合实现的高灵敏度、高稳定性、高空间分辨率的检测装置及其探测方法，探讨了利用这种结合带来的金属-样品界面高电场增强系数实现金属表面增强荧光信号放大的可行性，把 SPRi 技术与其他无标记或有标记的光学检测方法相结合，为实现将检测性能进一步提高的研究工作提供了思路。

第4章　多层金属结构SPRi传感器的空间建模与生化应用

4.1　引　　言

与第2章介绍的多层介质和金属结构的SPRi传感器不同，多层介质和金属结构的SPRi传感器中没有波导结构，因此SPR现象的激发原理和传统SPR传感器的激发原理类似。但与传统SPR传感器不同的是，这种传感器通常不采用金作为金属层材料激发SPR现象，而采用其他金属作为金属层材料[180]。以银作为金属层材料的SPR传感器激发SPR现象能产生比传统SPR传感器激发SPR现象更窄的共振峰，却有与其类似的加工方法和在角度检测方法中的灵敏度，这些优势是多层介质和金属结构的SPRi传感器难以拥有的。除此以外，银表面和生物化学分子的结合能力与金表面和生物化学分子的结合能力类似，这使银表面几乎可以代替金表面[180]。

4.2　银薄膜SPRi传感器保护机制概述

银的化学活泼性使其在与流动的液体接触时容易发生氧化和脱落，因此在使用银作为金属层材料激发SPR现象时需要在金属层上面覆盖一层保护层，这样既可以发挥银表面激发SPR现象时的优势，又可以延长其用于传感器时的寿命。大量研究对不同材料作为金属层材料进行了尝试[181-184]，而使用较多的是将金作为金属层材料。这是因为金除具有很好的化学和物理稳定性外，其和银及生物化学分子还具有很好的结合力。目前，以金为保护层的SPR传感器又被称为银-金双金属层SPR传感器[180, 184-189]。这种传感器中常用的基底材料为铬和钛，二者对应的银-金双金属层的多层SPR传感芯片结构分别如图4.1（a）和图4.1（b）所示。

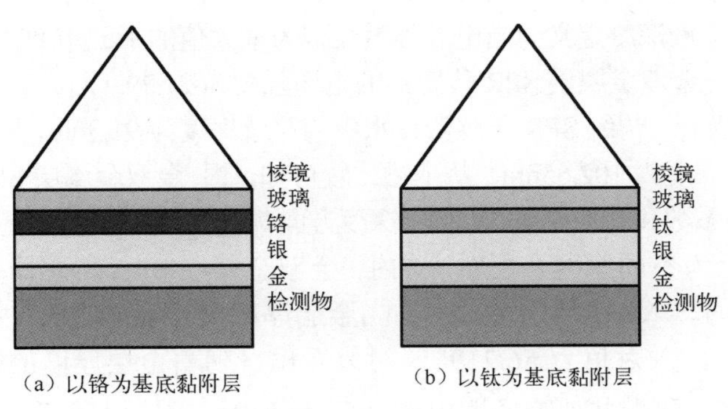

图4.1　银-金双金属层的多层SPR传感芯片结构

为了全面比较银-金双金属层 SPR 传感器和传统 SPR 传感器，利用以下参数计算它们的 FWHM 和场增强的值。波长为 660nm，棱镜的折射率为 1.721，检测物的折射率为 1.333，铬的折射率为 2.35+4.63i，金的折射率为 0.2+4.62i，银的折射率为 0.065+4.88i，铬黏附层的厚度为 2.5nm，单层金的厚度为 45nm，银-金双金属层结构中银层的厚度为 42nm，金层的厚度为 7nm。首先我们比较它们的角度扫描光谱，传统 SPR 传感器和银-金双金属层 SPR 传感器的共振峰如图 4.2（a）所示。图中显示两个共振峰的最低点都接近 0 点，说明在银-金双金属层结构中金层的厚度比较小时，两种模式都充分吸收了入射光能量，产生的 SPW 穿透能力强，对应的灵敏度也比较高。由图中的两个共振峰可以计算得到传统 SPR 传感器的 FWHM 是 4.87°，而银-金双金属层 SPR 传感器的 FWHM 是 1.83°。图 4.2（b）显示了金层不同厚度对银-金双金属层 SPR 传感器共振峰的影响。我们发现，随着金层变厚，共振峰深度变小，FWHM 会变小，这说明灵敏度随金层厚度的增大而变小。

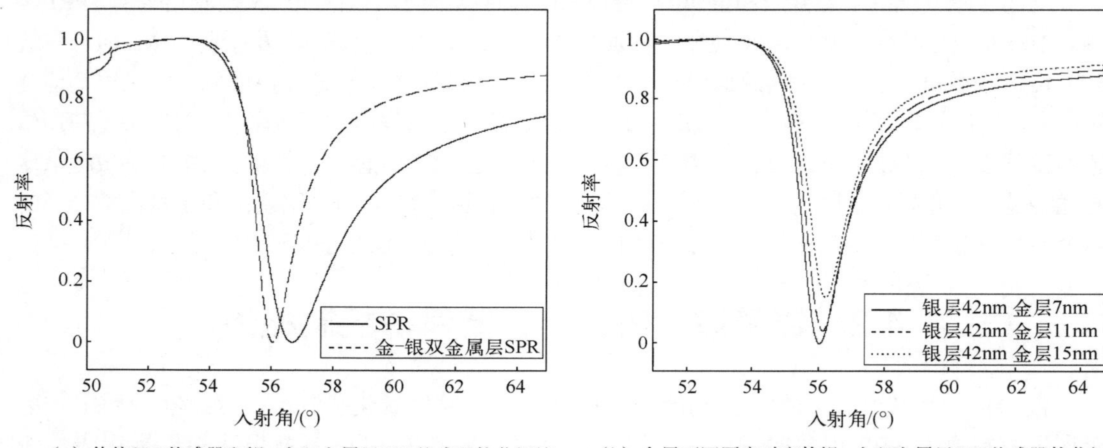

（a）传统SPR传感器和银–金双金属层SPR传感器的共振峰　（b）金层不同厚度对应的银–金双金属层SPR传感器的共振峰

图 4.2　SPR 传感器的共振峰比较

进一步地，我们比较了两种传感器中 SPW 的穿透深度，图 4.3（a）所示为传统 SPR 传感器和银-金双金属 SPR 传感器在 z 方向（金属-检测介质界面）的场分布：传统 SPR 传感器的入射角为 56.667°，银-金双金属层 SPR 传感器的入射角为 56.038°，可以看出，银-金双金属层 SPR 传感器的金属-检测介质界面的电场强度要大于传统 SPR 传感器的金属-检测介质界面的电场强度，前者的电场强度可达 57.88（a.u.），而后者的电场强度只有 30.89（a.u.）。对电场强度分布而言，穿透深度定义为当电场强度衰减为最大值的 1/e［传统 SPR 传感器的电场强度为 11.36（a.u.），银-金双金属层 SPR 传感器的电场强度为 21.29（a.u.）］时其所处位置和界面的距离。从图中可以算出，传统 SPR 传感器在水中的穿透深度为 91.3nm，而银-金双金属层 SPR 传感器在水中的穿透深度为 102.65nm。从上述比较可知，银-金双金属层 SPR 传感器在金属-检测介质界面的场增强系数和介质中 SPW 穿透深度方面都优于传统 SPR 传感器。

图 4.3（b）所示为不同厚度金层对应的银-金双金属层 SPR 传感器在 z 方向的场分布。当金层厚度为 7nm 时，入射角为 56.038°；当金层厚度为 11nm 时，入射角为 56.137°；当金层厚度为 15nm 时，入射角为 56.219°。可以看出，随着金层厚度的增大，银-金双金属层 SPR 传感器的金属-检测介质界面的电场强度在减小，金层厚度为 7nm 时，电场强度可以达到 57.88（a.u.）；金层厚度为 11nm 时，电场强度可以达到 47.1（a.u.）；金层厚度为 15nm

时，电场强度只有 37.27（a.u.）。按照上述穿透深度的定义，依据图 4.2（b）可以算出，对银-金双金属层 SPR 传感器而言，金层厚度为 7nm 时，SPW 在水中的穿透深度为 102.65nm；金层厚度为 11nm 时，SPW 在水中的穿透深度为 102.27nm；金层厚度为 15nm 时，SPW 在水中的穿透深度为 101.34nm。上述计算结果说明，金层厚度的变化只会改变银-金双金属层 SPR 传感器的金属-检测介质界面的电场强度，并不会明显改变 SPW 在检测介质中的穿透深度。

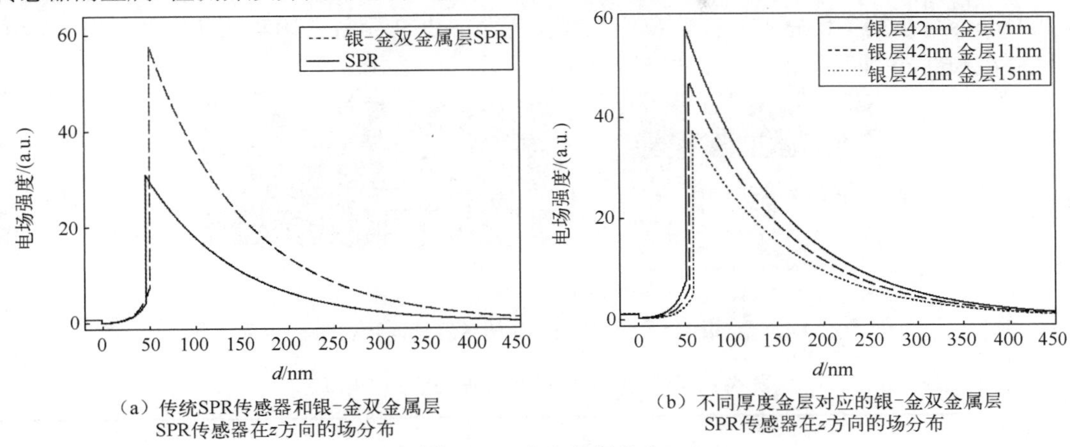

（a）传统SPR传感器和银-金双金属层SPR传感器在z方向的场分布

（b）不同厚度金层对应的银-金双金属层SPR传感器在z方向的场分布

图 4.3　z 方向的场分布

以金作为保护层材料之后，银-金双金属层 SPR 传感器可以和 SPR 仪器结合用于短期的亲和力检测实验[121, 180]。Chen 等人对这种传感器使用了与 Biacore 的 CM5 芯片一样的表面修饰技术，在采用低流速和低 pH 值重生剂的条件下，用 Biacore3000 对磺胺甲恶唑和抗磺胺甲恶唑的结合和重生进行了 6 次角度检测，稳定时间可达 4000s。Li C 等人基于强度检测的方法，同样采用低流速的条件对生物与链霉亲和素的结合进行了检测，由于这种结合无法重生，所以实验时没有采用重生剂，这种方法延长了传感器的稳定时间，稳定时间可以达到 120min[121]。此外，强度检测方法实验得到的灵敏度比传统 SPR 传感器的灵敏度有 1.5 倍的提高，这和他们计算得到的结果基本吻合。

除 Li C 等人外，其他小组对这种传感器用于强度检测方法的灵敏度也进行了分析和介绍。Xia L 等人计算了这种传感器中金层和银层不同厚度的组合对应的灵敏度，发现当银层的厚度为 35～60nm、金层的厚度为 5～20nm 时，能够得到优化的灵敏度。此时银-金双金属层 SPR 传感器的灵敏度比传统 SPR 传感器的灵敏度有 80%的提高[120]。造成这种灵敏度提高的原因是 Xia L 等人在计算中采用的金和银的折射率差别太小，和实际加工得到的金薄膜和银薄膜的折射率差别不符，导致计算得到的灵敏度无法在实验中得到重复。

4.3　金-银-金三金属层 SPRi 传感器技术

在最初的研究中，我们发现基于银层的 SPR 传感器的灵敏度虽然比传统 SPR 传感器的灵敏度高，但是由于其长期稳定性差，难以应用于实际检测，因此本章介绍的内容先对文献中的银-金双金属层 SPR 传感器进行制备和检测性能测试，然后通过改变 SPR 传感器的结构，首次提出了银传感层黏附层的概念，即通过在玻璃基底和金属层间的常用基底黏附层中的铬和银之间插入一层金层来增强银和铬的黏附力。金-银-金三金属层 SPRi 传感器结构示意图和外观如图 4.4 所示。制备金-银-金三金属层 SPRi 传感器时采用的高真空电子束蒸镀仪为英国 Edwardz 公司的 Auto500，镀膜时的真空度均为 10^{-6}mbar。金属原料中的铬、钛、金从北京有色金属研究总院购买，金的纯度为 99.9999%以上；银从北京佳铭铂业有色金属有限公司购买，纯度为 99.99%以上。在蒸镀过程中，铬、钛和金的蒸镀速率为 0.01nm/s。在制备传感器之前，我们测量了用 Auto500 制备上述金属薄膜的折射率。不同材料在 660nm 波长下的折射率如表 4.1 所示。

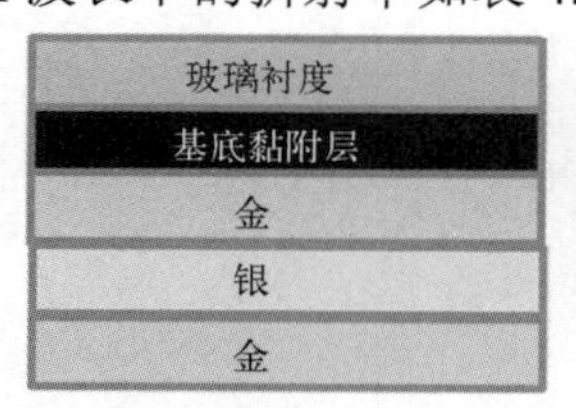

(a) 结构示意图

(b) 外观

图 4.4 金-银-金三金属层 SPRi 传感器结构示意图和外观

表 4.1 不同材料在 660nm 波长下的折射率

材料	铬	金	银	钛
折射率	2.25432+4.63712i	0.20026+4.62238i	0.065+4.7793i	2.24781+4.0152i

通过比较表 2.1 和表 4.1 中相同材料的折射率，我们发现铬、金的折射率存在差异，这种差异可能是由于采用的薄膜蒸镀工艺不同导致的，这种差异可能会导致本章中制备的传统 SPR 芯片和第 2 章制备的芯片的灵敏度等检测参数存在不同。

在制备传统 SPR 芯片时，我们选取铬层和金层，厚度分别为 5nm 和 50nm。在制备铬和钛基底黏附层的银-金双金属层 SPR 芯片（分别简称铬-银-金 SPR 芯片和钛-银-金 SPR 芯片）时，我们选取的铬黏附层和钛黏附层厚度为 5nm，银层和金层厚度采用的是文献中的 42nm 和 13nm，其中银层采用 0.08nm/s 的蒸镀速率制备。银-金双金属层 SPR 芯片的加工过程和传统 SPR 芯片的加工过程分别如图 4.5 和图 4.6 所示。不同金属层蒸镀的切换过程均保持高真空，从而保证金属层间具有很强的黏附力[190-197]。制备出的钛-银-金 SPR 芯片结构和图 4.1 中的芯片结构一致，外观如图 4.7 所示。我们发现 3 种芯片均有金黄色光泽，但是铬-银-金 SPR 芯片和钛-银-金 SPR 芯片的金层较薄，因此金黄色较浅。我们由 AFM 检测上述芯片的表面形貌，如图 4.8 所示。由 AFM 测得的芯片表面粗糙度如表 4.2 所示。从表中发现，铬-银-金 SPR 芯片的表面粗糙度和传统 SPR 芯片的表面粗糙度基本一致，但是钛-银-金 SPR 芯片表面出现了 0.1μm 量级的岛状起伏，说明钛和银的黏附力不如铬和银的黏附力强，可能引起了银颗粒的团聚。

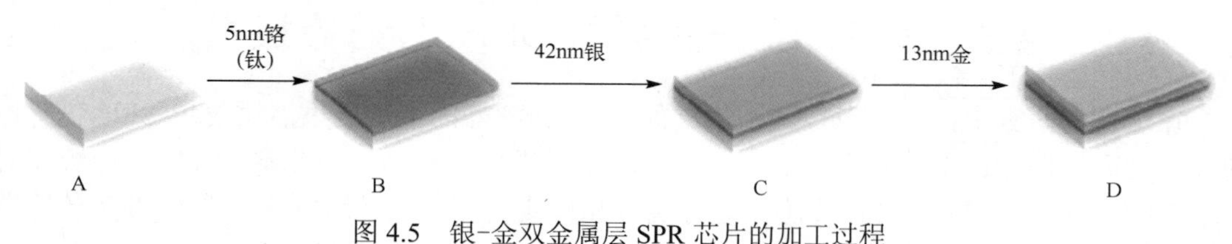

图 4.5 银-金双金属层 SPR 芯片的加工过程

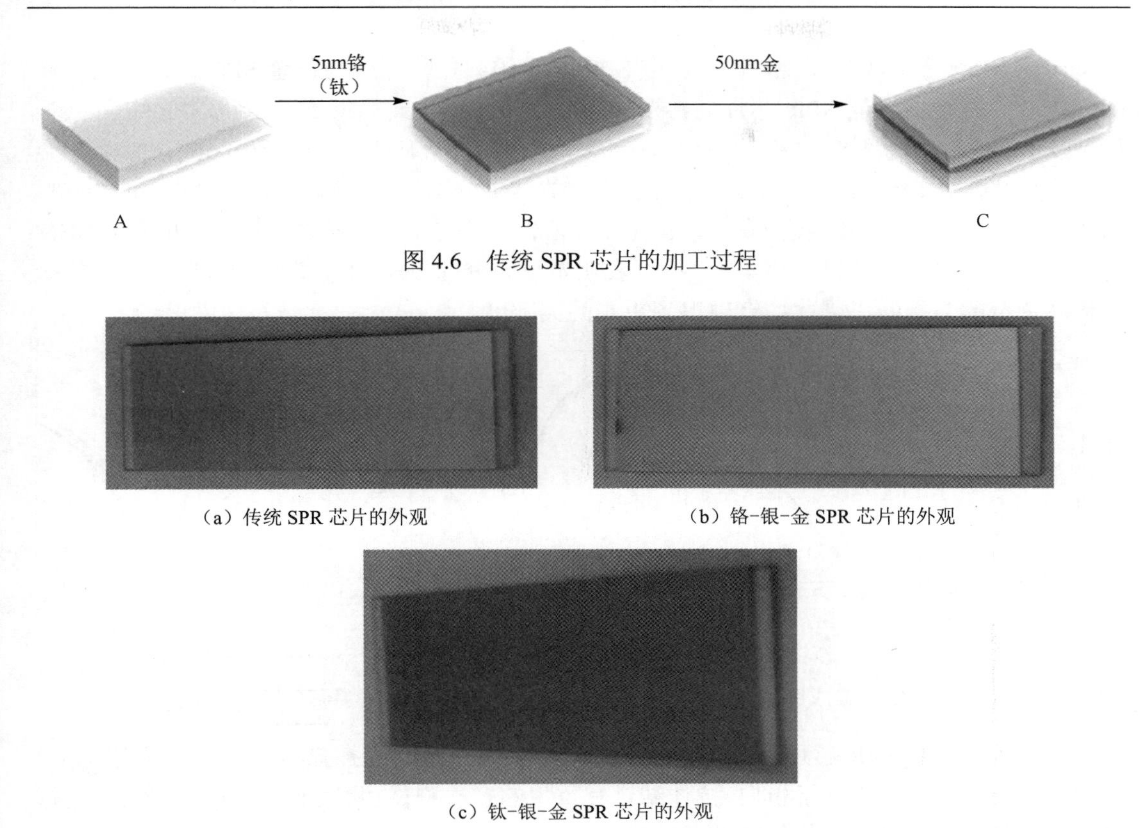

图 4.6　传统 SPR 芯片的加工过程

（a）传统 SPR 芯片的外观　（b）铬-银-金 SPR 芯片的外观

（c）钛-银-金 SPR 芯片的外观

图 4.7　传统 SPR 芯片、铬-银-金 SPR 芯片、钛-银-金 SPR 芯片的外观

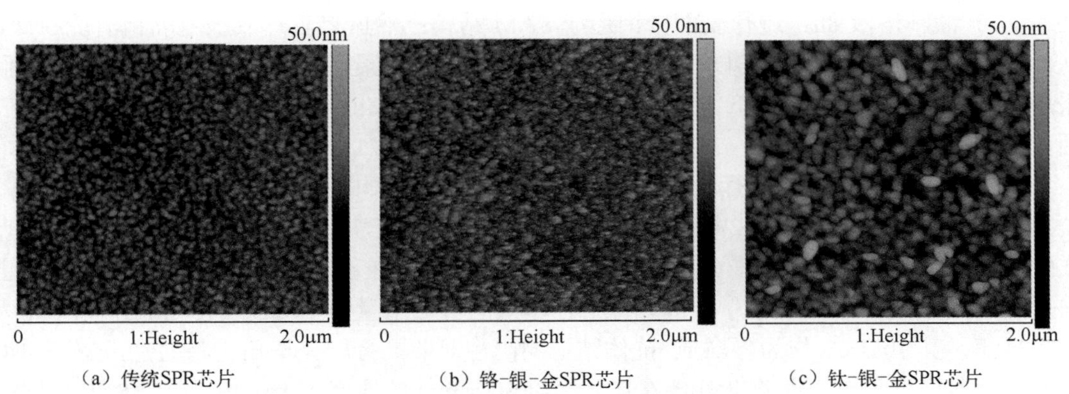

（a）传统SPR芯片　（b）铬-银-金SPR芯片　（c）钛-银-金SPR芯片

图 4.8　由 AFM 测得的芯片表面形貌

表 4.2　由 AFM 测得的芯片表面粗糙度

表面粗糙度参数	传统 SPR 芯片	铬-银-金 SPR 芯片	钛-银-金 SPR 芯片
表面粗糙度的算术平均值/nm	2.93	2.85	4.45
表面粗糙度的几何平均值/nm	2.35	2.26	4.32

按上述方法制备的 3 种芯片在成像仪器上以 1×PBS 为检测介质进行角度扫描，得到的

结果如图 4.9 所示。我们发现，钛-银-金 SPR 芯片的共振峰深度与传统 SPR 芯片的共振峰深度接近，而铬-银-金 SPR 芯片的共振峰深度略浅。通过计算得到，传统 SPR 芯片共振峰 FWHM 的一半为 1.8°，铬-银-金 SPR 芯片共振峰 FWHM 的一半为 0.66°，钛-银-金 SPR 芯片共振峰 FWHM 的一半为 0.7°，后两者的结果分别约为传统 SPR 芯片结果的 36.7% 和 38.9%。与图 2.2 相比，我们发现，虽然后两者的结果比 WCSPR 传感芯片共振峰 FWHM 的一半略大，但这些结果与图 4.2 一样，表明本章研究的多层 SPR 芯片均可以得到比传统 SPR 芯片窄的共振峰，因此均有望得到更高的灵敏度。

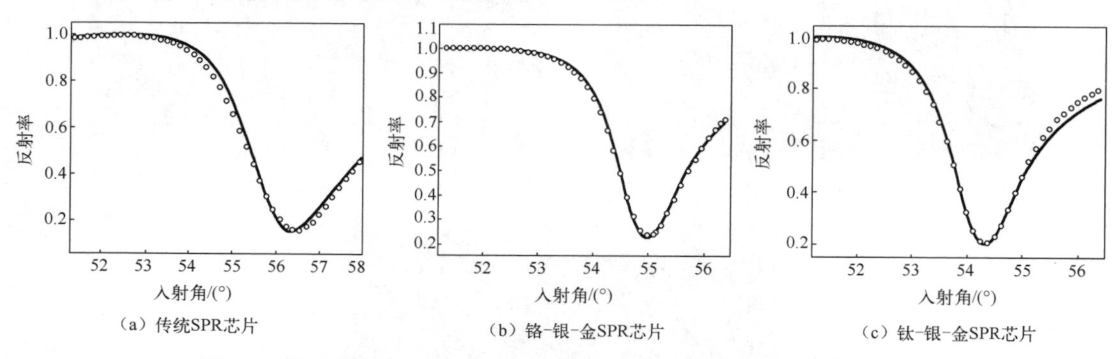

图 4.9 在成像仪器上以 1×PBS 为检测介质进行角度扫描得到的结果

在比较完传统 SPR 芯片与铬（钛）-银-金 SPR 芯片的角度扫描结果之后，我们对这 3 种芯片的长期稳定性进行了蛋白-抗体结合和重生的多次测试。测试前需要对芯片表面进行化学修饰和蛋白质点样，具体准备工作如下。

首先对芯片表面进行化学修饰，在室温下将 3 种芯片浸泡于 SH-$(PEG)_6$-COOH 的 10^{-3}mol/L 酒精溶液 8h，进行表面修饰形成 SAM 结构；然后将芯片取出用酒精清洗 3 次，从而彻底消除 SH-$(PEG)_6$-COOH 在芯片表面的物理吸附；最后用氮气吹干芯片表面。我们采用 EDC/NHS 溶液在室温下将芯片表面活化 15min，用 Milli-Q 去离子水彻底清洗芯片表面，并用氮气吹干。

在修饰好的芯片表面进行蛋白质点样。将 Protein A（购买自北京博奥森生物技术有限公司）和 BSA 稀释于 1×PBS 中形成 0.2mg/mL 浓度的溶液，并通过 Sciecnion Ag 公司的点样仪 Sci Flexerarrayer DW 在 60%相对湿度条件下打印，在芯片表面形成 10 行×10 列的蛋白质阵列，行和列的间距均为 1mm，每个打印点的蛋白用量为 1.8nL。Protein A 和 BSA 为隔行打印，其中 BSA 作为蛋白质-抗体结合的阴性对照。打印完毕后先将芯片放置在 4°C 和 80%相对湿度下过夜并将芯片放在摇床上以 500r/min 的速率用 10×PBS 和 1×PBS 分别清洗 15min 和 1min，然后将芯片用 Milli-Q 去离子水彻底清洗并用氮气吹干，最后在 4°C 条件下保存芯片直到进行测试。将芯片固定于成像仪器的棱镜上以后，需要将芯片表面封闭，以减少测试中抗体的非特异性吸附。我们将牛奶稀释在缓冲液中，形成 5mg/mL 浓度的溶液，使其以 2μL/s 的速率流过芯片表面，10min 后以磷酸溶液进行重生，如此进行两次，在流体池内保持缓冲液环境将入射角固定在各种芯片共振峰 30%深度对应的位置。

蛋白质-抗体结合和重生测试的设计如下：先将购买自北京中杉金桥公司的抗体 hIgG 溶于缓冲液，形成 10μg/mL 浓度的溶液，使 800μL 溶液以 3μL/s 的速率流过芯片表面的蛋白质阵列，hIgG 将与 Protein A 形成特异性吸附；然后在芯片表面流过 550μL 缓冲溶液进行解吸附和 800μL 磷酸溶液进行重生；最后在芯片表面通入 550μL 缓冲液和 800μL 的 2×PBS，通过两种溶液对应的信号差值计算此次测试的灵敏度。稳定性测试步骤示意图如图 4.10 所示。一次测试需要 30min，整个测试过程产生的数据按第 4 章描述的方式进行保存和处理。

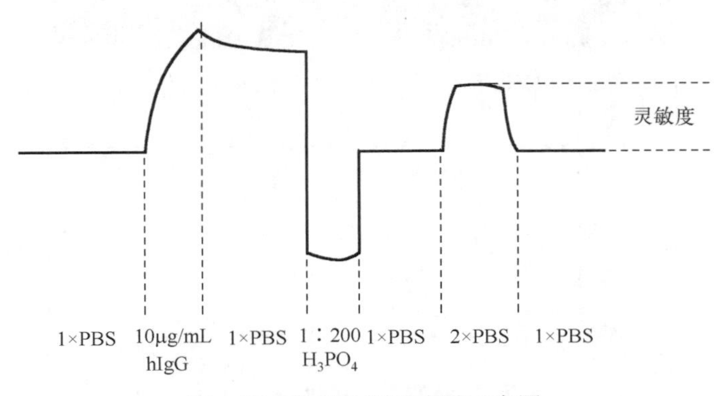

图 4.10　稳定性测试步骤示意图

我们在传统 SPR 芯片、铬-银-金 SPR 芯片和钛-银-金 SPR 芯片表面按图 4.11 选取了 25 个 45 像素×25 像素的 ROI，对上述芯片进行了 17 轮测试。其中钛-银-金 SPR 芯片表面在 EDC/NHS 中活化后出现了破损（见图 4.12），无法继续做稳定性测试，因此最终完成 17 轮测试的只有传统 SPR 芯片和铬-银-金 SPR 芯片。两种芯片每轮计算得到的 ROI 的灵敏度平均值及方差如图 4.13 所示。与传统 SPR 芯片的灵敏度对比，铬-银-金 SPR 芯片的灵敏度略高，平均灵敏度在 4000Ref%/RIU 左右，这主要是因为金层折射率的变化对灵敏度产生了影响。在这两种芯片中，虽然传统 SPR 芯片灵敏度较低，但是稳定性较好，这是由芯片中金层的稳定性强弱决定的。铬-银-金 SPR 芯片在第一轮测试时的灵敏度平均值为 5272.13Ref%/RIU，为传统 SPR 芯片灵敏度平均值的 1.3 倍，造成灵敏度提高幅度较低的原因可能是经 EDC/NHS 活化后引起的芯片破损。在测试中，铬-银-金 SPR 芯片的灵敏度出现缓慢下降的趋势，17 轮测试之后灵敏度平均值下降了 16.75%，但是不同 ROI 的灵敏度及方差基本保持不变，且与传统 SPR 芯片基本一致。考虑到铬和金的稳定性很强，我们认为铬-银-金 SPR 芯片灵敏度下降的原因是，实验过程中银层的氧化和脱落使其出现了损坏。

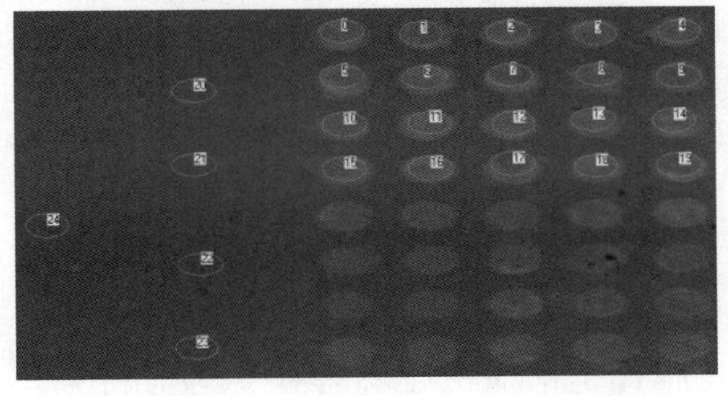

图 4.11　以传统 SPR 芯片为例，芯片表面的 ROI 分布图

图 4.12 经 EDC/NHS 活化后，钛-银-金 SPR 芯片表面的成像结果

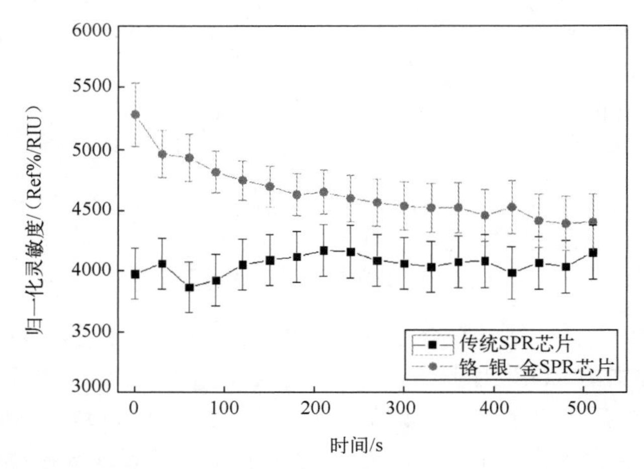

图 4.13 传统 SPR 芯片和铬-银-金 SPR 芯片每轮计算得到的 ROI 的灵敏度平均值及方差

由于铬-银-金 SPR 芯片 ROI 间的灵敏度及方差较小，因此我们以此芯片为例测试芯片各层之间的黏附力。先制备铬-银-金 SPR 芯片，再采用思高 810 胶带牢牢粘住整个芯片表面，并沿芯片表面垂直方向迅速扯下胶带，如此重复两次。进行黏附力测试后铬-银-金 SPR 芯片的外观如图 4.14 所示。将图 4.14 与图 4.7（b）比较发现，进行黏附力测试后，银-金双金属层和铬基底黏附层基本完全脱离，而铬基底黏附层和玻璃基底之间的黏附依然牢固。这说明银和铬的黏附力较弱，而银和金的黏附力较强。在长期稳定性测试中，铬-银-金 SPR 芯片在液体长期流动的影响下会发生分离和脱落，使银表面与空气和液体的接触面积变大，从而增大银氧化的速率。而钛-银-金 SPR 芯片灵敏度的剧烈下降说明，钛和银的黏附力更弱，而 ROI 的灵敏度及方差在测试过程中增大说明，在长期稳定性测试中芯片不同区域的钛和银分离的速率和面积存在差异。

图 4.14 进行黏附力测试后，铬-银-金 SPR 芯片的外观

铬-银-金 SPR 芯片黏附力测试的结果告诉我们，需要在铬基底黏附层和银层之间加入一层黏附层，以增大银层和铬基底黏附层之间的黏附力，从而减小稳定性测试中银层分离的可能性，增强铬-银-金 SPR 芯片的长期稳定性。增加的黏附层材料和银、铬需要有很强的黏附力才能实现这种效果。我们注意到，在黏附力测试中银和金都体现出很强的黏附力，而铬和金的黏附力已经在传统 SPR 芯片的大量使用中得到证实，因此我们选择金作为增加的黏附层材料，考虑到一般情况下黏附层较薄，选择其厚度为 2nm。由于银层在银-金双金属层 SPR 芯片中起传感检测的作用，因此称这种黏附层为传感层黏附层，具有这种黏附层的芯片在下面被称为铬-金-银-金 SPR 芯片，其结构示意图如图 4.15（a）所示。我们按图 4.16 所示的加工过程制备了这种芯片，其中银-金双金属层结构中的银层和金层的厚度依然分别为 42nm 和 13nm。由 AFM 测得的上述芯片的表面形貌如图 4.15（b）所示。表面平整度结果如下：Im Rq 为 2.81nm，Im Ra 为 2.23nm，这些结果和传统 SPR 芯片及铬-银-金 SPR 芯片的结果基本一致。

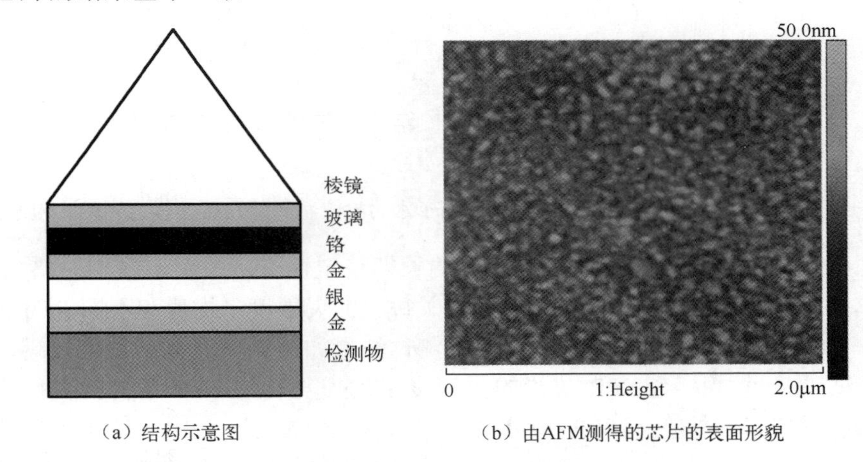

（a）结构示意图　（b）由AFM测得的芯片的表面形貌

图 4.15　铬-金-银-金 SPR 芯片

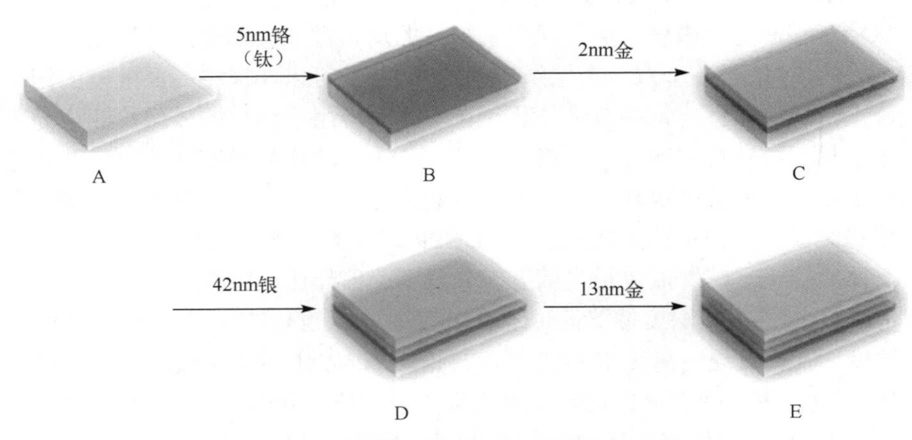

图 4.16　铬-金-银-金 SPR 芯片加工过程

铬-金-银-金 SPR 芯片在成像仪器上以去离子水为检测物进行角度扫描得到的实验及

拟合结果如图 4.17 所示。与铬-银-金 SPR 芯片的角度扫描结果相比，铬-金-银-金 SPR 芯片的共振峰深度几乎没有变化，共振峰 FWHM 的一半为 0.7°，与铬-银-金 SPR 芯片的共振峰深度相当，只是共振峰位置向右略微偏移，说明添加传感层黏附层改变了芯片的共振峰位置，但对共振峰形状的影响可忽略，因此其有望得到与铬-银-金 SPR 芯片相当的灵敏度。

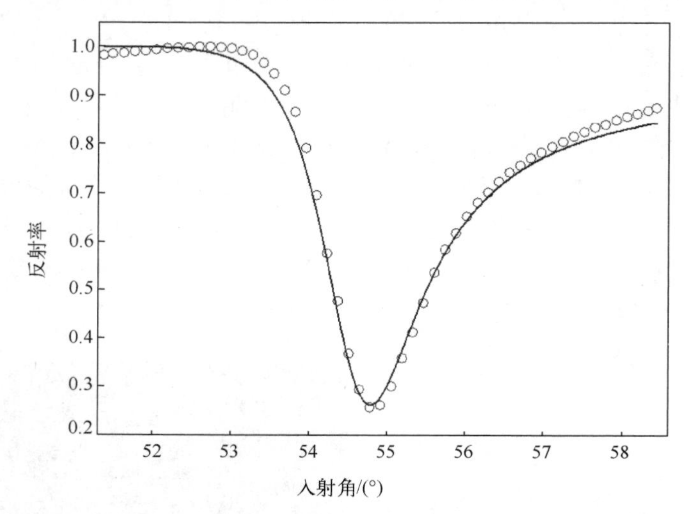

图 4.17 铬-金-银-金 SPR 芯片在成像仪器上以去离子水为检测物进行角度扫描得到的实验及拟合结果

为验证传感层黏附层的添加是否对芯片的长期稳定性有所改善，我们对铬-金-银-金 SPR 芯片重复进行了 17 轮稳定性测试，记录了每轮的灵敏度平均值和不同 ROI 的灵敏度及方差。铬-金-银-金 SPR 芯片的长期稳定性测试结果如图 4.18 所示。我们发现，经过 17 轮稳定性测试，铬-金-银-金 SPR 芯片的灵敏度平均值与传统 SPR 芯片的灵敏度平均值相比没有降低，基本保持在 6200Ref%/RIU 左右，和铬-银-金 SPR 芯片第一轮测试的灵敏度接近，为传统 SPR 芯片灵敏度的 1.5 倍；ROI 的灵敏度及方差基本保持不变，甚至比传统 SPR 芯片 ROI 的灵敏度及方差略小，说明在整个测试过程中铬-金-银-金 SPR 芯片不仅保持了很高的灵敏度，而且保持了很好的均匀性。长期稳定性测试证明，添加传感层黏附层之后，基于银-金双金属层结构的 SPR 芯片可以在保持高灵敏度的同时获得很好的长期稳定性和均匀性，这种改进使芯片在实际中应用于稳定的成像检测成为可能。

在克服了长期稳定性问题之后，铬-金-银-金 SPR 芯片与 WCSPR 传感芯片相比，具有加工流程更简单、灵敏度更高和芯片更均匀的优势。

接下来将对具有高稳定性的铬-金-银-金 SPR 芯片的检测性能进行评定，并与传统 SPR 芯片进行全面比较。这些性能包括灵敏度、分辨率、信噪比、E 参数、动态范围和 LOD。图 4.19 所示为不同共振峰深度位置的传统 SPR 芯片（下线）和铬-金-银-金 SPR 芯片（上线）的灵敏度。我们发现，在传统 SPR 芯片共振峰 40%深度位置和铬-金-银-金 SPR 芯片共振峰 35%深度位置，两者分别达到了灵敏度的最大值，其中传统 SPR 芯片的灵敏度为 4182.61 Ref%/RIU，铬-金-银-金 SPR 芯片的灵敏度为 6414.87 Ref%/RIU，两者比较，后者的比前者有 53.37%的提高。

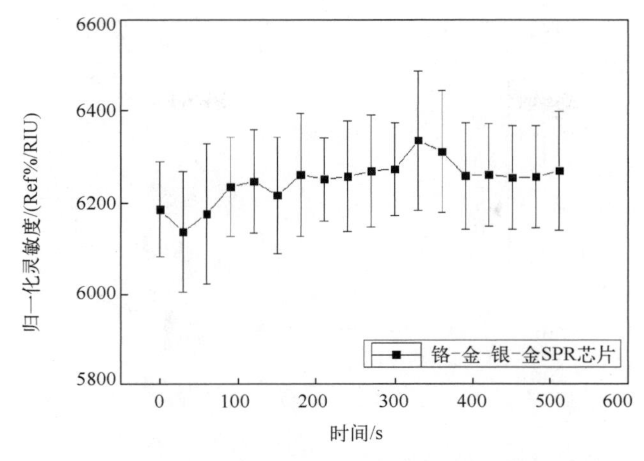

图 4.18　铬-金-银-金 SPR 芯片的长期稳定性测试结果

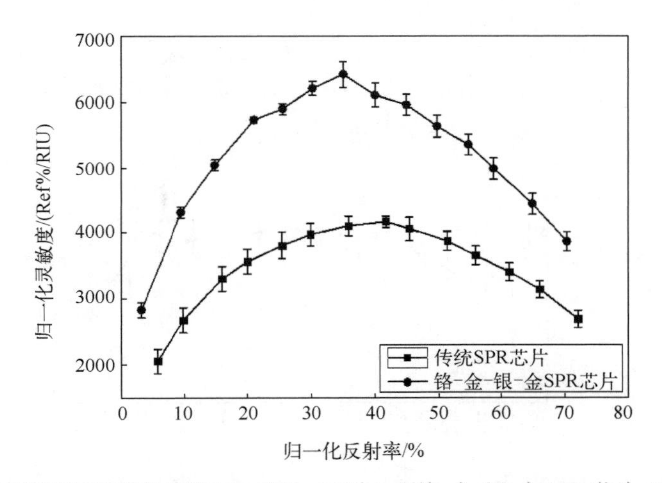

图 4.19　不同共振峰深度位置的传统 SPR 芯片（下线）和铬-金-银-金 SPR 芯片（上线）的灵敏度

图 4.20 所示为不同共振峰深度位置的传统 SPR 芯片（上线）和铬-金-银-金 SPR 芯片（下线）的分辨率，其中将 ROI 大小改为 300 像素×180 像素。我们发现对两种芯片而言，最优分辨率对应的共振峰深度位置和最大灵敏度对应的共振峰深度位置一致。其中，传统 SPR 芯片的分辨率最低为 1.91×10^{-6}RIU，铬-金-银-金 SPR 芯片的分辨率最低为 1.26×10^{-6} RIU，后者约比前者提高了 34%。造成灵敏度和分辨率提高幅度不一致的原因可能是用成像仪器测量两种芯片的基线噪声时存在差异。尽管如此，我们发现通过提高铬-金-银-金 SPR 芯片的灵敏度可以实现分辨率的改善。

图 4.21 和图 4.22 所示分别为不同共振峰深度位置的传统 SPR 芯片和铬-金-银-金 SPR 芯片的信噪比和 E 参数值，其中传统 SPR 芯片的最高信噪比为 157.16，铬-金-银-金 SPR 芯片的最高信噪比为 238.72，后者约比前者提高了 51.9%。信噪比提高幅度和灵敏度提高幅度更加接近，说明与分辨率的改善相比，灵敏度的提高更有助于信噪比的提高。我们在两种芯片灵敏度最高的位置比较了 E 参数的改善程度，铬-金-银-金 SPR 芯片有约 47.15% 的提高。

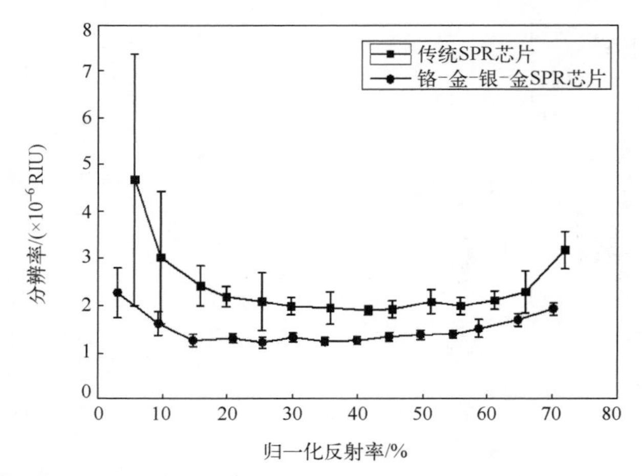

图 4.20 不同共振峰深度位置的传统 SPR 芯片（上线）和铬-金-银-金 SPR 芯片（下线）的分辨率

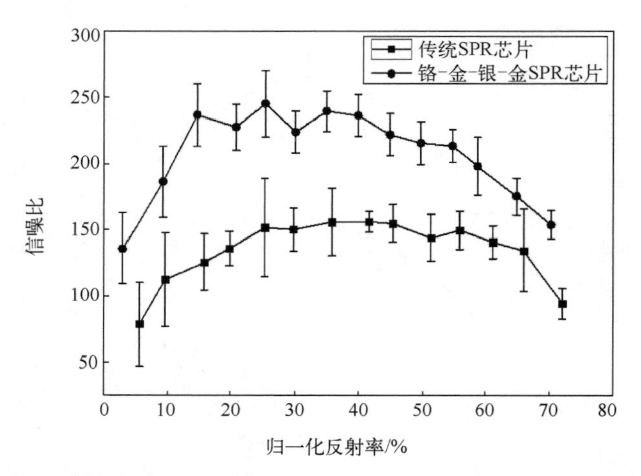

图 4.21 不同共振峰深度位置的传统 SPR 芯片（下线）和铬-金-银-金 SPR 芯片（上线）的信噪比

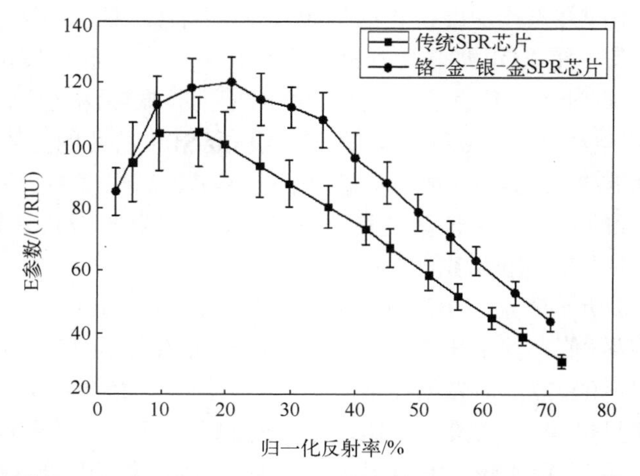

图 4.22 不同共振峰深度位置的传统 SPR 芯片（下线）和铬-金-银-金 SPR 芯片（上线）的 E 参数值

图 4.23 所示为传统 SPR 芯片（下线）和铬–金–银–金 SPR 芯片（上线）的动态范围。我们先以去离子水为检测物将入射角定为共振角度，然后通入不同质量分数的甘油水溶液测量强度值并将其折算成对应的共振峰深度位置，其中 1%wt 的甘油对应 0.0012RIU 的变化。我们对图 4.23 中两种芯片测量曲线中线性变化的区间通过 Origin 8 进行拟合，并计算这段线性区间的斜率。通过拟合得到铬–金–银–金 SPR 芯片的动态范围为 6400×10^{-6}RIU，对应的拟合线性相关系数为 0.9992，斜率为 6074.24Ref%/RIU，而传统 SPR 芯片的动态范围为 11450×10^{-6}RIU，对应的拟合线性相关系数为 0.9993，斜率为 4004.09Ref%/RIU。我们发现，由于铬–金–银–金 SPR 芯片灵敏度提高的原因，其动态范围比传统 SPR 芯片的动态范围下降了 44.66%。

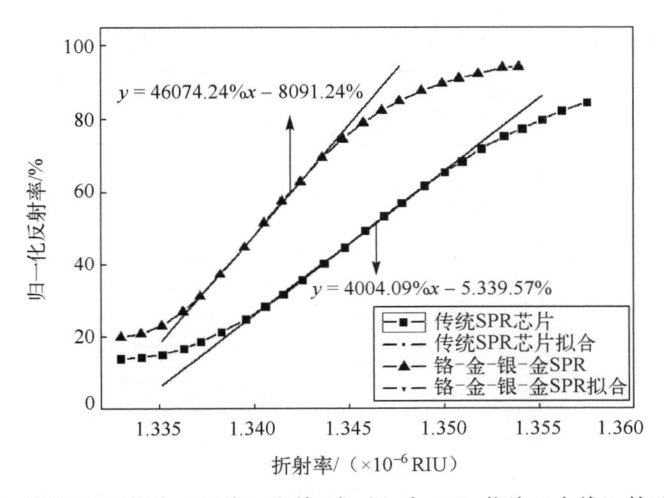

图 4.23　传统 SPR 芯片（下线）和铬–金–银–金 SPR 芯片（上线）的动态范围

图 4.24 所示为传统 SPR 芯片和铬–金–银–金 SPR 芯片对不同浓度甘油水溶液的响应及 LOD 测试结果。我们将甘油水溶液稀释至 0.125%wt、0.0625%wt、0.0313%wt、0.0156%wt、0.00781%wt、0.0039%wt，将稀释后的各溶液分别通入两种芯片表面，测量不同溶液对应的强度及共振峰深度。根据式（1.13）得到，两种芯片的 LOD 约为 0.025Ref%，如图 4.24（b）所示，得到传统 SPR 芯片测量甘油水溶液的下限为 0.0156%wt，即 9.36×10^{-6}RIU，而用铬–金–银–金 SPR 芯片测量甘油水溶液的下限为 0.00781%wt，即 4.69×10^{-6}RIU。

最后，我们将传统 SPR 芯片和铬–金–银–金 SPR 芯片应用于蛋白质–抗体结合反应的动力学检测和分析[180-182]。将溶于 1×PBS 的 166.5nm、84.25nm、41.63nm、20.81nm、10.41nm 和 5.2nm 的 hIgG 通入两种芯片表面，并通过 DAM 对数据进行提取和分析，得到由两种芯片测得的蛋白质–抗体结合反应强度结果，如图 4.25 所示。我们发现，由两种芯片测得的反应强度基本一致。根据图 4.25 的数据进行动力学分析，得到两种芯片的蛋白质–抗体结合动力学常数，如表 4.3[183]所示。由两种芯片得到的动力学常数值比较接近，说明铬–金–银–金 SPR 芯片可以取代传统 SPR 芯片用于高通量的动力学实时成像检测。

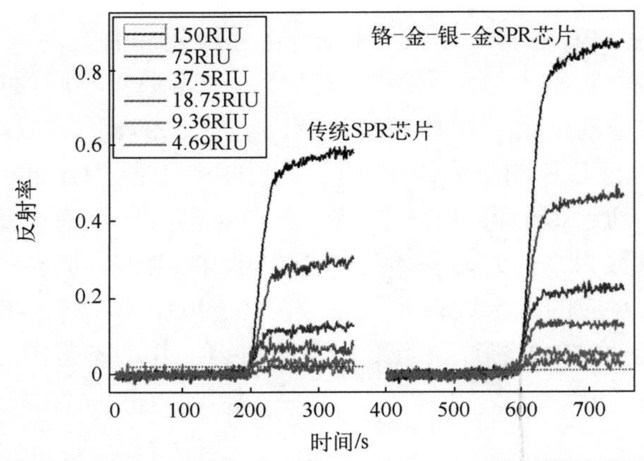

（a）传统SPR芯片（左）和铬-金-银-金SPR芯片（右）对不同浓度甘油水溶液的响应

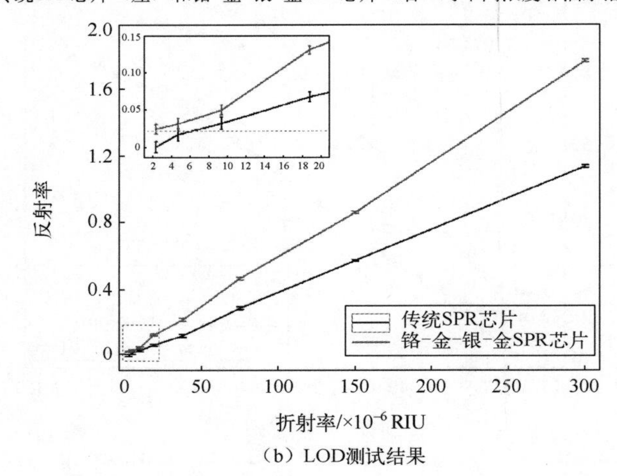

（b）LOD测试结果

图 4.24 两种芯片对不同浓度甘油水溶液的响应及 LOD 测试结果

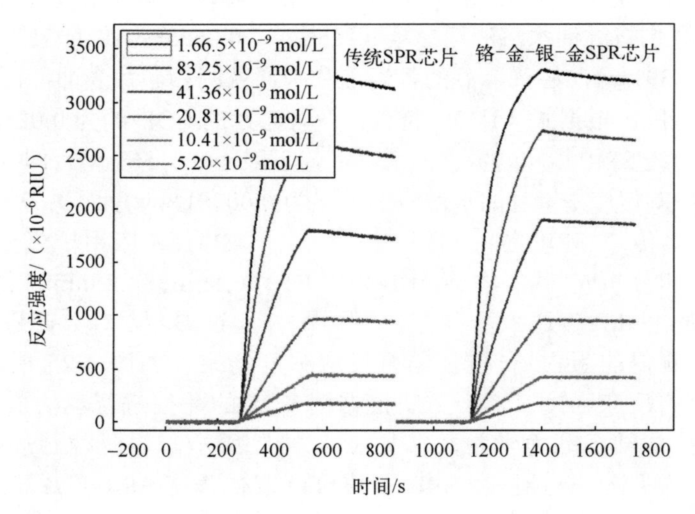

图 4.25 由传统 SPR 芯片（左）和铬-金-银-金 SPR 芯片（右）测得的蛋白质-抗体结合反应强度结果

表 4.3　由传统 SPR 芯片和铬-金-银-金 SPR 芯片测得的蛋白质-抗体结合动力学常数

芯片类别	Ka/(1/Ms)	Kd/(1/s)	KA/(1/M)	KD/(M)
传统 SPR 芯片	6.72×10^{4}	1.32×10^{-4}	5.09×10^{8}	1.96×10^{-9}
铬-金-银-金 SPR 芯片	7.05×10^{4}	1.03×10^{-4}	6.84×10^{8}	1.46×10^{-9}

在证明了铬-金-银-金 SPR 芯片具有高灵敏度和高稳定性的优点之后，我们接下来要讨论结构参数对芯片性能的影响，将表 4.1 中不同材料的折射率和 4.1 节中铬层、银层、金层的厚度参数代入式（2.1），将传感层黏附层厚度改成 6nm、10nm、14nm 和 18nm，得到的角度扫描计算结果如图 4.26（a）所示。我们发现，随着传感层黏附层厚度的增大，芯片的共振峰位置基本不变，但是深度在变小，FWHM 基本不变。为了解释这种现象，我们计算了不同传感层黏附层厚度对应的 z 方向电场分布，如图 4.26（b）所示。我们发现，随着传感层黏附层厚度的增加，铬-金-银-金 SPR 芯片中金层和检测介质界面的场增强系数在减小，这说明入射光能量耦合进入 SPW 的部分在减少，即对 SPR 的激发效应在减弱，这就是共振峰深度变小的原因。图中还显示随着传感层黏附层变厚，SPW 的穿透深度在减小，在角度检测方法和强度检测方法中灵敏度都可能会降低。

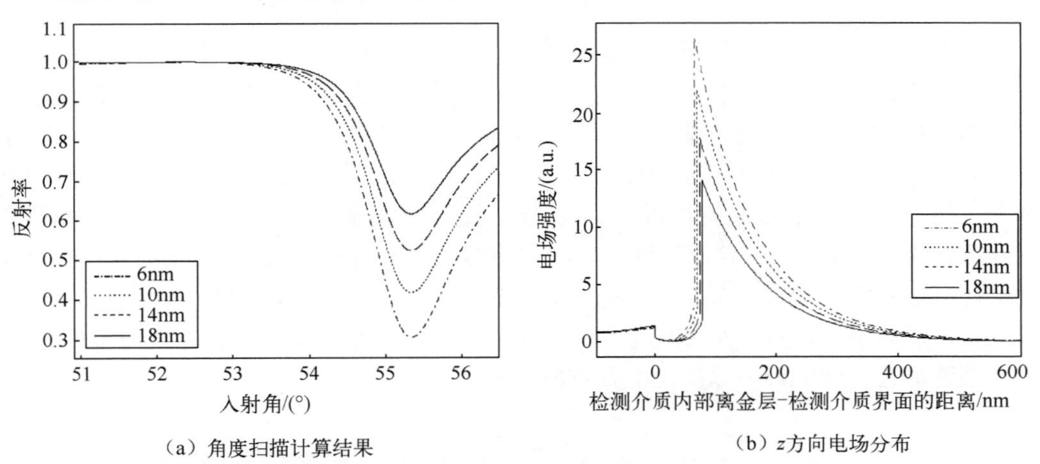

（a）角度扫描计算结果　（b）z方向电场分布

图 4.26　不同传感层黏附层厚度对应的铬-金-银-金 SPR 芯片的角度扫描计算结果及 z 方向电场分布

为了验证这种可能性，我们计算了具有上述传感层黏附层厚度的铬-金-银-金 SPR 芯片在角度检测方法中的灵敏度。不同传感层黏附层厚度对应的铬-金-银-金 SPR 芯片灵敏度的计算值如图 4.27 所示。对所有传感层黏附层厚度而言，芯片的角度灵敏度均为 74°/RIU，这说明传感层黏附层厚度对芯片的角度灵敏度没有影响，随着共振峰深度变小，强度检测方法中的灵敏度必然会下降，而图 4.27 中在共振峰 30%深度的灵敏度计算结果也证明了这个结论。我们发现，随着传感层黏附层厚度的增大，强度检测方法中的灵敏度呈线性下降趋势，传感层黏附层厚度为 18nm 时的强度检测方法中的灵敏度是传感层黏附层厚度为 6nm 时的 62.3%，这和图中两者共振峰深度的比值基本一致。

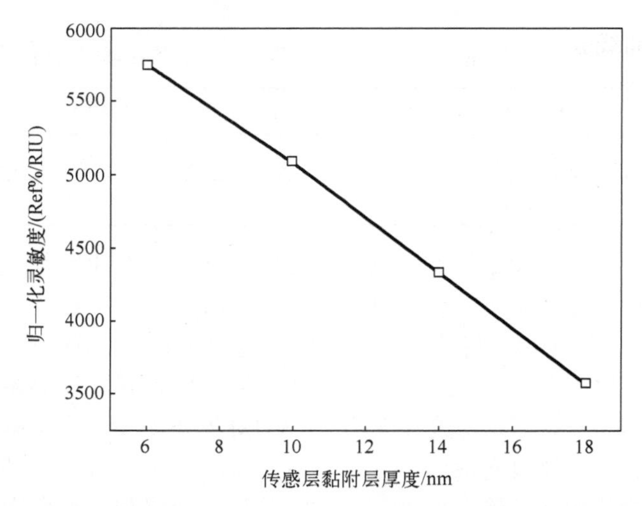

图 4.27 不同传感层黏附层厚度对应的铬-金-银-金 SPR 芯片灵敏度的计算值

4.4 金岛型银薄膜 SPRi 传感器

从 4.3 节的研究工作中知道，在银薄膜和基底黏附层之间加入一层金传感层黏附层可以大幅度提高银薄膜 SPRi 传感器的稳定性，使其稳定性与传统金薄膜传感器的稳定性相当。然而，顶部的金保护层改变了银材料的 SPR 基本特性，同时使传感器制造变得复杂。为此，我们进一步把银薄膜表面的金保护层替换成 SAM，提出了一种新型的银薄膜 SPRi 传感器[198]。由于金传感层黏附层很薄，难以形成连续性薄膜，更多是以岛状非连续薄膜的形式存在，为与 4.3 节中的传感器区分，我们将这种新型传感器命名为金岛型银薄膜 SPRi 传感器，其制备流程示意图如图 4.28 所示。在制备过程中，高真空电子束蒸镀仪为英国 Edwardz 公司的 Auto500，镀膜时的真空度为 10^{-6}mbar，铬和金的蒸镀速率为 0.01nm/s，银的蒸镀速率为 0.08nm/s，厚度由晶振传感器控制。

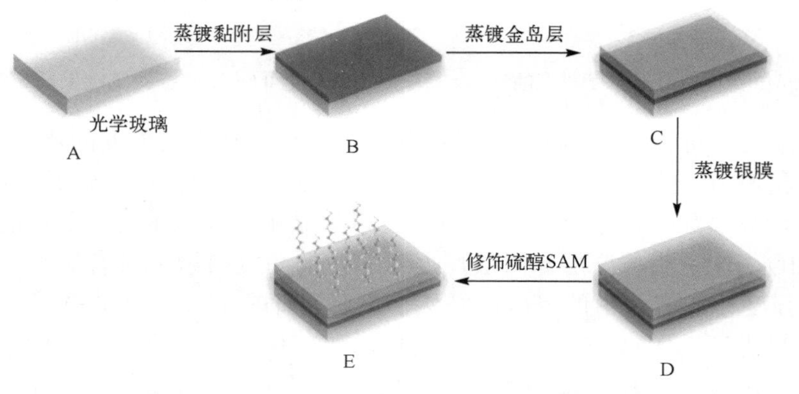

图 4.28 金岛型银薄膜 SPRi 传感器制备流程示意图

按图 4.28 所示流程制备的金岛型银薄膜 SPRi 传感器，其外观、物理结构和波长为

660nm 时的反射率曲线分别如图 4.29、图 4.30（a）和图 4.30（b）所示。在图 4.30（b）中，岛状金薄膜厚度为 2nm，银薄膜厚度为 50nm，SPR 峰的半峰宽度为 0.75°，而传统金薄膜 SPRi 传感器吸收峰的半峰宽度为 2.2°，和文献[1]介绍的纯银薄膜传感器的结果类似。接下来，我们在空间结构与黏附力方面对金岛型银薄膜 SPRi 传感器展开研究。

图 4.29　金岛型银薄膜 SPRi 传感器（左）和传统金薄膜 SPRi 传感器（右）外观对比

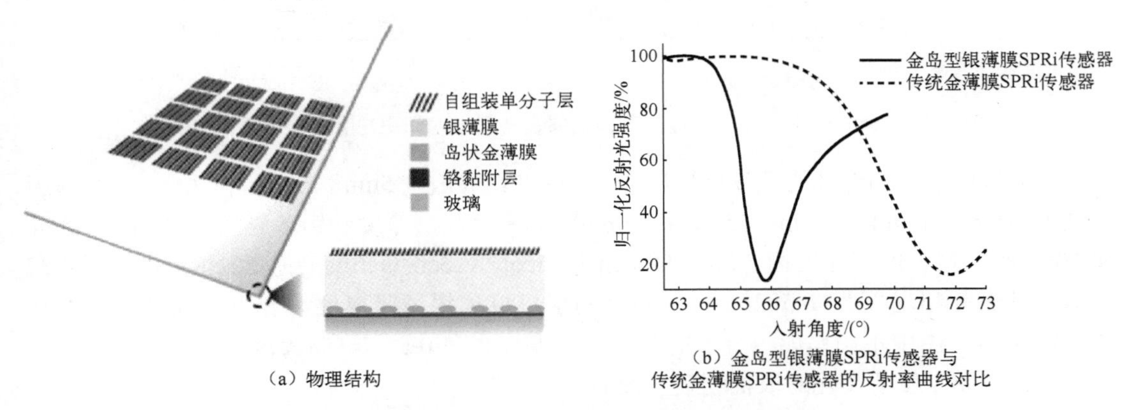

（a）物理结构

（b）金岛型银薄膜SPRi传感器与传统金薄膜SPRi传感器的反射率曲线对比

图 4.30　金岛型银薄膜 SPRi 传感器物理结构及反射率曲线

本部分根据岛状金薄膜对传感器空间结构的影响，将研究进一步分为薄膜结构空间形貌和黏附力的研究、岛状金薄膜合金化的研究及薄膜黏附力的研究。

1. 薄膜结构空间形貌和黏附力的研究

文献[199]以 AFM 和 X 射线衍射（X-Ray Diffraction，XRD）为表征手段研究银薄膜空间形貌时发现，银薄膜在没有成核中心时容易形成大量的三维团簇或岛状结构，薄膜均一性差；以锗和铜等浸润性好的材料制备岛状薄膜作为成核中心时，银薄膜出现了明显的分层生长现象，薄膜颗粒更细，薄膜均一性得到了显著改善。其原理是：在没有上述岛状薄膜的情况下，银薄膜的成膜机制为 Volmer-Weber 模式，容易形成大量的三维团簇或岛状结构，表面平整度差；在引入浸润性良好的岛状薄膜后，银薄膜的生长机制为 Frank-van der Merwe 二维逐层生长模式，生长的薄膜不但可以完整覆盖岛状薄膜，而且具有原子尺寸级别的表面粗糙度。此外，在银薄膜生长过程中，金岛层表面大量纳米尺寸的晶粒边界及沿边界分布的晶粒缺陷加速了金岛层和银薄膜之间的扩散，该速度可以达到体相扩散速度的 10^{14} 倍以上。金岛型薄膜面积的覆盖率和相邻金岛间平均间距与金岛层厚度的关系如图4.31所示。在150℃时，衬底金薄膜表面完成银膜制备后，距离金银界面5nm处的金岛层内银原子比重可达20%，界面处甚至可达50%。大量跨过晶粒边界扩散的银原子借助无限比例溶解于金的能力及金-银金属键的高结合强度，迅速占据晶粒缺陷并被束缚于金岛层内，甚至将金岛层部分全部转化成金银固溶体。与银和黏附材料之间的金属键结合强度相比，金和银、金与黏附材料之间的金属键结合强度更高，因此引入金岛层可以增强银薄膜SPRi传感芯片结构中各层薄膜间的黏附力。

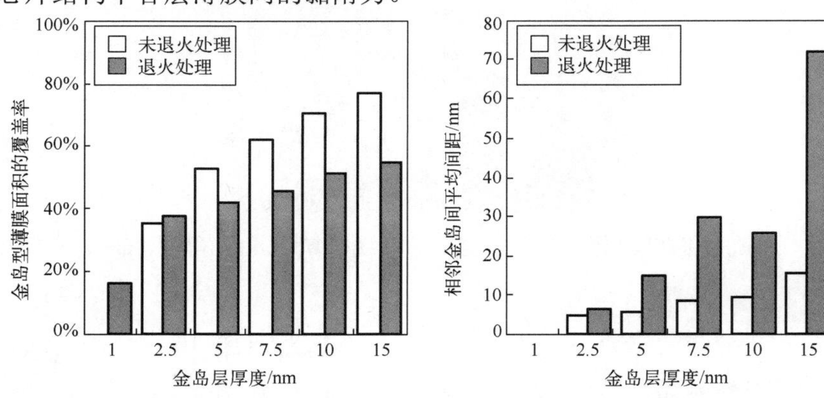

图4.31 金岛型薄膜面积的覆盖率和相邻金岛间平均间距与金岛层厚度的关系

在研究时，我们选择的金岛层厚度为0.5nm、1.0nm、1.5nm、2.0nm和2.5nm，银薄膜厚度为40nm、45nm、50nm、55nm和60nm。其中金岛层厚度和银薄膜厚度分别为1.5nm和50nm时，银表面粗糙度由AFM（Dimension icon, Veeco, Germany）测量，结果如图4.32所示，其表面粗糙度为0.502nm。不同金岛层厚度和银薄膜厚度组合下的表面粗糙度如图4.33所示。图中不同厚度组合下的表面粗糙度分布在0.5～0.55nm范围内，因此金岛层厚度和银薄膜厚度的变化对表面粗糙度没有显著影响。

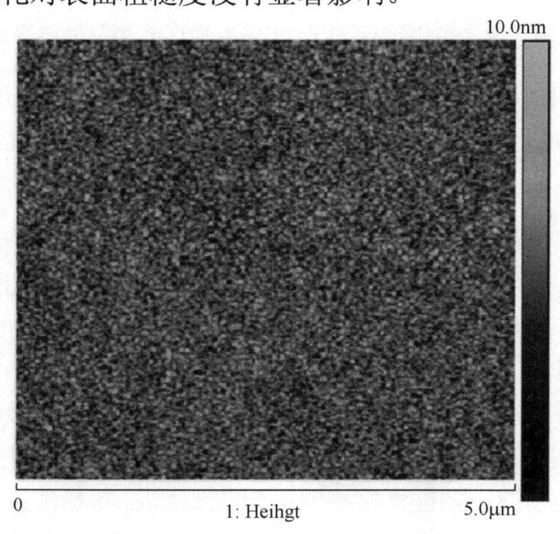

图4.32 银表面粗糙度的AFM测量结果

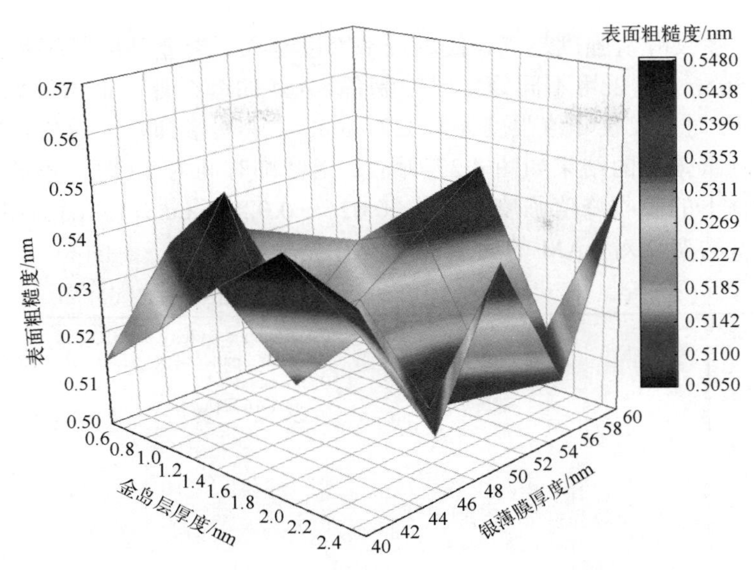

图 4.33　不同金岛层厚度和银薄膜厚度组合下的表面粗糙度

金岛型银薄膜 SPRi 传感芯片在未经硫醇单分子组装层修饰的条件下，通过 ESCALAB250Xi X 射线光电子能谱仪分析表面的元素成分，发现除银元素外没有其他金属元素存在，碳、氧和硫元素为检测时空气中对应成分的干扰项，可以确定该芯片表面仅有银元素分布。未经硫醇单分子组装层修饰的金岛型银薄膜 SPRi 传感芯片表面的 XPS 分析结果如图 4.34 所示。D/MAX-TTRIII X 射线衍射仪的分析结果证实，该芯片表面有明显的银元素衍射角度分布，进一步证实了该芯片用于检测的金属表面为纯银结构。未经硫醇单分子组装层修饰的金岛型银薄膜 SPRi 传感芯片表面的 X 射线衍射分析结果如图 4.35 所示。

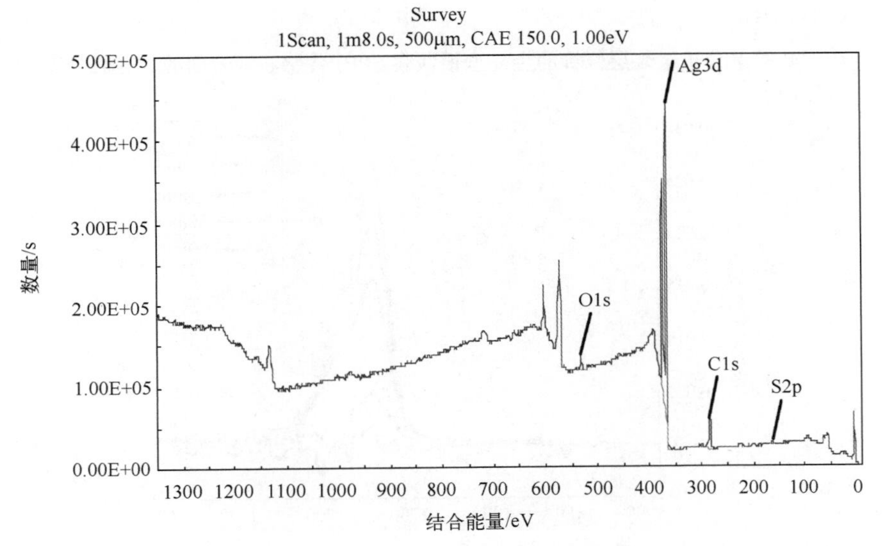

图 4.34　未经硫醇单分子组装层修饰的金岛型银薄膜 SPRi 传感芯片表面的 XPS 分析结果

采用近红外光谱仪（Lambda950, PerkinElmer, USA）测量羧基的吸收峰值强度可以表征羧基密度，吸收峰值强度越高，代表羧基密度越大。当金岛层厚度和银薄膜厚度分别为 1.5nm 和 50nm 时，采用不同修饰时间制备 SAM 的近红外光谱结果如图 4.36 所示。当修饰时间为 1h 时，吸收峰值强度为 0.027（a.u.），说明修饰时间越长，羧基密度就越高。吸收峰值测量强度的结果如图 4.37 所示。当修饰时间为 1h 时，不同金岛层厚度、银薄膜厚度组合下的吸收峰值强度分布在 0.026～0.028（a.u.）范围内，因此金岛层厚度和银薄膜厚度的变化对 SAM 的羧基密度没有显著影响。

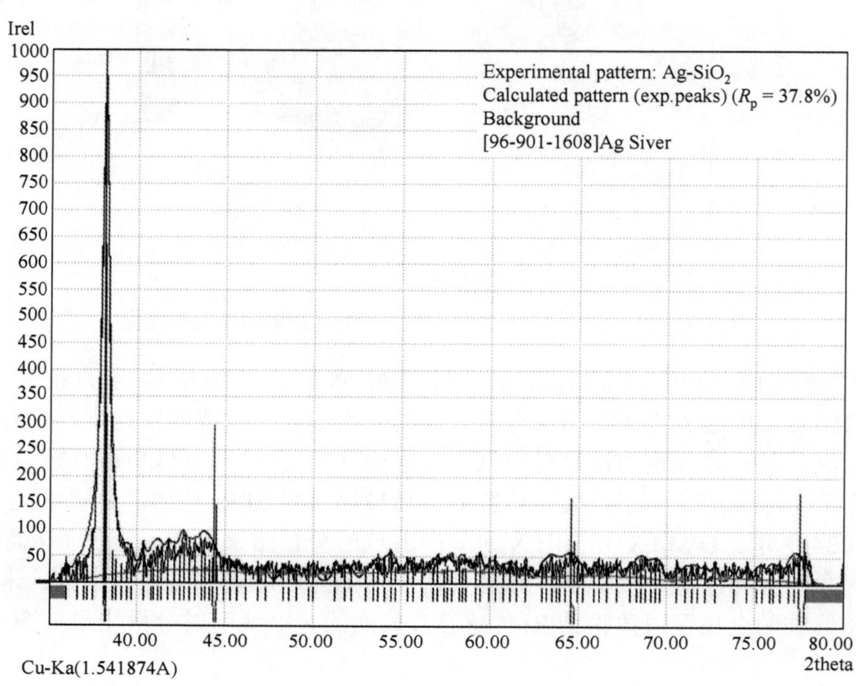

图 4.35 未经硫醇单分子组装层修饰的金岛型银薄膜 SPRi 传感芯片表面的 X 射线衍射分析结果

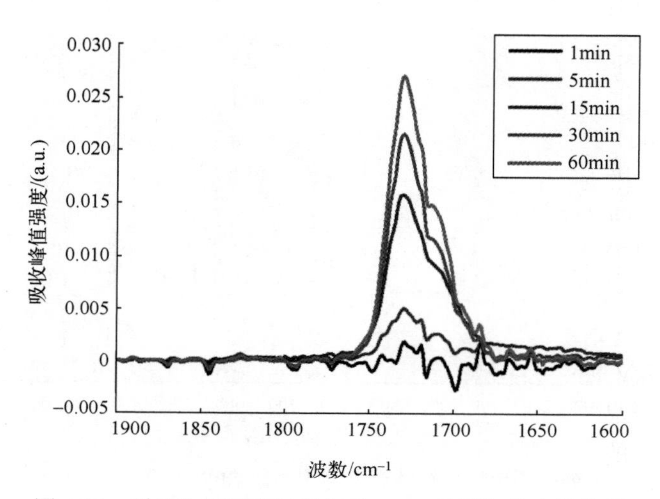

图 4.36 采用不同修饰时间制备 SAM 的近红外光谱结果

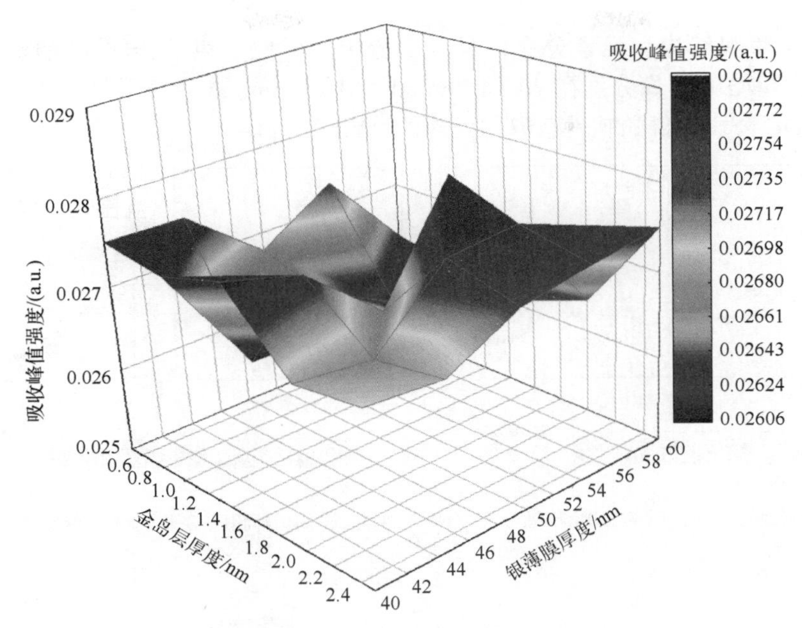

图 4.37　吸收峰值强度的测量结果

上述结果表明，原子尺寸级别的表面粗糙度抑制了银薄膜表面空位、缺陷和杂质等特殊形貌的产生率，为 SAM 致密生长提供了良好条件。由于银薄膜表面生长的硫醇与垂直方向的倾角为 15°，表面特殊形貌越少，曲率半径就越小，硫醇生长也就越致密，可以越好地覆盖银薄膜表面，使空气中的氧气、硫化氢等分子难以穿过硫醇 SAM 和银薄膜发生化学反应。

2. 岛状金薄膜合金化的研究

文献[200]等介绍由于金-金金属键结合强度高于金-银金属键结合强度，因此金岛层能提供的金原子远少于银薄膜的银原子，上述金原子和银原子的相互扩散过程在金银界面两侧并不对称。虽然银原子大量扩散到金岛层一侧并被金-银金属键束缚，但是金原子多被束缚于金岛层内，银薄膜内的金原子浓度不会超过 5%。此外，金银界面上大量的纳米尺寸晶粒进一步稀释了上述金原子的面积密度，发生了溶质稀释效应，即金原子掺杂通过提高银薄膜界面的电势，降低了金银界面处银薄膜被侵蚀的可能性，以及银薄膜表面和银薄膜内部之间的电势差。岛状金薄膜合金化的研究思路如图 4.38 所示。因此，金岛层结构可以改变银薄膜的空间电势分布，提高其抗电化学侵蚀的能力。

为验证上述研究思路是否适用金岛型银薄膜 SPRi 传感器，我们用 FEI Helios NanoLab 600i DualBeam FIB/SEM 制备横截面样品，并进行透射电镜观察。在样品切割的早期阶段，先对离子枪施加 30kV 的加速电压，然后将加速电压逐渐降低到 5kV，最后用离子枪使用 2kV 的加速电压对样品进行切割。扫描透射电子显微镜实验是在 JEOL JEM-ARM200F 透射电子显微镜上进行的，该显微镜的聚光镜和物镜都有双球差校正器，冷场发射枪的加速电压为 200kV，应用高角度环形暗场（High-Angle Annular Dark-Field，HAADF）、环形明场（Annular Bright-Field，ABF）和能量色散 X 射线（Energy-Dispersive X-ray，EDX）制图技术来获取微观结构和元素分布信息。实验中入射电子束的会聚半角约为 22mrad，HAADF 图像和 ABF 图像分别在 70～150mrad 和 10～20mrad 的接受角下获得。EDX 制图图像是用 JEOL 公司提供的软件获取和处理的[201]。

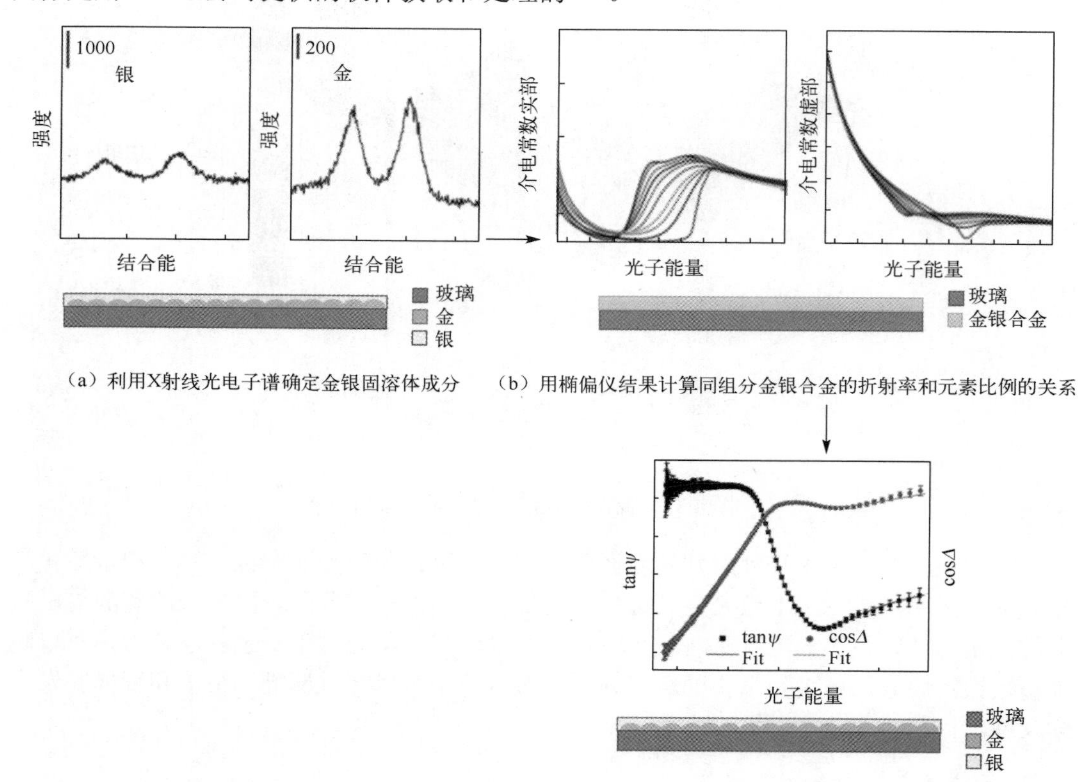

（a）利用X射线光电子谱确定金银固溶体成分 （b）用椭偏仪结果计算同组分金银合金的折射率和元素比例的关系

（c）根据关系式，拟合金银固溶体椭偏仪数据，获取厚度

图 4.38 岛状金薄膜合金化的研究思路

当金岛层厚度和银薄膜厚度分别为 2.5nm 和 50nm 时，采用透射电镜观测芯片空间结构截面，测量结果如图 4.39 所示。从图中可以明显看到铬、金和银各层的金属结构，虽然金原子和银原子直径相当，但金的原子量大于银的原子量，因此在图中显示为更深的颜色。由于金岛层太薄，无法形成连续薄膜，因此在图中显示为非连续岛状结构，和文献介绍的一致。结合图 4.40 所示的空间元素分布的测量结果和图 4.41 所示的金岛层银薄膜厚度组合对掺杂浓度比例的影响，可以找到金-铬、金-银边界，在金-银边界处可以看到银薄膜一侧有大量金元素存在，掺杂浓度比例约为 44%。由图 4.41 得到不同金岛层厚度、银薄膜厚度组合下银薄膜一侧金元素的掺杂浓度比例，其中金岛层越厚，掺杂浓度比例就越高。

将掺杂浓度比例 Ratio（百分数）作为应变量，金岛层厚度 D_{au}（nm）和银薄膜厚度 D_{ag}（nm）作为自变量，进行二元线性拟合得到式（4.1）：

$$\text{Ratio} = 17.64D_{au} - 0.052D_{ag} - 3.94 \tag{4.1}$$

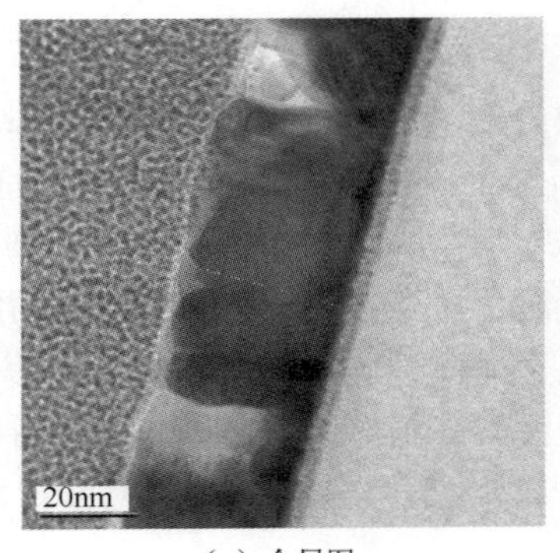

（a）全局图

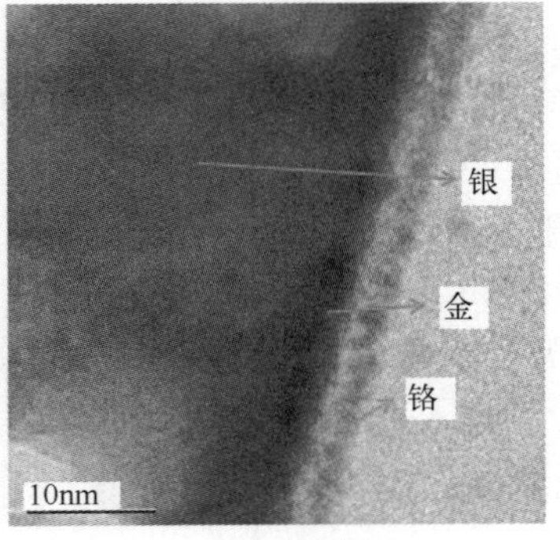

（b）局部图

图 4.39　芯片空间结构截面的测量结果

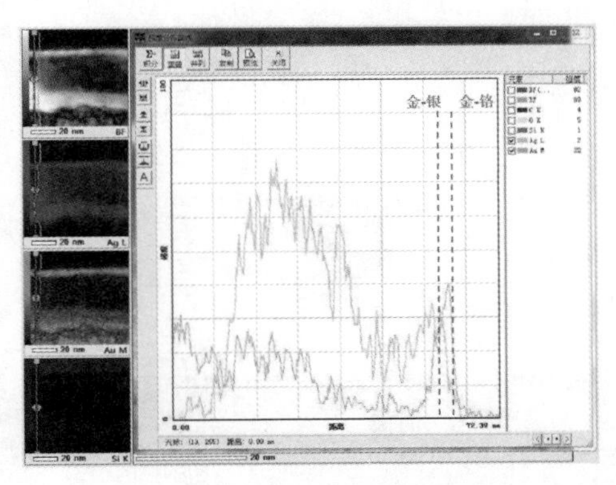

图 4.40　空间元素分布的测量结果

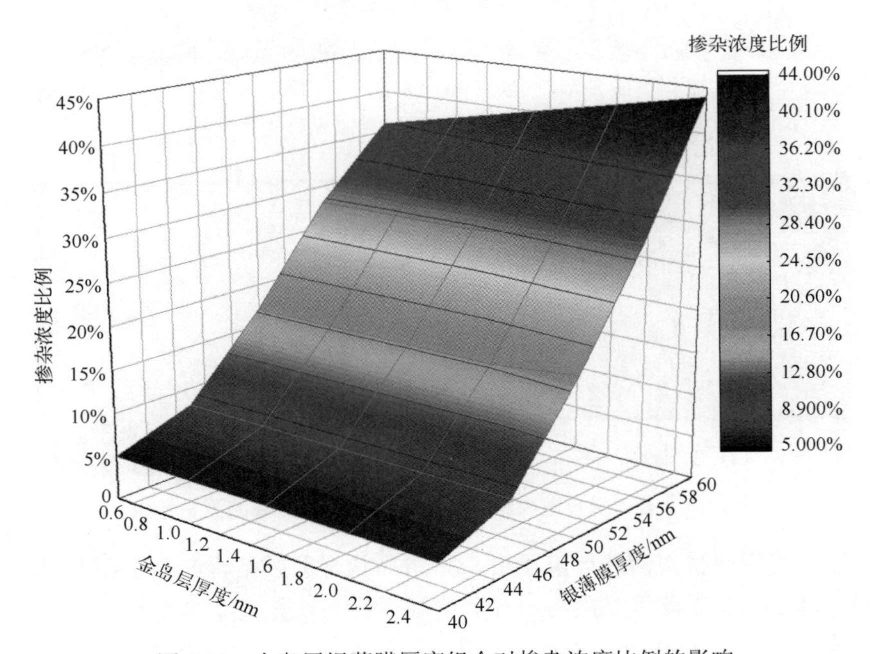

图 4.41　金岛层银薄膜厚度组合对掺杂浓度比例的影响

3. 薄膜黏附力的研究

本部分研究方法分为百格刀测试法和破膜力测量法两种。在百格刀测试法中，当金岛层厚度和银薄膜厚度分别为 1.5nm 和 50nm 时，我们先用刀片间隔为 1mm 的百格刀将银薄膜表面划分为 10×10 共 100 个区域，然后用 Scotch 无痕胶带将薄膜结构剥离，在 Axiocam 105 光学显微镜（Carl Zeiss AG）下观察薄膜脱落区域占总区域的比例。用百格刀测试法测试薄膜黏附力的流程如图 4.42 所示。有岛状金薄膜结构时胶带剥离后银薄膜的测量结果如图 4.43 所示。图 4.43（a）显示银薄膜表面没有任何区域出现脱落，其中每个区域的局部结果如图 4.43（b）所示，而且切割边缘清晰，也不存在薄膜脱落现象。

（a）示意图

（b）百格刀外观

图 4.42　用百格刀测试法测试薄膜黏附力的流程

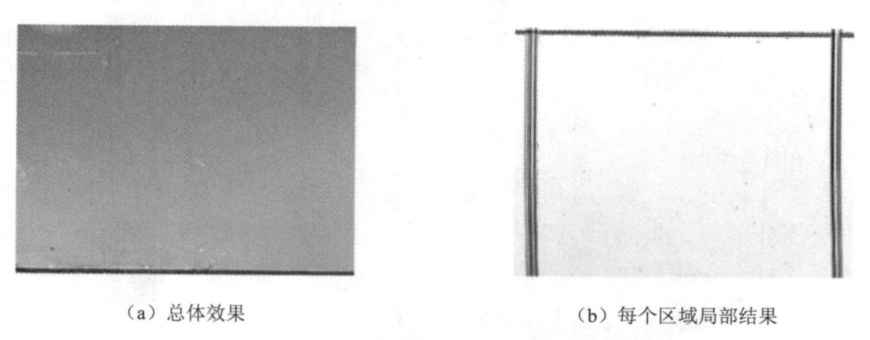

（a）总体效果　　（b）每个区域局部结果

图 4.43　有岛状金薄膜结构时胶带剥离后银薄膜的测量结果

作为对比，我们保持银薄膜厚度不变，采用岛状金薄膜结构制备了银薄膜传感芯片并采用百格刀测试法测试了薄膜黏附力。在光学显微镜下，无岛状金薄膜结构时胶带剥离后银薄膜的测量结果如图 4.44 所示。此时，银薄膜很容易被胶带剥离，且剥离处出现了氧化导致的黑黄色斑点。对比图 4.43、图 4.44 可知，岛状金薄膜结构的引入极大地提高了银薄膜芯片的薄膜黏附牢固度。

图 4.44　无岛状金薄膜结构时胶带剥离后银薄膜的测量结果

在破膜力测量法中，用配有三棱锥形 Berkovich 探针的 Hysitron TI 950nm 压痕仪测量银薄膜传感芯片的破膜临界厚度和破膜临界力。由于银和金是具有良好的延展性和可塑性的软性材料，因此破膜临界厚度和破膜临界力只能在慢速加载条件下测量。在测量中，负载力 F 与时间 t 的函数关系如式（4.2）所示，最大负载力被设定为 9mN，测试时间为 12s

$$F=\begin{cases}1.8t, & t<5\\ 9, & 5\leqslant t\leqslant 7\\ 9-1.8(t-7), & 7<t\leqslant 12\end{cases}\tag{4.2}$$

除金属材料的物理特性比较特殊外，金层、银层的总厚度很薄，只有 60nm 左右，无法从单次负载深度测试数据中得到破膜临界厚度和破膜临界力。在这种情况下，我们将最大的负载深度设定为 300nm，同时采用机械力连续测试的方法提高测量结果的有效性。在峰值负载力为 9mN 的条件下，连续测试破膜力的结果如图 4.45 所示。

为了获得临界负载力和破膜的负载深度，对银薄膜传感芯片的硬度和模量都进行了测量，测量结果如图 4.46 所示。根据探针的深度和数据的曲率，测量结果可以分为两个区域：以薄膜为主的区域和以基底为主的区域。当负载深度较小时，探针的大部分接触到金银等软性材料。在这种情况下，测得的硬度很小，但模量很大。同时，由于银薄膜传感芯片是一个多层结构，因此测得的硬度和模量是不连续分布的。随着负载深度的增大，探头开始穿过软性材料接触玻璃基底。虽然玻璃基底的硬度比软性材料的硬度大，但模量很小，而且测量的数值也连续。因此，图 4.46 中两个区域之间的临界点可以确定为薄膜和基体之间的界面，其中测量的深度和力负荷分别为银薄膜的临界负载深度和负载力。从图 4.46 可以看出，银薄膜的临界负载深度和临界负载力分别为 69.9nm 和 1.257mN。上述测量的临界负载深度和设计的银薄膜厚度之间的偏差可以解释为制造过程中的厚度控制偏差和基底的平整度缺陷。

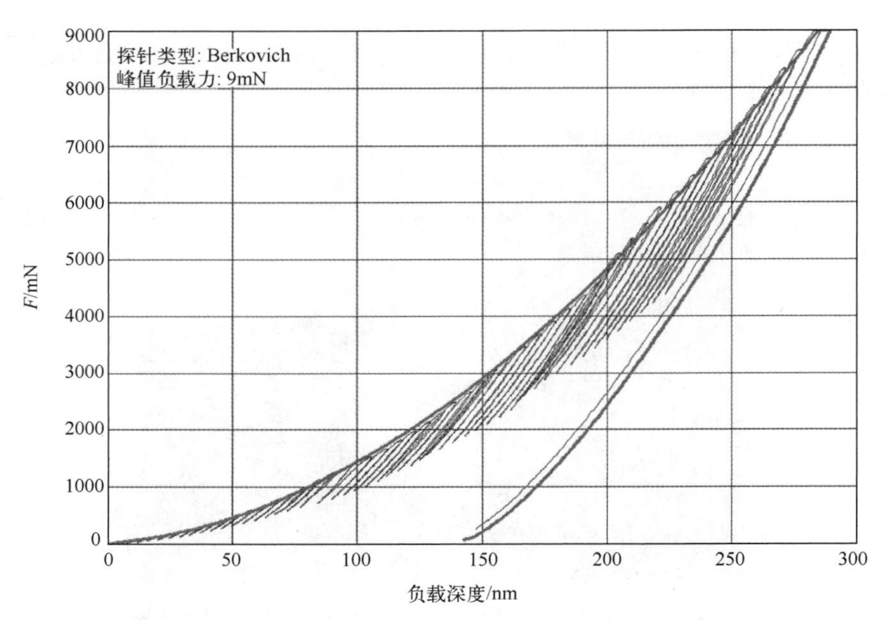

图 4.45 在峰值负载力为 9mN 的条件下，连续测试破膜力的结果

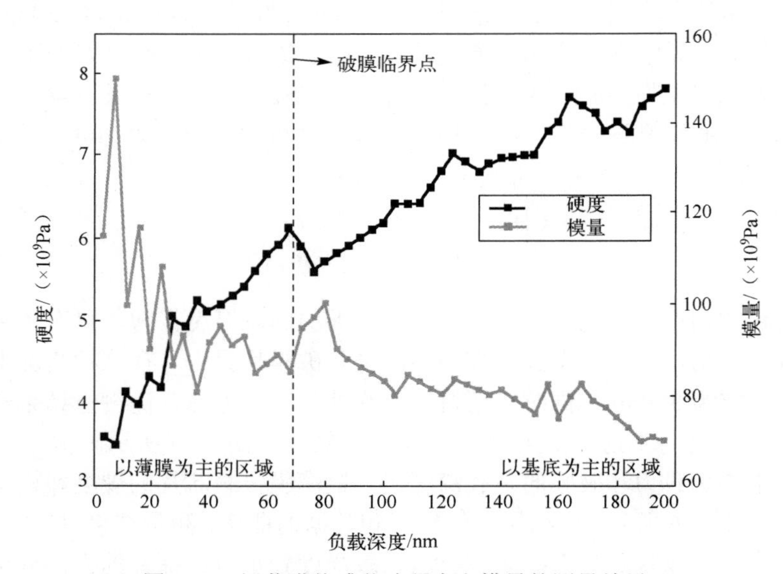

图 4.46 银薄膜传感芯片硬度和模量的测量结果

在测量完之后，我们检查了断膜轮廓的后期图像，如图 4.47 所示。在图中，断膜区域的轮廓是 Berkovich 探针的形状，而薄膜区域的其他部分仍然显示出高度的完整性和平滑性。这一结果进一步证明，在压痕测量过程中确实只发生了薄膜破裂而没有引入其他机械损伤，因此测得的临界负载力和临界负载深度是可靠的。

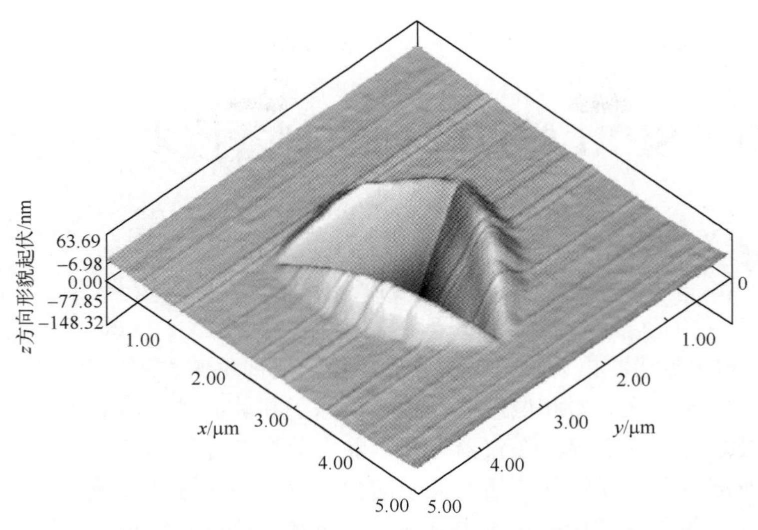

图 4.47　破膜力测量后断膜轮廓的后期图像

值得注意的是，探针的面积越大，破膜的临界负载力就越大。在这项工作中，图 4.47 中探针的面积约为 2μm^2，由临界负载力引起的压力经计算为 0.628GPa。在 Ma Q 等人的研究中，当 Berkovich 探针的面积约为 2μm^2 时，直接蒸镀在岩盐和火棉纸基片上的 90nm 银薄膜失效时的平均载荷引起的压力为 0.23GPa[202]。在 Kawamura M 等人的研究中，通过银硫键固定在 3-甲氧基丙基三甲氧基硅烷上的 60nm 银薄膜的临界负载力所引起的压力为 1.38GPa，探针的面积约为 12μm^2[203]。根据 Beegan D 等人的研究，对于同样的样品，在显微镜测试中测得的压力大约是纳米压痕法测得的压力的两倍[204]。因此，银薄膜传感芯片中破膜的临界负载力与之前的介绍相当。

4.5　结　　语

本章在文献介绍的银-金双金属层 SPR 芯片的基础上进行了改进，在银和铬基底黏附层之间添加了薄的传感层黏附层，以形成铬-金-银-金 SPR 芯片，在对这种芯片与文献介绍的钛-银-金 SPR 芯片和铬-银-金 SPR 芯片进行 500min 的稳定性测试后，发现铬-金-银-金 SPR 芯片不仅稳定性远高于文献介绍的芯片，而且保持了高灵敏度和高均匀性的特点。我们还对这种芯片的检测性能和传统 SPR 芯片的检测性能进行了比较。此外，我们对芯片中传感层黏附层的厚度进行了讨论，发现传感层黏附层厚度的变化对灵敏度存在影响，通过选择合理的厚度可以实现对灵敏度的优化。

第5章　SPRi样点阵列的制备技术与识别方法

5.1　引　　言

在总结完SPRi传感器相关研究工作之后，我们把视角放大到整个SPRi技术领域。为了使该项技术应用于生化分析和健康监测领域，除了高性能的SPRi传感器，我们还需要强大的仪器及技术方面的支撑。在仪器方面，除之前章节提到的商业化分析仪器外，在制备修饰传感器时离不开表面化学、活性分子的固化仪器，对这部分我们开展了小型化紫外光多波段交联仪器的研制工作；在技术方面，高通量的检测固然离不开银薄膜SPRi传感芯片这样高灵敏度、高均匀性、高稳定性的载体，但是也要考虑如何从SPRi图像、视频数据中识别芯片表面打印的阵列，如何有效提取SPRi信号用于浓度、类别和亲和力的分析这样的科学与工程问题，我们对这方面已经开展了研究并将持续改进检测样点自动识别和数据降噪算法，在本节之后的各节将对上述研究进行详细介绍。

5.2　SPRi传感芯片检测样点自动识别

在第1章提到，目前大多数SPRi仪器的工作原理均为将光源（如激光器、光电二极管）进行准直扩束后，通过耦合器从修饰有生物分子微阵列的金属薄膜上反射，反射光束通过电荷耦合器件（Charge Coupled Device, CCD）或互补金属氧化物半导体（Complementary Metal Oxide Semiconductor，CMOS）探测器阵列被收集为视频、图像等格式数据中的实时图像。在收集过程中，将生物分子微阵列以高通量和同步进行的方式与待测样品进行相互作用，在相互作用中通过观察生物分子微阵列中的每个样点及其背景，产生不同的折射率变化，即用反射光强的改变计算相互作用强度，从而得到浓度和相互作用亲和力等数据。

由于SPRi数据是一组在同一视场下不同区域强度明暗变化的图片，这种强度变化还受到光束内部强度的不均匀性（主要体现在强度的空间高斯分布）的调制，此外样点和背景区域明暗不同，以及芯片表面修饰过程中带来的样点打印缺失、芯片清洗污染、微阵列打印错位和由于扩散、串点造成的样点轮廓不规则等扰动及实验过程中可能产生的气泡干扰，这些因素都会增加样点识别算法的复杂性，降低样点识别的精度。因此在进行微阵列样点定位时需要考虑以下几个问题：①如何选择样点，使背景区域强度差别最大，即对比值最高的图片进行样点识别，但是又不能以芯片污染、气泡扰动等与背景的对比度作为参照；②在注入不同样品时，之前识别的样点是否会产生偏差；③如何以最小的代价获取识别准确度最高的计算方法。

为解决上述问题，实现准确的样点识别，学术界和企业界做了大量尝试，并已经报道了多种方法[213]。大多数方法可以分为以下 3 类。

（1）和仪器配套开发商业化微阵列分析软件，如 Array Pro、GenePix Pro、MicroVigene、Dapple 和 Mapix 等。这类软件虽然给仪器用户带来了便捷，但是其功能通常局限于仪器产生的数据或支持的特定应用中，严格限制了数据格式和使用范围，因此会带来较高的培训门槛。此外，由于软件的迭代更多来自于商业决定而非技术进步，因此算法更新速度较慢，运行设备的算力也较弱，不适于对海量实验数据的清洗和批量处理[214]。

（2）基于图像分析学的图形拟合工具。除少数厂家的微阵列打印机采用方形点样针尖外，目前微阵列打印机的针尖多为圆形，因此在各向同性的芯片表面打印出来的样点在扩散固化后多为圆形，除了样点之间串点或芯片污染等特殊情况，在 SPRi 数据里样点通常以圆形或椭圆形出现，所以一些课题组开发了基于 Hough 变换的椭圆拟合算法。在 Hough 变换中，需要在每个椭圆拟合步骤中随机选取输入图像的像素，拟合的步骤越多，图像分辨率就越高，样点识别也就越准确。虽然这类算法可以通过计算能力和成像设备的投入及分析耗时的增加来换取识别精度，但是拟合容错率低，不适于处理芯片容易污染、实验容易出现气泡等的验证性实验数据[215]。

（3）基于网格分割和边缘检测方法的样点识别算法。考虑到微阵列通常具有空间周期性特点，如果提前知道微阵列的行列尺寸和样点间距，则可以在样点识别过程中先将图像数据按照上述参数切分成网格，然后在网格中通过对比度分析寻找样点边缘从而实现对样点的定位。这类算法的成立基于每个网格中只有一个样点的假设，不但芯片污染、气泡扰动会导致这种假设失败，而且在实验过程中由机械振动引起的芯片错位也很容易影响样点识别的准确度[216]。

在上述工作的基础上，我们开展了对基于 SPRi 图像 / 视频数据的样点自动识别算法的研究。针对上述问题，采取的策略如下。

（1）在如何选择样点和背景区域强度差别最大的图像方面，我们注意到由于注入缓冲液和重生液时只能给样点和背景带来折射率的一致性变化，无法给两个区域对比度的增大带来实质性改善，因此我们选取了与尽可能多的样点发生相互作用的样品注入时段的图像作为图像来源。此外，在进行样点识别前还要进行图像增强等数据清洗工作，以确保用于样点识别图像的质量。

（2）在如何在不同样品注入时减少样点识别偏差方面，我们选取高质量图像进行样点识别，将同样的算法运行在缓冲液和重生液注入段的图像中，对比不同时段图像样点识别的结果，以验证算法的可重复性。

（3）在如何以最小的代价获取识别准确度最高的计算方法方面，我们采用 Python 作为编程语言，选用开源框架 Open Source Computer Vision Library（OpenCV）、第三方库 image augmentation 里的程序指令作为开发基础，这样不仅可以加快开发速度，还能大幅度减少程序编译和运行的时间。

在此基础上，我们将视频访问、图像增强、图像处理和并行计算算法进行结合，提出了一种新型的基于 SPRi 视频数据的样点自动识别算法。该算法可以通过合并从所有图像中识别出的样点信息来定位和处理 SPRi 视频数据中微阵列里的蛋白质样点，而且不受测量时间、试剂变化、光照不均匀性和样点缺失等因素的影响。为了证明该算法的性能，将该算法应用于不同尺寸微阵列产生的 SPRi 视频数据中。在对 12×12 微阵列的 3547 帧长度的 SPRi 视频数据的测试中，当最大并行过程为 4 个时，识别所有样点的时间为 84.47s。同时，识别出的点坐标在不同样品注入段所有图像里的标准差都小于 1 像素。该算法不但显示了足够的点位置识别精度，而且能以理想的运行速率提供样点的空间位置信息。下面将对本部分研究进行详细介绍。

5.2.1 实验方法

5.2.1.1 传感芯片的制备和开发环境的准备

我们按文献[100]描述的方法制备了薄膜厚度为 50nm 的传统金薄膜 SPRi 传感芯片，并准备了 FKBP12 试剂和兔 IgG 微阵列。简单地说，传感芯片在 4℃条件下，先用硫醇聚乙二醇酸的酒精溶液浸泡过夜，然后被磺基-NHS/EDC 混合物（浓度分别为 0.1mol/L 和 0.2mol/L）激活，最后采用 Sci Flexearryer DW 微阵列打印机（Scienion Ag Co，Germany）将蛋白质按 1mg/mL 浓度打印设计好的两种不同的微阵列。打印 FKBP12 的芯片（以下简称 FKBP12 芯片）表面制备了行列尺寸为 12 行×12 列、直径为 800μm 的样点微阵列，打印兔 IgG 的芯片（以下简称 IgG 芯片）表面制备了行列尺寸为 36 行×36 列、直径为 200μm 的样点微阵列。将上述芯片放在 5mg/mL 浓度的脱脂牛奶 PBS 中孵育，以封闭背景区域，减少样品注入带来的非特异性结合，从而提高图像中样点-背景的强度对比度。这些芯片被安装在 HT Arrayer 高通量 SPRi 分析仪上，监测 CCD 的每个像素面积为 10μm×10μm。在 FKBP12 芯片和 IgG 芯片的 SPRi 测量中，分别使用 FK506 和蛋白质 A 作为待测样品。在实验过程中，SPRi 视频数据中的图像以 1 帧 / s 的速度捕获。样点识别算法是用 Python3.5 版本开发的，操作系统为 64 位 Windows7Ulitimate，硬件关键参数为英特尔酷睿 i3 3.70-GHzCPU 和 4GB 内存。

5.2.1.2 样点识别算法

样点自动识别算法的流程图如图 5.1 所示。我们研究的样点识别算法由四部分组成：从 SPRi 视频数据读取图像、用于修改及捕获图像属性以实现图像增强、用于样点识别的图像处理和并行计算。图像增强部分包括同态滤波和图像锐化，而图像处理部分包括自适应阈值二值化、轮廓检测和椭圆拟合。在样点集合步骤中，从所有图像中识别出的点被合并为 SPRi 视频数据中的一组样点。为了提高图像增强和样点识别的运行速率，我们将视频中的图像分配到多核 CPU 的每个单核进行并行处理，采用椭圆拟合算法，对图像中识别的所有样点进行定位，并通过坐标合并到新的点集，作为 SPRi 视频数据的识别结果。

1. 视频数据访问和并行处理

为了允许 SPRi 视频数据中的所有图像能够以并行方式处理，使数据的视频处理句柄（Handle）通过 OpenCV 的视频捕获函数获取并在后续所有步骤中得到调用。我们先以 IgG 阵列芯片成像为例[见图 5.2（a）]，从句柄读取视频数据中的所有图像及其像素长度、像素宽度和像素深度，然后通过读取图像的平均亮度作为阈值筛选微阵列的边界并进行图像截取，截取后如图 5.2（b）所示。通过调用 Python 多线程处理第三方库，将所有图像分批发送给不同的异步进程并分配给 CPU 的多核，从每个图像中识别出的点集由相应的进程返回，并存储在内存中用于样点寻址和样点集合。

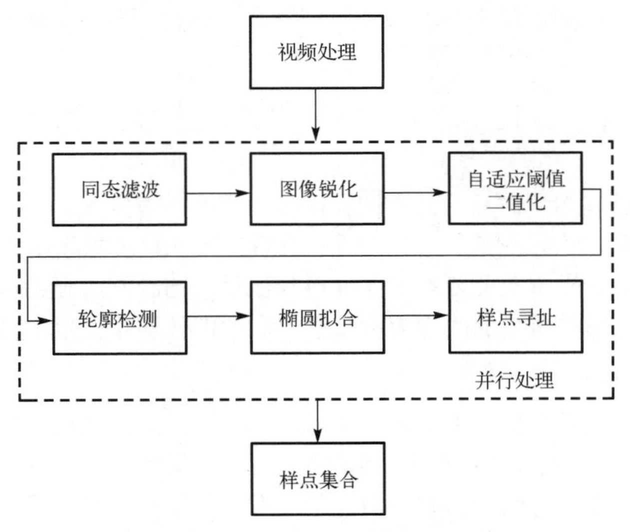

图 5.1　样点自动识别算法的流程图

（a）截取前　　（b）截取后

图 5.2　SPRi 分析设备捕获的 IgG 阵列芯片图像数据

2. 同态滤波[217]

之前提到 SPRi 分析设备普遍有光束内存在强度的高斯空间分布问题，这种强度的高斯空间分布在图像中体现出空间频域的低频调制，不仅会引起图像中间亮边缘暗的现象，还会使原本清晰的样点边缘模糊。为此，我们采用同态滤波算法来消除光照强度的空间不均匀性。图 5.3 所示为同态滤波算法的流程图。同态滤波通过减少图像空间频域中的低频分量来补偿高频分量，从而使图像边缘区域具有强度补偿的效果，同时对样点边缘还有锐化的作用。

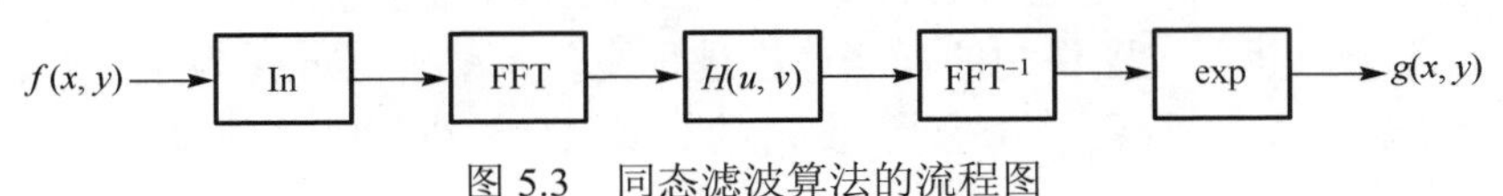

图 5.3　同态滤波算法的流程图

实施过程如式（5.1）所示。首先对图 5.2（b）所示的图像求取自然对数[见图 5.3 中的 $f(x,y)$]，并对对数数据进行快速傅里叶变换；然后设计空间域稳态滤波器 $h(x,y)$，并通过快速傅里叶变换得到频域稳态滤波器 $H(u,v)$，将滤波后的数据转换到空间域，计算其指数值并得到同态滤波图像，其中 width 和 height 参数分别为 SPRi 图像的宽度和高度，σ 为决定滤波核大小的标准差。

$$h(x,y)=1-\exp\left[-\frac{(x-\text{width}/2)^2+(y-\text{height}/2)^2}{2\sigma^2}\right] \tag{5.1}$$

图 5.2（b）经过同态滤波后，效果图如图 5.4 所示。与图 5.2（b）相比，图 5.4 的整体亮度变暗，这是因为平均亮度作为空间频域中的直流分量被滤除。我们注意到图 5.2（b）中边缘地带亮度较弱的样点在图 5.4 中亮度得到加强，同时不清晰的样点边缘在图 5.4 中变得更加明显，这种图像质量的改进为后续进一步的图像增强奠定了基础。

3. 图像锐化[218]

经过同态滤波后，我们采用 Clahe 算法对同态滤波后的图像进行自适应直方图均衡，效果图如图 5.5 所示。对比图 5.4 和图 5.5，最直观的效果就是所有样点都变为白色，和黑色的背景区域形成了强烈对比。同时我们也发现不是每个样点都是标准的椭圆形，这种形状的差异是由在微阵列打印后的孵育、清洗和封闭过程中表面化学和蛋白质扩散的不均一性形成的。

图 5.4 同态滤波效果图

图 5.5 自适应直方图均衡效果图

为解决这个问题，可通过图像侵蚀算法来消除数据中芯片表面可能存在的污染物点。侵蚀算子采用两个输入，一个是要被侵蚀的图像，另一个是将小型阵列作为侵蚀核。我们设计了一个适合灰度侵蚀的椭圆，一方面它可以像橡皮擦一样侵蚀图像黑暗背景中的小明亮噪声区域到其周围的强度值；另一方面它可以利用图像扩张算法将具有不规则轮廓的斑点进行椭圆补偿。与侵蚀算子类似，膨胀算子也需要两个输入，即将要放大的图像和一个小尺寸的阵列作为膨胀核。在这一步中，我们设计了一个适合膨胀尺寸的平面圆盘，它可以填充不规则的样点轮廓，以便后续的轮廓识别。图 5.6 和图 5.7 所示分别为图像侵蚀效果图和图像膨胀效果图。

为进一步降低后期图像处理算法的复杂性，我们先对图像进行对比度归一化计算，效果图如图 5.8 所示，然后对图像中的样点边缘进行锐化。基于 OpenCV 函数滤波器的二维原理，我们设计了一个具有奇数行数列的二维数组作为拉普拉斯卷积核。在该数组中，中心元素对应感兴趣像素的权重，其他元素对应像素邻居的权重。当像素与其相邻像素的权重增加时，滤波图像中的样点边缘会变得更清晰。样点边缘锐化效果图如图 5.9 所示。

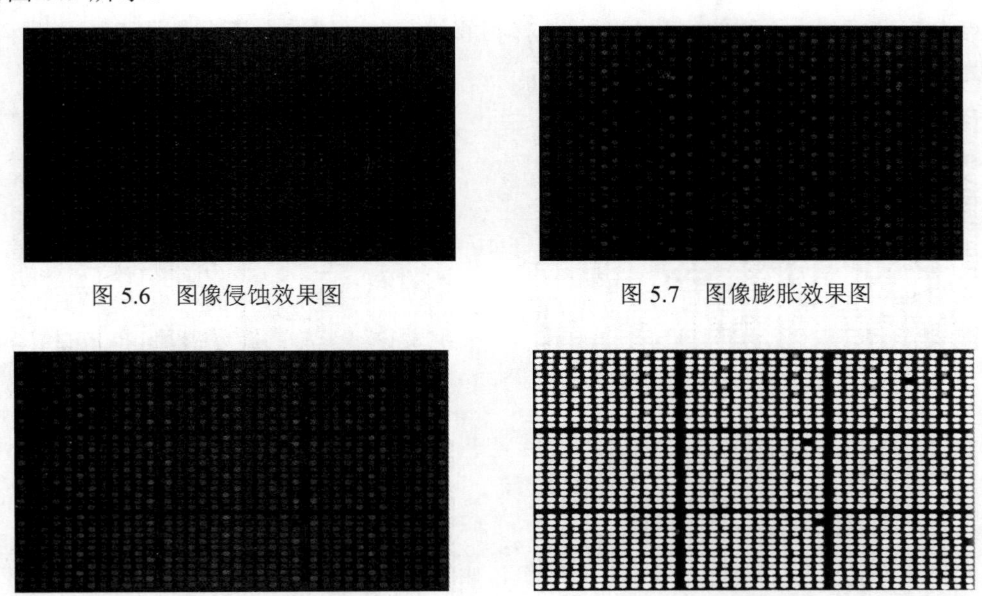

图 5.6　图像侵蚀效果图

图 5.7　图像膨胀效果图

图 5.8　对比度归一化效果图

图 5.9　样点边缘锐化效果图

4. 自适应阈值二值化[219]

为了将像素值分为两组，即白色为斑点区域，黑色为背景区域，我们需要对增强后的图像进行二值化。在二值化过程中，合理划分阈值将起到主要作用。考虑到不同全局阈值的图像需要自动处理，在 OpenCV 库中采用自适应二值化、自适应阈值策略。在该策略中，该算法可以计算出图像中不同区域的二值化阈值，从而产生理想的二值化效果。在研究中，我们采用了高斯阈值，即采用高斯窗圈取像素周围的区域进行加权计算并作为该像素点的二值化阈值。自适应阈值二值化效果图如图 5.10 所示。

5. 轮廓检测、椭圆拟合和样点寻址[220]

等高线是一种沿相同颜色或强度的边界连接所有连续点的曲线，是样点检测和识别的有用工具。其通过调用 OpenCV 库中的 findcontour 函数将图 5.10 中所有的轮廓识别出来。findcontour 函数运行效果图如图 5.11 所示。让人意外的是，除所有样点的轮廓外，背景区域也出现了可以识别的轮廓，小的部分可以解释为芯片表面的污染，大的部分则可以解释为芯片冲洗时酒精和去离子水产生的留痕。

样点之外的轮廓为椭圆拟合带来了困难，如果全部拟合将出现很多假的样点信息。我们注意到所有样点的轮廓椭圆长轴均为水平方向，而且每个样点的打印直径（长轴）为 200μm，考虑到 CCD 每个像素的一维长度为 10μm，因此每个轮廓椭圆长轴应该在 20 像素左右，采用这些条件对拟合得到的椭圆进行筛选，得到的椭圆拟合函数运行效果图如图 5.12 所示。所有样点轮廓均被成功拟合为椭圆。此外，在调用 OpenCV 库中的 fitEllipse

函数时，我们尝试了不同的查找模式，发现“RETR-CCOMP”模式是较佳选择。在这种模式的椭圆拟合步骤中，只能找到图像中最高层次的轮廓。椭圆中心像素的坐标是光点的位置，椭圆的水平半径和垂直半径分别为光点的宽度和高度。将图像中的每组样点按其坐标分为不同的行和列，并选择相邻的空白区域作为其背景即可进行微阵列中的行列信息编码，其效果图如图 5.13 所示。

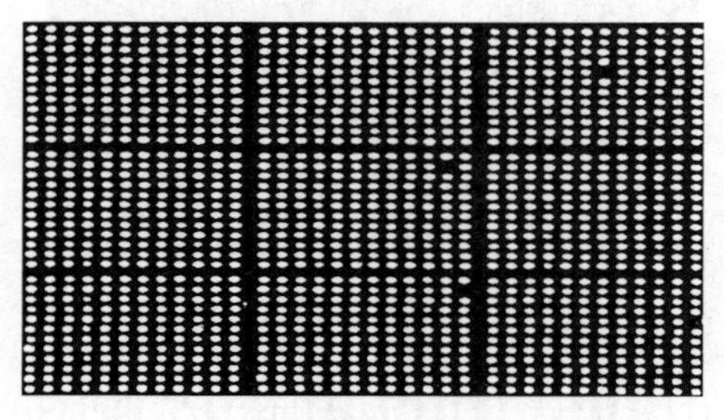

图 5.10 自适应阈值二值化效果图

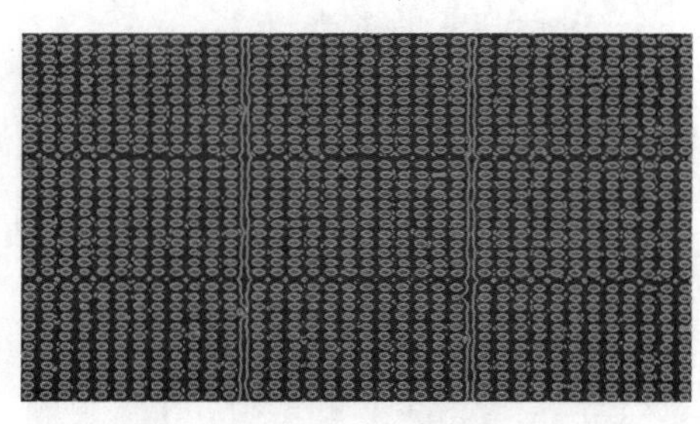

图 5.11 findcontour 函数运行效果图

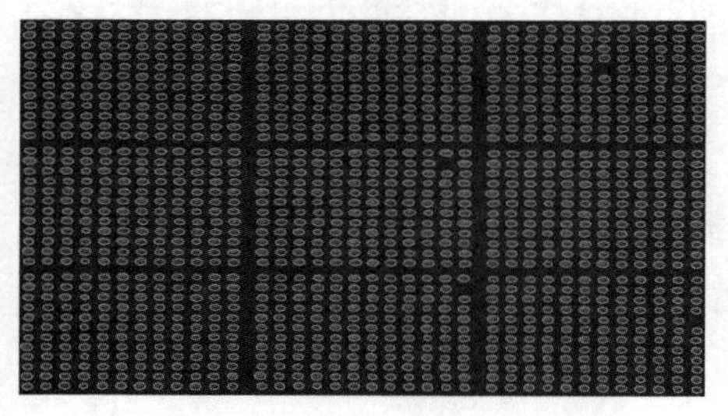

图 5.12 椭圆拟合函数运行效果图

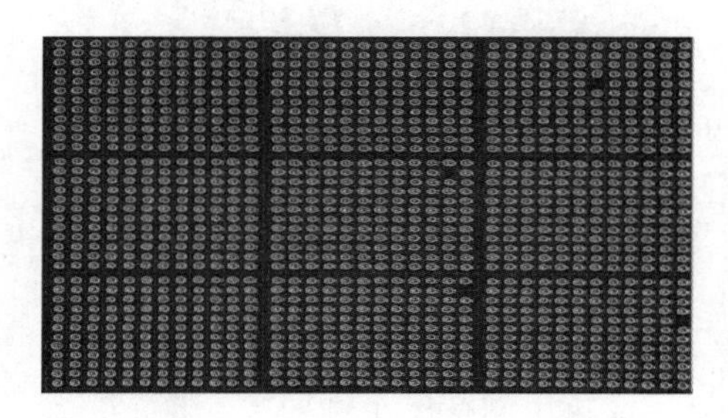

图 5.13 微阵列中的行列信息编码效果图

6. 样点集合

计算所有图像中相同列和行地址的点的平均值和标准差。如果相同列和行地址的点的标准差小于 1 像素，则考虑所有图像中地址上的点在同一位置。在这种情况下，SPRi 视频数据的第一个图像中的点就添加到被识别的点的集合中。如果相同列和行地址的点的标准差大于 1 像素，则将与平均值偏差最大的点加到已识别的点的集合中。这一步中的样点集被处理作为 SPRi 视频数据中样点识别的最终结果。

5.2.2 样点识别算法的测试结果

5.2.2.1 FKBP12 芯片

在 PBS 注射时，SPRi 图像的平均斑点-背景对比度为 1.29[见图 5.14（a）]。由于图像在 SPRi 视频数据采集时垂直方向上产生了压缩，因此微阵列中的所有样点都是椭圆形的。图中每个样点的主轴长度都略大于 80 像素，对应芯片上的真实样点直径大于 800μm，这是在孵育过程中因蛋白质扩散造成的。FKBF12 微阵列图像的线截面强度分布如图 5.15 所示。图 5.15（a）中的强度分布基线存在一定的曲率，表明 SPRi 仪器中光照强度的空间分布是不均匀的，也印证了图 5.2（b）中边缘区域存在样点强度值偏弱的观测结果。此外，在图 5.14（a）中还可以看到样点轮廓不规则、不清晰及芯片表面存在污染的情况。经过同态滤波后，图像及其线截面分别如图 5.14（b）和图 5.15（b）所示。图 5.15（b）中的强度分布基线为直线，说明通过同态滤波消除了入射光强度空间不均匀性对图像中强度分布的影响。在图 5.14（c）中，通过图像侵蚀算法抑制了芯片污染引起的图像中强度值的异常分布。经过图像扩张和锐化，所有斑点都呈现出清晰的椭圆轮廓，适于处理样本自动识别算法的图像。

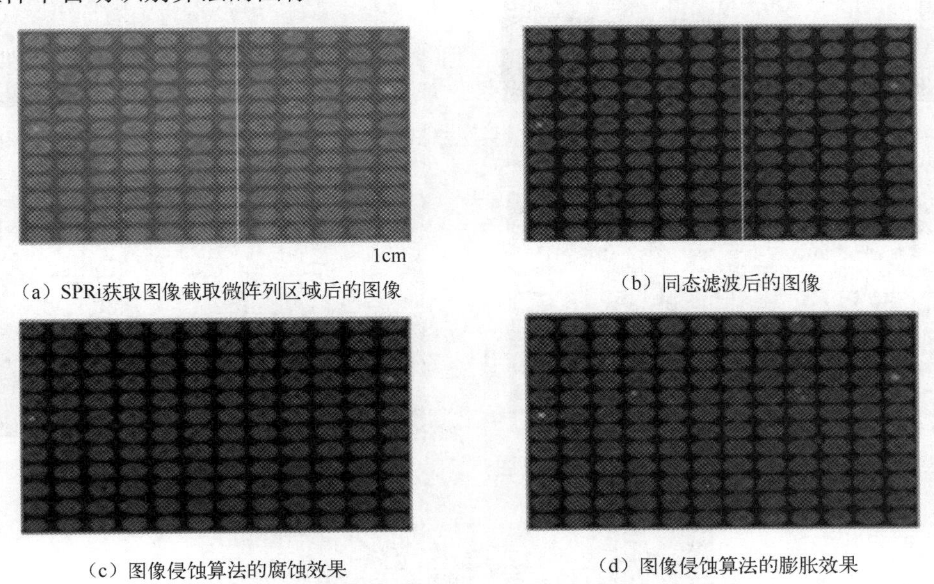

（a）SPRi获取图像截取微阵列区域后的图像　（b）同态滤波后的图像

（c）图像侵蚀算法的腐蚀效果　（d）图像侵蚀算法的膨胀效果

图 5.14　FKBP12 芯片图像数据

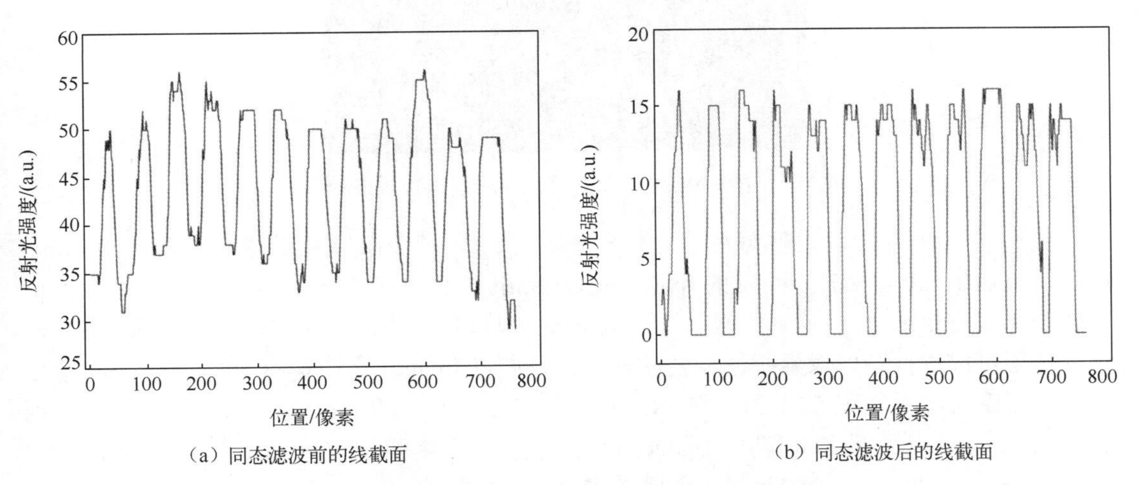

（a）同态滤波前的线截面　（b）同态滤波后的线截面

图 5.15　FKBP12 微阵列图像的线截面强度分布

与之前提到的 IgG 芯片的图像数据比较，FKBP12 微阵列图像的样点亮度更高，尺寸也更大，因此在进行自适应直方图均衡（效果图如图 5.16 所示）后，FKBP12 微阵列图像没有出现样点亮度不一致的情况。在经过对比度归一化（效果图如图 5.17 所示）、边缘锐化（效果图如图 5.18 所示）后，进行轮廓识别（效果图如图 5.19 所示）和椭圆拟合（效果图如图 5.20 所示）时所有样点的轮廓都非常清晰和规则。

图 5.16　FKBP12 微阵列图像自适应直方图均衡效果图

图 5.17　FKBP12 微阵列图像对比度归一化效果图

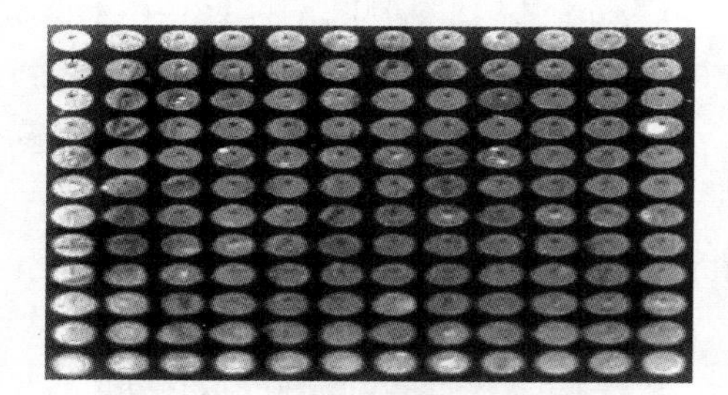

图 5.18　FKBP12 微阵列图像边缘锐化效果图

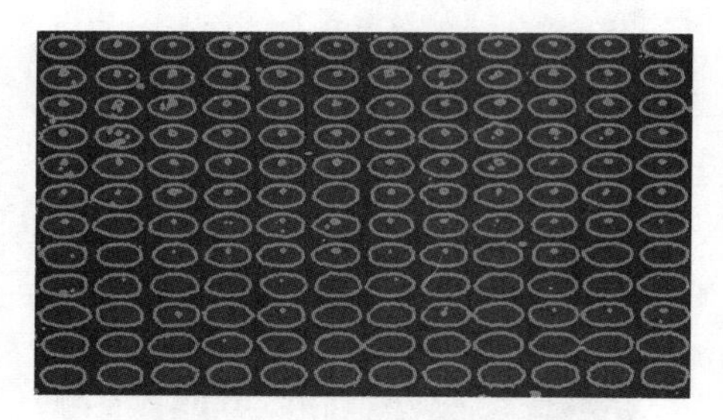

图 5.19　FKBP12 微阵列图像轮廓识别效果图

图 5.20　FKBP12 微阵列图像椭圆拟合效果图

我们研究样点自动识别算法的比较对象时，选取了美国国立卫生研究院（National Institutes of Health, NIH）开发的开源 Ellipse Split 插件（版本：0.5.0）ImageJ（版本：1.52a）[221]。ImageJ 是一款基于 Java 开发的图像处理软件，除支持基本的图像编辑功能外，该软件还可以进行图像像素统计和区域分析。我们将 ImageJ 应用于图 5.21（b）进行椭圆拟合，得到的结果如图 5.21（d）所示。对比图 5.21（c）和（d）发现，样点自动识别算法确认的样点数量和位置与 ImageJ 确认的样点数量和位置一致。然而，两者在输出结果和识别性能上存在差异。

首先，ImageJ 只能进行椭圆拟合，而样点自动识别算法除能进行基本的椭圆拟合外，还可以计算这些样点的位置和背景区域。其次，比较计算速度，考虑到 Java 为静态编译编程语言，而 Python 为动态解释性编程语言，前者具有天然的运行速度优势，然而当我们采用两种方法对 100 张图像进行处理时，发现 ImageJ 的运行速度远低于样点自动识别算法的运行速度。当异步进程数量为 4 时，ImageJ 进行椭圆拟合的计算时间为 68.687s，而样点自动识别算法的计算时间为 2.466s。以上比较表明，样点自动识别算法的运行速度约比 ImageJ 的运行速度快 27.85 倍。如果考虑 Java 和 Python 运行速度的天然差异，一旦将样点自动识别算法移植到 Java 平台上，两者的运行速度差异将达到 1000 倍以上[222]。

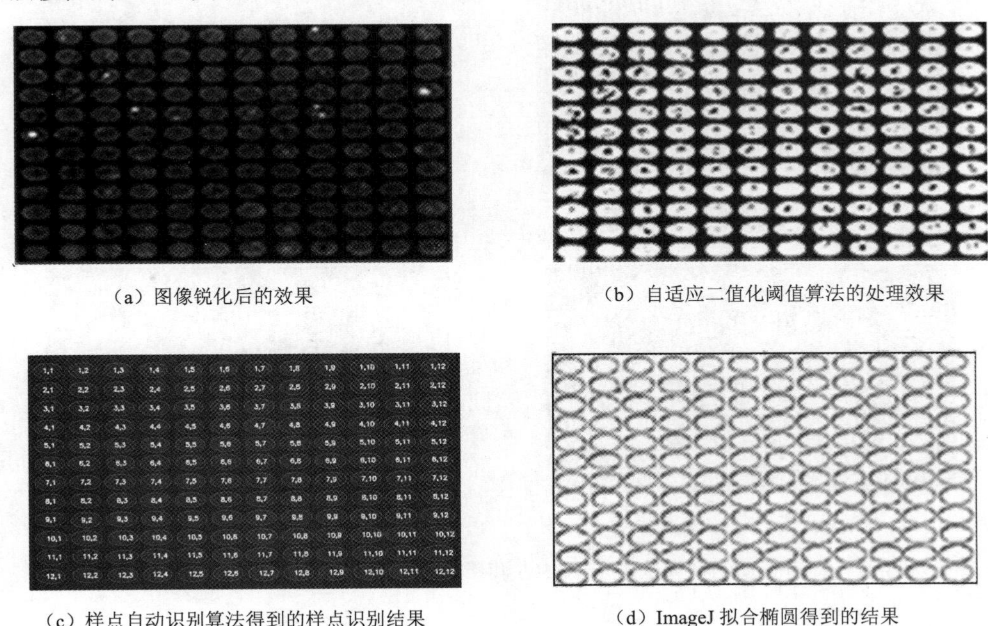

（a）图像锐化后的效果　（b）自适应二值化阈值算法的处理效果

（c）样点自动识别算法得到的样点识别结果　（d）ImageJ 拟合椭圆得到的结果

图 5.21　样点自动识别算法和 ImageJ 拟合结果

为了进一步测试检测样品的变化对样点自动识别算法准确率的影响，我们将样点自动识别算法应用于 FK506 和磷酸重生液注入段图像，样点识别结果如图 5.22 所示。虽然图 5.21（a）（样点-背景对比度为 1.22）和图 5.22（c）（样点-背景对比度为 1.50）中背景区域的平均强度与图 5.14（a）中背景区域的平均强度不同，但 3 张图像均为一张芯片的测量结果，因此所有样点的位置、行列信息理论上均一致。从图 5.21（b）和（d）来看，微阵列中的 144 个样点及其行列信息均可以被准确找出，说明样点自动识别算法的样点定位能力不受检测样品变化的影响。

更进一步地，我们比较了 3 张图像中样点位置信息的重复性，即计算 3 张图像中同一个样点的坐标、长短轴的差值，并对所有样点进行偏差统计。样点自动识别算法在 FK506 和磷酸重生液注入段图像中样点位置信息的平均偏差如表 5.1 所示。所有样点的坐标、长短轴的平均偏差都小于 1 像素，即同一个样点在不同图像中识别的位置几乎重合。这说明样点自动识别算法不但计算速度快，而且不受检测样品带来的样点-背景对比度变化的影响，具有良好的鲁棒性。我们用 ImageJ 将此工作进行了重复，ImageJ 在 FK506 和磷酸重生液注入段图像中样点位置信息的平均偏差如表 5.2 所示。虽然 ImageJ 和样点自动识别算法一样，ImageJ 的计算结果中所有样点的坐标、长短轴的平均偏差都小于 1 像素，但是除了磷酸重生液注入段图像的样点 Y 轴的坐标和长轴的平均偏差小于样点自动识别算法的计算结果，其他统计值都大于样点自动识别算法的统计值，这说明样点自动识别算法识别的样点位置信息除准确度可靠之外，还比 ImageJ 具有更高的精确度。

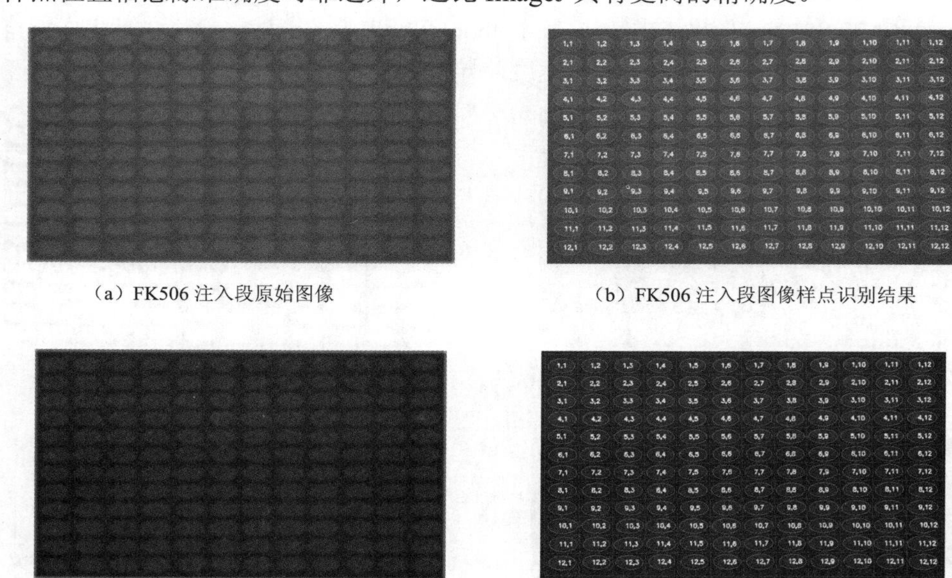

（a）FK506 注入段原始图像　（b）FK506 注入段图像样点识别结果

（c）磷酸重生液注入段原始图像　（d）磷酸重生液注入段图像样点识别结果

图 5.22　样点自动识别算法用于 FK506 和磷酸重生液注入段图像的样点识别结果

表 5.1　样点自动识别算法在 FK506 和磷酸重生液注入段图像中样点位置信息的平均偏差

溶液类别	X 轴坐标（单位：像素）	Y 轴坐标（单位：像素）	长轴（单位：像素）	短轴（单位：像素）
FK506	−0.195	−0.193	−0.164	0.243
磷酸重生液	−0.241	0.475	0.304	−0.710

表 5.2　ImageJ 在 FK506 和磷酸重生液注入段图像中样点位置信息的平均偏差

溶液类别	X 轴坐标（单位：像素）	Y 轴坐标（单位：像素）	长轴（单位：像素）	短轴（单位：像素）
FK506	−0.217	−0.893	−0.217	0.396
磷酸重生液	−0.613	0.259	−0.203	0.758

在证明样点自动识别算法不受样品影响之后，我们将此算法应用于 3547 帧长度的 SPRi 视频数据，整体耗时 84.47s，平均每帧耗时 23.8ms，从每帧里识别所有样点，并对所有样点的坐标，长轴、短轴的标准差进行统计。样点自动识别算法用于 FKBP12 芯片 SPRi 视频数据的样点位置平均偏差统计结果如图 5.23 所示。图中显示，对于每个样点四项平均偏差叠加均没有超过 4 像素，即每项指标的平均偏差在 1 像素之内，这说明样点自动识别算法可以用于 SPRi 视频数据中的图像批量处理。

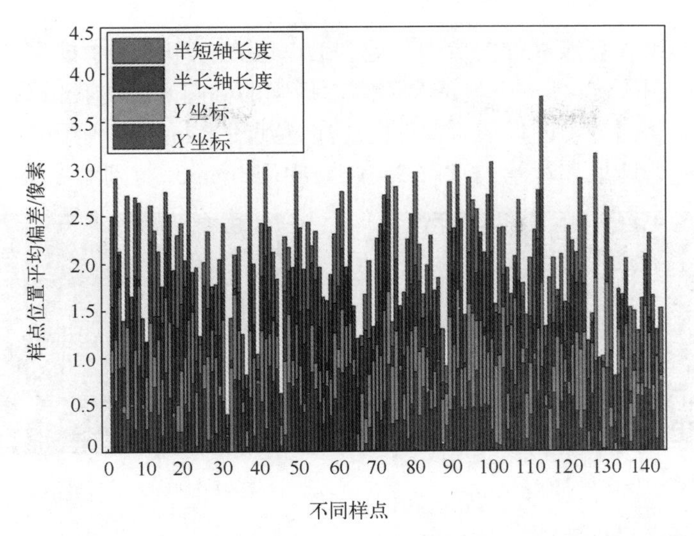

图 5.23　样点自动识别算法用于 FKBP12 芯片 SPRi 视频数据的样点位置平均偏差统计结果

5.2.2.2　IgG 芯片

为了验证样点自动识别算法在更高通量（～1000）微阵列分析中的适用性，将该算法应用于 IgG 芯片的图像。在接下来的研究中，我们将编号为块 *i-j* 定义为第 *i* 行、第 *j* 列中的块，编号为样点 l-*m* 定义为微阵列第 1 行、第 *m* 列中的样点。我们注意到在图 5.24（a）所示的 SPRi 视频原始图像中，块 1-3 中的样点 5-7、块 2-2 中的样点 2-11、块 3-2 中的样点 2-12、块 3-3 中的样点 4-12 由于打印条件的影响或清洗时被破坏出现了缺失情况。此外，在图中还可以看到因打印步骤引入的微阵列错位、背景中的芯片污染和光的不均匀性。因此，IgG 芯片无论是图像质量还是阵列规模都比 FKBP12 芯片更复杂。

（a）SPRi 视频原始图像　（b）同态滤波效果图

（c）图像侵蚀效果图　（d）图像膨胀效果图

图 5.24　IgG 芯片

采用样点自动识别算法进行图像增强处理后，除在打印步骤中缺失的样点外，微阵列中的所有样点都在图 5.25（a）中显示为清晰而规则的椭圆，说明我们图 5.24（b）～（d）的图像增强步骤显著提升了图像质量。我们还注意到图 5.25（c）中用椭圆拟合算法识别出的样点轮廓、位置、地址和背景与图 5.25（d）中用 ImageJ 得到的结果一致。

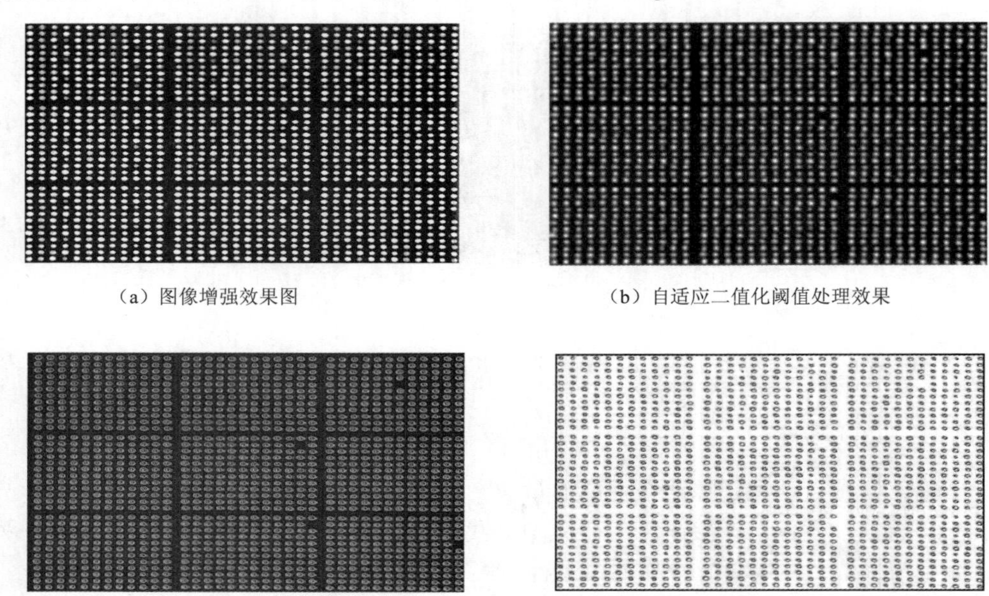

（a）图像增强效果图　　（b）自适应二值化阈值处理效果

（c）椭圆拟合算法样点效果图　　（d）ImageJ 自动识别样点效果图

图 5.25　样点自动识别算法和 ImageJ 的结果比较

在给出样点位置信息的基础上，样点自动识别算法还给出了所有样点在每个块中的行列信息，对于缺失样点的位置我们采取了编号跳过的方法。图 5.24 中块 1-2 局部放大图如图 5.26 所示；图 5.24 中块 3-3 局部放大图如图 5.27 所示。这样既便于我们在后续数据处理中按块、行、列信息访问每个样点的强度信息，又便于统计打印时出现的样点缺失数据，为后续的打印方法设计、表面化学修饰和打印样品修饰提供了重要参考。上述 FKBP12 芯片和 IgG 芯片的样点识别结果表明，实验中出现的微阵列规模、芯片污染、斑点缺失、图像中光照不均匀、斑点轮廓不规则和微阵列错位等问题，样点自动识别算法对 SPRi 视频数据均有效。

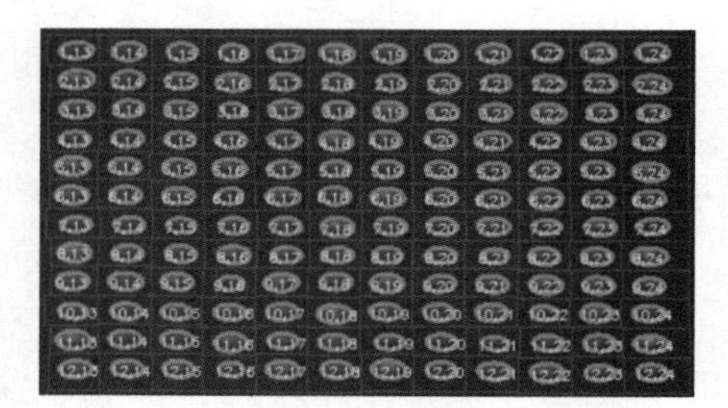

图 5.26　图 5.24 中块 1-2 局部放大图

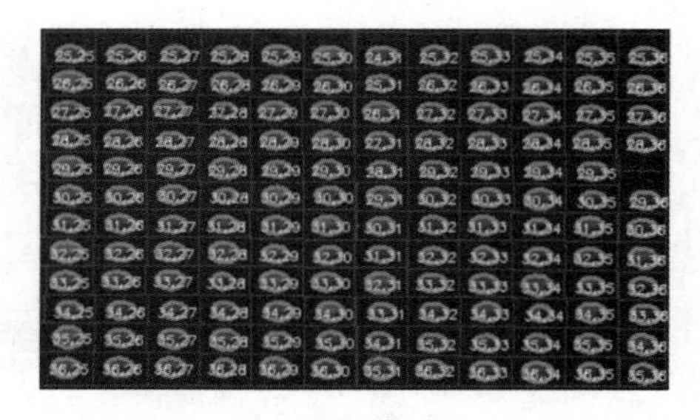

图 5.27　图 5.24 中块 3-3 局部放大图

综上所述，本节提出的样点自动识别算法，作为视频访问、图像增强、图像处理和并行处理技术的结合，可以准确地定位和处理视频数据，且具有理想的运行速度。样点自动识别算法有望和动态分析技术相结合，成为更先进的高通量蛋白芯片分析工具。

5.3　SPRi 传感芯片生化分子光交联设备

5.2 节提到 SPRi 视频数据处理中的样点自动识别算法离不开各向同性的表面修饰和高稳定性的生化分子固定技术，而本节提到的光交联技术就是一种利用光辐射能量使线型或支型高分子链间发生并建立共价键的反应，连接成网状或体型高分子的技术。我们注意到，在过去的几十年里，生物分子微阵列已经成为一种高通量和平行筛选工具，用于识别生物分子相互作用的不同类型的光学传感技术，除了本书研究的 SPRi 技术，生物分子微阵列还大量应用于荧光成像、表面增强拉曼散射（Surface-Enhanced Raman Scattering，SERS）和化学发光。在上述表面分析技术中，生化分子相互作用过程中注入的不同试剂都会在微阵列的样点和其背景中产生不同的信号变化。因此，在上述表面分析技术的数据分析方法中，为了最大限度地提高样点信号和其背景之间的对比度，对于微阵列的定位准确性、生化分子的固定量有较高的要求。基于共价键的生化分子固定方法存在官能团受限、取向固定性局限等问题，甚至需要对分子进行改性，这样虽然能改变分子的生化特性，但是生化分子的固定量受官能团的体积、空间位阻、静电排斥等因素影响，难以保证每个样点都有较大的固定量，从而极大地影响了表面分析技术对相互作用强度的测量灵敏度。如果考虑不同生化分子的光学特性、表面张力和扩散能力等物理特性的差异，则用化学固定法制备高通量的生化分子微阵列具有较高的技术复杂性。为克服上述问题，研究人员提出了化学交联方法，在此方法中，缩聚和加聚是生产聚合物的较常见反应，其主要问题是如何优化反应条件以达到最高的固定化效率[223]。

与化学固定法不同，物理固定法能通过物理吸附、旋转涂覆和能量交联等方法来实现对生化分子的固定，这类各向同性的固定方法不受官能团、静电排斥和取向固定性的影响，固定后的生化分子不会因为表面张力和扩散能力出现样点面积过大而导致串点现象，因此物理固定法能够在短时间内将大量试剂无差别地连接到底物上，非常适合微阵列的制作[224]。

在各种物理交联方法中，我们注意到以光交联为代表的能量交联法相比物理吸附和旋转涂覆法具有下列优势。

（1）反应时间和反应空间可控性更强。在反应时间方面，物理吸附和旋转涂覆的固定时间受温度、湿度和压强等因素影响，而光交联技术通过改变光照强度和波长即可调节交联表面的能量密度，从而精确控制反应时间。在反应空间方面，物理吸附和旋转涂覆中的修饰面积越大，生化分子固定效果越均匀，而光交联技术只要保证反应空间内的光照强度分布相对均匀，即可实现理想的生化分子固定效果。

（2）抗环境干扰能力更强。由于物理吸附和旋转涂覆的固定无差别，因此反应过程中必须保证没有外界污染，否则污染物会一并固定在表面；在光交联技术的反应物中必须有反应活性的碳原子才能实现无差别固定，即要对反应物的结构和尺寸进行筛选，因此除污染物会引起光学散射和漫反射之外，交联效果不容易受到外界环境的干扰。

（3）反应副产品更少。在光交联技术中，能量以光波的方式传递到反应物单体，吸收能量后生化分子和底物单体之间会建立化合键从而形成聚合物分支链条。这种反应产生的交联体均为聚合物，只是分子量存在细微差别。由于物理吸附和旋转涂覆无法形成化合键，因此形成的产物多为生化分子的堆叠，难以确定有效成分，产生的副产品较多。

由于光交联技术的上述优点，除生物技术领域外，其在电缆加工、树脂生产等领域也得到了广泛应用。光辐射能量和波长密切相关，因此波长的选择对于光交联技术的效率至关重要。其中，紫外光波长越短，光子能量越高，所以能量利用率比可见光的能量利用率更高。此外，紫外光波段对应的光子能量和分子间建立共价键反应所需的能量相当，对反应的基体材料损伤小，加上设备易于操作和节能环保等特点，因此紫外光波段是光交联技术的首要选择[225-226]。

目前，紫外光交联仪的光源主要分为紫外灯管和紫外光 LED 两种。采用紫外灯管的光交联仪分为两种，即灯架式光交联仪和箱体式光交联仪。灯架式光交联仪为开放式结构，体积较大，多用于大型部件的光交联场景，比如紫外光固化涂料的快速干燥[227]。箱体式光交联仪的结构更加复杂，包括多灯管平行分布的灯箱和控制面板两部分，多用于室内生产和科学研究场景。为保证功率稳定和曝光强度，箱体式光交联仪多采用进口灯管，驱动设计复杂，所以响应速度也受到影响。由于灯箱体积大，为保证灯箱内的光照强度均匀，箱体式光交联仪对于灯管的布局要求较高，因此其比灯架式光交联仪更昂贵[228]。此外，紫外灯管的波长种类相对单一，限制了该类紫外光交联仪应用领域的拓展。

紫外光 LED 发明于 1998 年，具有发光效率高、使用寿命长（40000h）、响应速度快、体积小、驱动简单、波长种类多和易于维护等优点，近年来得到了光交联仪研发人员的广泛关注[229]。目前采用紫外光 LED 的商业化光交联仪，比如美国 Spectronics 公司的 Spetroline™ Microprocessor-Controlled UV Crosslinker 和日本 Takara 公司的 LED Crosslinker 30，一般由灯箱、控制柜和温度控制装置组成，以达到控制单一波长 LED 的光照时间和强度的目的。为使灯箱内的光照强度更均匀，紫外光 LED 光交联仪多采用透镜结构进行光束整形，虽然比灯架式光交联仪的光照效率更高，但是结构较复杂。控制柜和温度控制装置的设计虽有利于工作人员的操作和曝光环境温度的控制，但是增加了操作的复杂度和系统的响应时间，在室内等温度变化较小的环境及需要快速紫外曝光固化的使用场景中受到了局限[230]。

随着物联网技术的进步，通过手机等移动设备控制紫外光 LED 交联仪不但可以丰富光照时间和强度的设置方式，简化操作交互，而且能使多波长紫外光交联等复杂操作成为可能。此外，对于实时性强的短时间曝光（秒量级），延时较长的按键操作已经无法满足技术需求。针对上述问题，我们研究了用手机控制小型化多波长紫外光交联仪的技术与设备，考虑到短距离遥控操作的需要，首先采用自带蓝牙通信协议的嵌入式硬件来实现对小型化紫外光交联仪的研制，在使用中发现采用这样的硬件加大了紫外光交联仪的体积，会增加曝光时间，不利于应用在短时间发生的紫外光交联反应中，此外蓝牙通信协议也不便于对多个设备进行实时控制[231]。在后续工作中，我们采用了无线局域通信模块和控制芯片相分离的方式，更新了紫外光交联仪的设计，在保证曝光效果的前提下缩短了曝光时间[232]。

5.3.1　基于蓝牙通信协议的紫外光交联仪

我们设计并实现了一种小型化紫外光交联仪（以下简称紫外光交联仪），其外观和结构示意图如图 5.28 所示。图 5.28（a）中的紫外光交联仪的顶盖和底盖为亚克力材质，箱体材料为铝合金，通过氧化烤漆呈黑色，以防止外部杂散光进入箱体内部。箱体侧面上部有进出气孔，便于曝光时通入氮气以保持内部的惰性气体环境，下部有电源孔，整体设备采用 5V 电源供电。紫外光交联仪属于移动设备，整体尺寸如图 5.28（b）所示，长×宽×高为 100mm× 100mm×90mm，质量约为 1kg，非常便于携带。

紫外光交联仪的内部结构主要包括曝光箱体（Optical Box）和控制箱体（Control Box）两部分[见图 5.28（b）]。其中上部为曝光箱体，是紫外光交联反应发生的区域，内部置有双波长紫外光 LED（Ultraviolet LED）和温湿度传感模块（Temperature&Humidity Sensor）；下部为控制箱体，里面固定了主控板（Control Board）、加速度传感模块（Acceleration Sensor）和紫外光 LED 驱动器（Ultraviolet LED Driver）。通过蓝牙通信协议与手机通信，在安卓手机中可实现对不同曝光波长、光照强度和时间的选择，操作简单。紫外光交联仪通过温湿度传感模块监控曝光环境的温度、湿度和倾角的变化，一旦出现倾斜、漏液和温度过高的情况就会自动停止工作，防止液体渗入控制箱体，引起短路。同时，上述异常也可以根据用户设定的阈值进行蜂鸣器报警，以确保整个紫外光交联过程在用户的可控范围内正常进行。

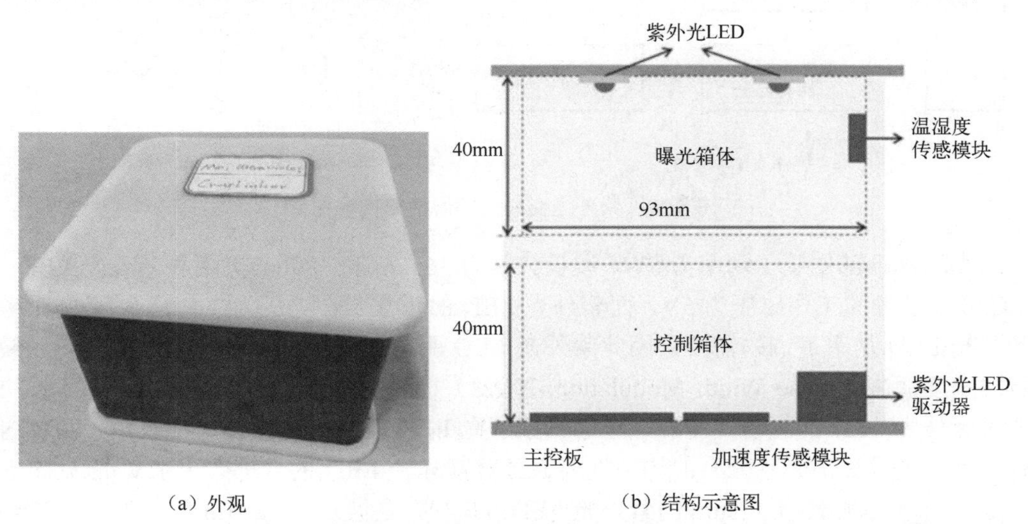

（a）外观　　（b）结构示意图

图 5.28　紫外光交联仪的外观和结构示意图

紫外光交联仪整体分为硬件结构和软件结构两部分。硬件结构主要包含紫外光 LED 驱动器、实现曝光控制和蓝牙通信功能的核心芯片与环境变量传感系统；软件结构主要由核心芯片运行的控制代码和手机 App 两部分组成，以下将进行详细介绍。

5.3.1.1　硬件设计与实现

紫外光交联仪的硬件结构框图如图 5.29 所示。针对商业化光交联尺寸和功耗较大的问题，曝光控制和蓝牙通信两个功能主要采用德州仪器公司的 CC2640 芯片控制板来实现，该芯片控制板采用双核架构，一个 Cortex-M3 内核通过运行 TI-RTOS 嵌入式操作系统处理应用层任务，实现紫外光交联仪的曝光控制功能；一个 Cortex-M0 内核负责处理蓝牙无线通信任务[15]。除此之外，主控板上还包括 Flash 存储器、IIC（集成电路总线）通信接口和丰富的 IO 口资源，用于采集环境变量传感系统的数据、控制紫外光 LED 驱动器和蜂鸣器（Buzzer）。

环境变量传感系统（Environment Monitoring System）由三轴加速度传感器 BMA250E 和温湿度传感器 DHT11 组成。其中，加速度传感器 BMA250E 通过测量三维空间内仪器的加速度来判断其是否出现跌落、翻转和滑坡等不利于紫外光交联反应的情况。温湿度传感器 DHT11 用于监测曝光箱体内温度和湿度的变化，若湿度出现异常则说明曝光箱体内可能会出现漏水或紫外交联试剂溢出等异常情况，而温度出现异常不利于紫外光交联反应的进行，上述异常一旦发生将触发紫外光交联仪报警并提醒用户处理。

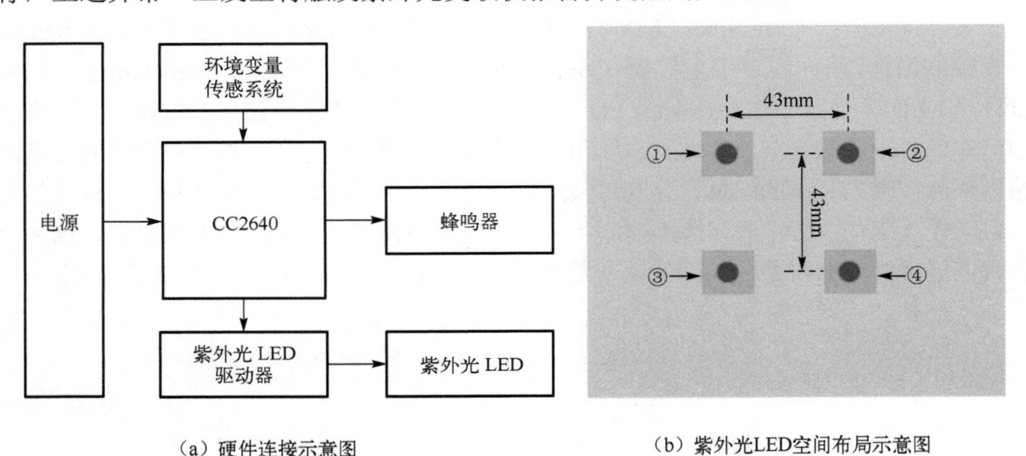

（a）硬件连接示意图　　（b）紫外光LED空间布局示意图

图 5.29 紫外光交联仪的硬件结构框图

曝光箱体顶部安装了功率为 5W、波长分别为 365nm 和 380nm 的两种紫外光 LED。由于 CC2640 芯片的工作电压为 5V，而紫外光 LED 的正常工作电压为 3.4～3.8V，同时考虑到紫外光 LED 功率可调的需要，因此紫外光 LED 驱动器采用了 3.8～5V 的直流降压模块和脉冲宽度调制（Pulse Width Modulation, PWM）模块，降压后的电压通过 PWM 模块来实现对紫外光 LED 的驱动。此外，考虑到紫外光 LED 距离曝光箱体底部较短，箱体内部没有进行匀光设计，光强分布的均匀性要通过对紫外光 LED 的合理布局来实现[见图 5.29（b）]。①和④是波长为 365nm 的紫外光 LED，②和③是波长为 380nm 的紫外光 LED，相同波长紫外光 LED 的连线交叉点正好为箱体顶部的中心位置，不同波长紫外光 LED 的距离均为 43mm，为顶部长度的一半，以确保箱体内曝光区域在任何位置都可以被任意波长的紫外光 LED 照射，且强度分布大致均匀。

5.3.1.2 软件设计与实现

紫外光交联仪的软件部分可分为 CC2640 芯片在 TI-RTOS 嵌入式操作系统上运行的控制代码和手机 App 两部分，其中在 TI-RTOS 嵌入式操作系统上运行的控制代码流程图如图 5.30（a）所示。当紫外光交联仪通电后，控制代码首先会从 Main 函数自动运行，通过代码实现 ICall 和 GapRole 任务，调用并开启蓝牙协议栈，调用 SimpleBLEPeripheral 任务实现与手机 App 的连接并返回连接状态、位置信息和温湿度数据，当手机发送控制指令后，控制代码会调用 Task_Exposure 任务按顺序执行手机 App 编辑好的曝光控制指令，并返回成功或失败信息。此外，控制代码通过在 Main 函数中调用 BIOS_start()，即可由操作系统内核根据优先级及当前状态进行上述任务的调用。

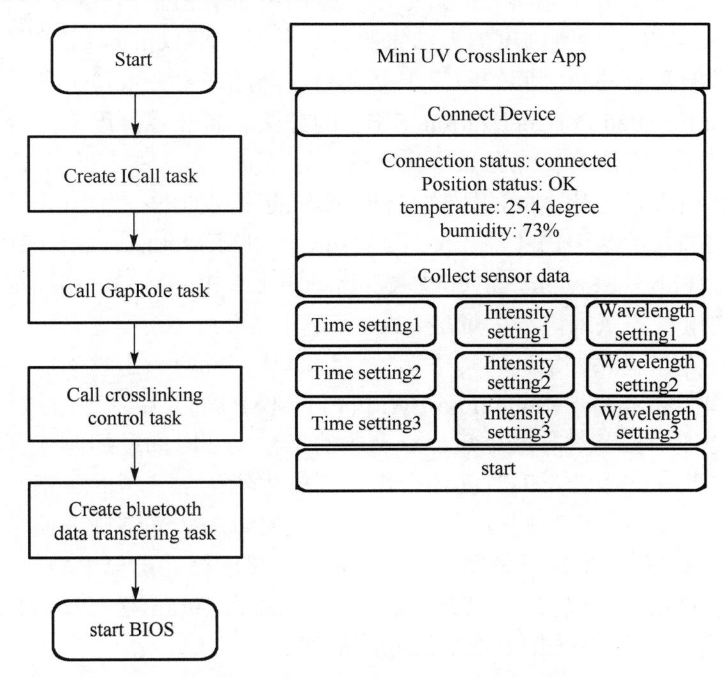

（a）在TI-RTOS嵌入式操作系统上运行的控制代码流程图　（b）手机App操作界面

图 5.30　紫外光交联仪的软件部分

手机 App 的代码按照安卓应用及手机蓝牙功能使用的相关规范进行开发，界面从上到下分为扫描周围设备/连接设备（Connect Device）、仪器状态显示、采集传感数据（Collect sensor data）、设置 LED 控制参数和开始（start）按钮，如图 5.30（b）所示。手机 App 启动之后，点击“扫描周围设备”按钮，界面会自动显示扫描到的蓝牙通信设备，点击“连接设备”按钮，界面会显示“连接成功”。通过点击“采集传感数据”按钮，界面会显示仪器采集传送回来的温度、湿度和倾角数据。

为支持多波长曝光操作，屏幕下方可通过 LED 控制参数部分的 3 个步骤对连续曝光进行设置，每个步骤包括 1 行 3 个按钮，分别为时间设置（Time setting）、光照强度设置（Intensity setting）和波长设置（Wavelength setting），点击各个按钮可以分别设置其对应的参数。根据屏幕下方的显示，选择和设置波长、曝光时间和曝光强度，点击“开始”按钮，紫外光交联仪将按照上述选择和设置进行紫外曝光，曝光完成后界面将提示“曝光完成”。

5.3.1.3　紫外光交联仪性能测试

紫外光交联仪性能测试是通过固定荧光标记的蛋白质及荧光素分别完成的，其中蛋白质及荧光素分别代表两类常见的 SPRi 检测生化分子，即生物大分子（分子量大于 5 万道尔顿）和小分子化合物，以下将进行详细介绍。

1. 荧光标记蛋白质固定能力测试

我们根据文献[100]制备了用于荧光强度检测的金岛型银薄膜芯片（简称 Au-Bilayer），在其表面通过紫外光交联 Cy3 荧光分子标记牛血清白蛋白（Cy3 Labeled Bovine Serum Albumin, Cy3-BSA）检测强度的方法来验证紫外光交联仪的曝光效果。由于荧光强度对 Cy3 荧光分子和银薄膜芯片之间的距离十分敏感，因此需要在银薄膜芯片表面通过表面引发聚合（Surface Initiated Polymerization, SIP）的方法制备一定厚度的高分子表面作为缓冲层，通过紫外光交联方法将荧光分子固定在高分子表面，从而控制上述 Cy3 荧光分子标记牛血清白蛋白和银薄膜芯片之间的距离。SIP 修饰的流程如下：将 Bipy 和 $CuCl_2$ 水溶液充分混合，并依次加入甲基丙烯酸羟乙酯（2-Hydroxyethyl Methacrylate，HEMA）和聚乙二醇甲基丙烯酸酯[Poly（Ethylene Glycol） Methacrylate，PEGMA]，蒸馏水和甲醇配置引发聚合反应液，在氩气的氛围里与丙烯酸（AA）充分混合后，浸泡芯片，开始引发聚合反应，聚合反应条件为在室温、氩气环境下保护一定时长。反应一定时间后，芯片会在丁二酸酐和 4-二甲氨基吡啶（4-Dimethylamino-Pyridine，DMAP）的二甲基甲酰胺（Dimethy- formamide，DMF）混合液中振荡进行酸化反应。上述的聚合反应时间是控制聚合物介质缓冲层厚度的关键参数，此外，聚合反应时间还会影响固定生物化学分子的羧基密度。为此，针对不同聚合反应时间制备的缓冲层采用了 Sentech SE850DUV 光谱椭圆偏振仪对缓冲层厚度进行表征。椭圆偏振仪测量结果如图 5.31（a）所示，显示缓冲层厚度随反应时间的延长而变厚。由于文献中的 Cy3 荧光分子和银薄膜界面的距离为 10nm 左右时，金属表面的增强荧光效果最佳，因此选择 5min 作为聚合反应的最优时间[233]。

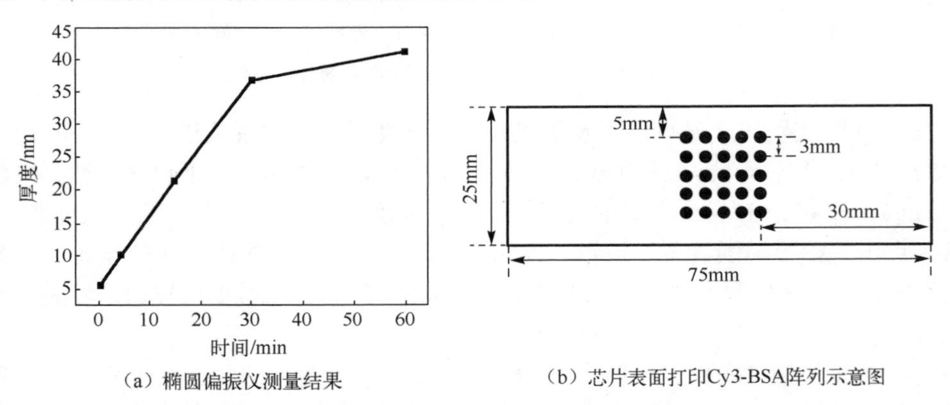

（a）椭圆偏振仪测量结果　　（b）芯片表面打印Cy3-BSA阵列示意图

图 5.31　不同聚合反应时间制备的缓冲层厚度的椭圆偏振仪测量结果和芯片表面打印 Cy3-BSA 阵列示意图

将琥珀酰亚胺脂双吖丙啶（SDA）和不同浓度的 Cy3-BSA（5ng/mL、50ng/mL、500ng/mL、5000ng/mL、50000ng/mL），以二甲基亚砜（Dimethyl Sulfoxide，DMSO）为溶剂，溶解在 DMF 中并印在银薄膜表面，形成 5×5 微阵列。图 5.31（b）中的每列分别对应 Cy3-BSA 的一个浓度。干燥后，将芯片放入紫外光交联仪中通入氮气，光交联的温度和湿度分别控制在 25℃和 43%。为了确保固定化效率，将光交联程序的照射顺序设定如下：首先以 50%的功率点亮波长为 365nm 的 LED 3s，然后以 50%的功率点亮波长为 380nm 的 LED 5s，再以 50%的功率点亮波长为 365nm 的 LED 3s，最后在荧光扫描仪 LuxScan 10K-B 下测量蛋白质微阵列的荧光强度。

光交联完成后，用荧光扫描仪 LuxScan 10K-B 测量并计算微阵列中每个 Cy3-BSA 样点的荧光强度，其统计结果如表 5.3 所示。对于每个浓度，同一浓度的 Cy3-BSA 样点之间的差异小于样点平均值的 10%，即上述光交联序列在不同斑点固定的荧光分子数量的差异小于 10%。结果表明，我们研制的紫外光交联仪具有较好的光照均匀性。

表 5.3　Cy3-BSA 样点的荧光强度统计结果

Cy3-BSA 浓度/（ng/mL）	平均荧光强度/（a.u.）	荧光强度偏差
50000	39033.36	2290.12
5000	22059.48	1421.44
500	20263.32	1041.76
50	16282.66	1220.88
5	12784.34	797.48

2. 荧光素固定能力测试

为验证荧光强度的检测准确性，以康宁公司环氧树脂修饰的玻璃基底芯片（以下简称玻璃基底芯片）作为参考及对比。在避光条件下，将双吖丙啶交联剂和罗丹明染料溶解于 DMSO 的 DMF 中，通过高通量点样仪打印至玻璃基底芯片和金岛型银薄膜传感芯片上，待表面干燥后放入紫外光交联仪进行曝光，曝光温度为 25℃，将两种不同波长 LED 的光照强度设置为 50%，按参考文献的实验条件将曝光顺序设置为 365nmLED 曝光 3s，380nmLED 曝光 5s，365nmLED 曝光 3s，以确保所有分子充分固定。通过荧光扫描仪 LuxScan 10K-B 记录并比较两种芯片的荧光信号。玻璃基底芯片和金岛型银薄膜传感芯片的强度成像结果如图 5.32（a）所示。当免疫球蛋白浓度为 1ug/mL 时，10 张金岛型银薄膜传感芯片的荧光信号强度为 60356±2153，片间误差小于 10%，而 10 张玻璃基底芯片的荧光信号强度为 19534±1359，前者为后者的 3 倍以上，数值统计结果如图 5.32（b）所示，证明紫外光交联仪具有良好且可控的曝光效果。

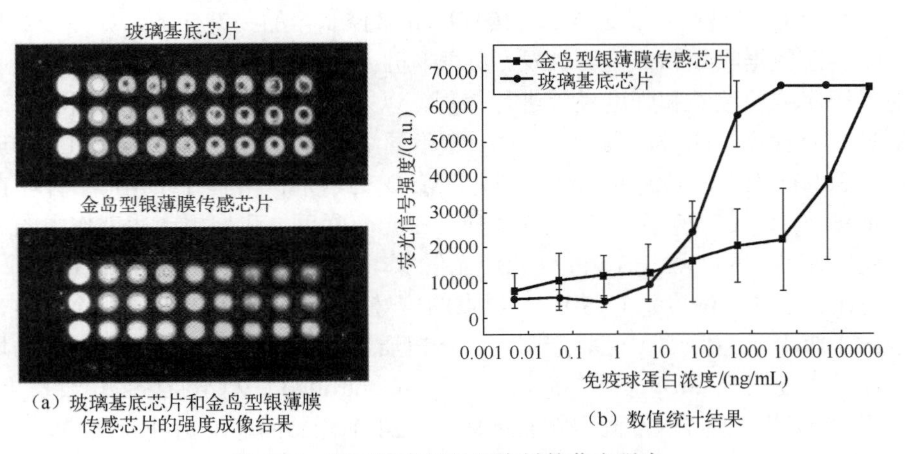

（a）玻璃基底芯片和金岛型银薄膜传感芯片的强度成像结果

（b）数值统计结果

图 5.32　不同浓度罗丹明染料的荧光强度

5.3.2　基于无线局域通信协议的光交联仪

为进一步减小光交联仪的尺寸，在图 5.33 所示的光交联仪结构示意图中摒弃了蓝牙微控制器，而使用普通的 STM32F103ZET6 微控制器和无线局域通信模块。图中的光交联仪结构依然可以分为曝光箱体和控制箱体两部分。与图 5.28（b）不同，由于光交联仪不再采用蓝牙微控制器，整个光交联仪体积小了一半，因此两个箱体改为前后排列。在曝光箱体中，在顶部安装了 4 个不同波长（365nm 和 380nm）的紫外线（UV）LED，并将一个 DHT11 温度和湿度传感器模块（产品编号：C117051，广州奥松电子股份有限公司）安装在箱体的侧面。控制室用于容纳一个由 3.8～5V 的直流降压模块和 PWM 模块组成的 LED 驱动器（LED Driver）、一个 Control Board 微控制器主控制板（产品编号：C8287，意法半导体有限公司）、一个 ESP8266 Wi-Fi 模块（产品编号：C82891，上海韬放电子科技有限公司）、一个 MPU6050 加速度传感器模块（产品编号：C24112，日本 TDK InvenSense 有限公司），以及一个蜂鸣器（Buzzer），以便在光交联仪倾斜或温度/湿度出现异常时向用户报警。

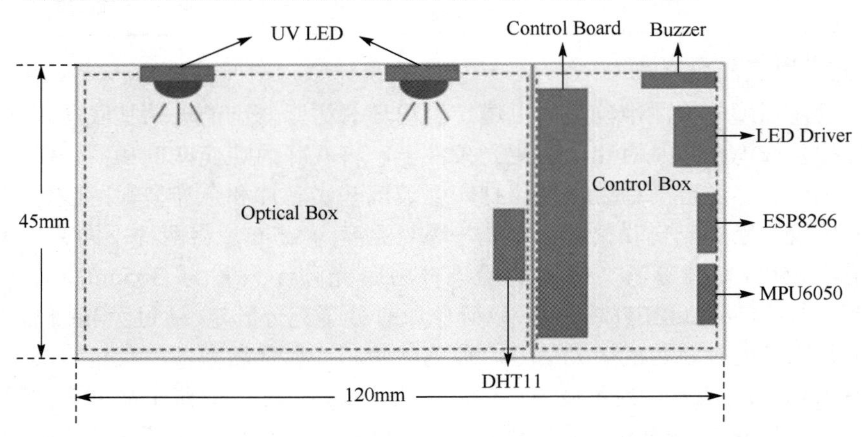

图 5.33　光交联仪结构示意图

在光交联仪中运行的代码包括 STM32F103ZET6 微控制器的 C 代码和安卓手机 App 的 Java 代码。其中 C 代码实现了 STM32F103ZET6 微控制器的关键任务，如无线局域通信、LED 驱动、传感数据收集和蜂鸣器触发。安卓手机 App 的功能包括通过无线局域通信连接设备、对光照序列的波长和强度设置进行编程，以及显示采集的传感器数据。

在测试光交联仪性能时，我们将 SDA 和不同浓度的 Cy3-BSA（3ng/mL、30ng/mL、300ng/mL、3000ng/mL、30000ng/mL），以 DMSO 为溶剂，溶解在 DMF 中并印在芯片表面，形成如图 5.31（b）所示的 5×5 微阵列。在光交联后，我们用上述工作中的荧光扫描仪读取固定在芯片上的 Cy3-BSA 阵列的荧光信号。Cy3-BSA 荧光强度的统计结果如表 5.4 所示。我们计算了同一浓度下 Cy3-BSA 样点的信号差值和平均值。对于每个浓度，差值约为平均值的 10%，这意味着由交联剂固定的蛋白质数量在整个芯片上具有良好的均匀性。Branton SA 等人使用 Spetroline^{TM} Microprocessor-Controlled UV Crosslinker（波长为 254nm，持续时间为 30s）将双链 DNA 固定在膜基底上，24 个样品的非均匀性为 9.63%[234]。此外，在以前的研究中，在 11s 的照射时间内也实现了类似的辐照均匀性。本研究中改进的光交联效率可以解释如下：由于使用了较小的控制板，尺寸的缩小增加了辐照能量的空间密度，这有助于在更短的时间内进行交联。上述比较表明，虽然辐照时间较短，但光交联仪的光照强度具有良好的空间均匀性，可与商业化紫外 LED 光交联器及光交联仪相媲美。

表 5.4 Cy3-BSA 荧光强度的统计结果

参数类别	30000ng/mL	3000ng/mL	300ng/mL	30ng/mL	3ng/mL
平均强度/（a.u.）	23240.16	13253.68	12160.92	9769.54	7670.62
强度偏差	2290.44	1414.56	1156.36	856.48	749.74

5.4 结 语

本章就 SPRi 技术中使用的样点自动识别技术和紫外光交联设备的研制展开介绍，上述技术和设备均使用了 SPRi 常用的微阵列技术，前者负责在微阵列产生的 SPRi 图像、视频信号里快速、准确地选取所有样点作为独立检测通道，为后续每个通道的信号提取和处理奠定基础；后者则是微阵列制备的关键设备，尤其在制备微阵列的分子库日益庞大、分子间物理化学特性差异日益增加、曝光条件组合日益复杂的今天，通过手机编写曝光程序来实现曝光流程自动化、可控化和均匀化具有重要的应用价值。

第 6 章　SPRi 技术的应用与设备研制

从 SPRi 传感器的工作原理出发可知其具有灵敏度高、无须标记及实时检测等优点，因此，这种传感器可以和生物技术很好地结合作为生物传感器使用。SPR 生物传感器在检测生物化学相互作用、医疗诊断、环境监测及食品健康与安全方面都有很重要的应用。

6.1　SPRi 在检测领域的应用

6.1.1　常用检测方法概述

目前，对于各种生物和化学分析物已经有多种检测方式应用于 SPR 生物传感器。其中较常用的检测方法包括直接检测法、三明治模式检测法、竞争检测法和封闭检测法等[28-29]。这些不同检测方法需要根据分析物分子的大小、可能存在的生物分子互相识别元素、分析物的浓度范围及样品形式等因素进行选择。下面将简单介绍这几种检测方法。

在直接检测法中，生物识别元素[30-33]（如抗体、多肽）固定在 SPR 生物传感器的金属表面上，当溶液中的分析物与这些元素结合时会引起金属表面附近介质厚度或折射率的变化，由 SPR 生物传感器检测得到。由于通过分析物和识别元素直接结合就可以产生足够的信号，传感器的检测原理简单，因此较常应用。虽然直接检测法原理简单、操作方便，但是检测的特异性和检测底线难以完全保证，这种局限性通过采用其他检测方法可以进行改进。三明治模式检测法通过将结合分析物的表面置于分析物的第二种抗体溶液中孵育的方式进行检测；而分子量小于 5000Da（道尔顿）不足以产生足够检测信号的分析物，通常可以使用竞争检测法或封闭检测法进行检测。其中竞争检测法的原理大致如下：传感器金属表面首先包被了可以与分析物反应的抗体，当将另一种可以和该抗体反应的结合分析物加到检测样品中后，样品中的分析物与结合分析物将会竞争结合到表面有限的结合位点上，由此得到的结合信号与样品中的分析物的浓度成反比。此外，一些课题组基于上述原理对这些检测方法进行了改进[85-88]。以下将对 SPR 生物传感器的应用进行简要介绍。

6.1.2　环境监测

1. 二噁英

Karube 实验组使用商业 SPR 生物传感器 Biacore 2000 和竞争检测法检测 2,3,7,8-TCDD[235]。其中单克隆抗体通过氨基连接被固定在修饰有葡聚糖层的传感芯片上，样品与 2,3,7,8-TCDD-HRP 结合物进行混合并注入 SPR 生物传感器的金属表面。检测的 LOD 为 0.1ng/mL，使用 0.1mol/L 的盐酸可以再生 SPR 生物传感器的金属表面，整个检测在 15min 内完成。

2. 酚类

Soh N 等人发明了一个使用 SPR 生物传感器检测双酚 A（BPA）的方法[236]。他们使用商业 SPR 生物传感器 SPR-20 和封闭检测法。商业 SPR 生物传感器 SPR-20 的金属表面使用硫醇单分子层修饰，BPA 通过 BPA 琥珀酯进行固定。用单克隆抗体可以检出缓冲液中的 BPA 浓度低至 10ng/mL，检测时间约为 30min，该传感器可以利用 0.01mol/L 浓度的盐酸进行再生。Matsumoto K 实验组介绍了另一种用 SPR 生物传感器检测 BPA[237]的方法。他们也使用封闭检测法并通过物理吸附将 BPA-OVA 结合物固定于传感器表面。该传感器能够探测 1ng/mL 的 BAP（1ppb）。

Imato T 小组研制出一种 SPR 生物传感器使用竞争检测法检测 2,4-二氯酚[238]的方法。他们用商业 SPR 生物传感器 SPR-20 和在传感器表面使用单克隆抗 2,4-二氯酚抗体固定于传感器表面进行功能化修饰，抗体通过与金结合的肽和 Protein G 固定。采用竞争检测法检测，在样品中加入 BSA-2,4-二氯酚与样品中的 2,4-二氯酚竞争，检测的 LOD 为 20ng/mL。

3. 多氯联苯

Imato T 实验组介绍了采用商业 SPR 生物传感器 Biacore 2000 和竞争检测法检测 PCB 3,3,4,4,5-pentachlorobiphenyl[238]的方法。他们将样品与 PCB-HRP 混合，通过流过传感器表面的含有葡聚糖固定的多克隆抗体固定，PCB-HRP 结合物的减少说明了 PCB 的存在。传感器的 LOD 为 2.5ng/mL，利用 0.1mol/L 浓度的盐酸再生传感器表面，检测可以在 15min 内完成。

此外，SPR 生物传感器在农药、芳香烃、重金属等成分检测方面也有应用[42]。

6.1.3　医学诊断

SPRi 和质谱分析技术联用检测细胞内标志物的原理示意图如图 6.1 所示。在传感芯片表面通过紫外光交联法固定标志物特异结合物微阵列，将细胞粉碎、离心、过滤，提取细胞的上清液并通入微阵列产生特异结合，将有特异结合信号的样点洗脱后进行质谱分析，根据质谱分析结果判断标志物的种类[239]。

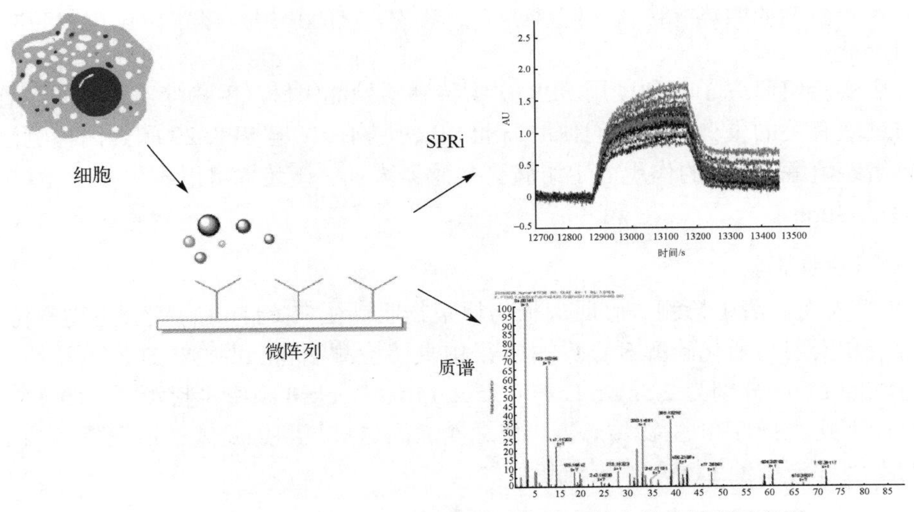

图 6.1　SPRi 和质谱分析技术联用检测细胞内标志物的原理示意图

1. 荷尔蒙

作为人怀孕的标记物，人绒毛膜促性腺激素（HCG）是常用光学生物传感器的检测目标。Jiang实验组介绍了一个利用波长调制的SPR传感器和DNA定向固定抗体检测HCG[239]的方法。首先通过固定组成的非共价链霉素抗生物素蛋白与生物素化硫醇实现传感器表面改性，然后生物素化寡核苷酸与链霉素抗生物素蛋白的其余结合位点结合。由抗体化学修饰的寡核苷酸可以与它的互补序列在传感器表面杂交。在缓冲液中的LOD为0.5ng/mL。Chung JW等人发明了一种按顺序检测尿中HCG[240]的方法。他们用商业SPR生物传感器spreeta，通过氨基与硫醇连接在spreeta传感器的单个管道内固定两个分子识别元件（抗HCG和抗人血白蛋白），使用多克隆抗HCG抗体来增加传感器的信号，在10倍稀释尿液中HCG的检出限为46 mIU/mL。

Miyashita M等人使用商业SPR生物传感器Biacore X和封闭检测法检测17β-雌二醇[241]。雌二醇-牛血清白蛋白通过氨基共价固定于羧甲基葡聚糖层，将未反应的抗17β-雌二醇结合物加到传感器表面进行测量，17β-雌二醇的检测低至0.47nM（0.14ng/mL）。

Teramura Y等人介绍了在人血浆中检测α-甲胎蛋白（AFP）的SPR生物传感器[242]。他们采用角度调制的SPR生物传感系统并使用三乙二醇的自组装单分子结构（Self-Assembled Monolayer, SAM）、羧基结尾的六乙二醇共价连接单克隆抗AFP抗体，采用三明治模式检测法，运用多克隆抗二抗的抗体来增加信号，该抗体可以增加7倍信号，血浆中AFP的LOD为每微升纳克水平。

2. 过敏性标志物

在诊断过敏时，对免疫球蛋白E（IgE）抗体水平的检测十分重要。Imato实验组介绍了使用SPR生物传感器直接检测IgE抗体[243]的工作。抗IgE抗体通过物理吸附到商业SPR生物传感器SPR-20表面。含有IgE抗体的样品与抗IgE（H）抗体混合通过IgE的Ce2结构域形成复合物。将混合物引入SPR生物传感器，免疫复合物的IgE-抗-IgE（H）复合物可以与在传感器表面的抗-IgE（D）（通过与IgE的Ce3作用）反应，该传感器的IgE的LOD为10ppb。

同一个实验组研究了一种使用SPR生物传感器检测组胺（β-咪唑乙胺）的装置，组胺是一种与过敏有关的蛋白质。他们使用商业SPR生物传感器SPR-20和封闭检测法，通过氨基与自组装硫醇SAM的作用固定组胺到传感器表面。该装置可以再生多于10个检测循环，LOD为3ppb。

3. 心脏病标记物

Wei J等人在血清中检测心脏肌肉损伤标记物肌钙蛋白（cTn I）[244]，生物素化抗cTn I通过链霉亲和素层与活化硫醇SAM连接，采用直接检测法和三明治模式检测法检测cTn I。这两种方法的LOD分别为2.5ng/mL和0.25ng/mL。Booksh小组也检测了cTn I[245]，他们使用一个微型化光纤SPR生物传感器，使金属表面通过氨基固定人抗心肌钙蛋白I到葡聚糖层，它在缓冲液中的LOD为3ng/mL。

4. 其他分子生物标志物

Kim JY 等人使用 Biacore 2000 在关节液中的类风湿关节炎与骨关节炎患者（Hepes 稀释 1：100）体液中检测抗葡萄糖六磷酸异构酶的抗体[246]。在大肠杆菌中重组的人抗葡萄糖六磷酸异构酶通过氨基固定于葡聚糖传感器表面。类风湿关节炎患者的体液样本比骨关节炎患者的体液样本表现出更强的和重组 GPI 蛋白结合的能力。Sim SJ 实验组采用 SPR 检测抗谷氨酸脱羧酶（GAD）抗体来诊断 I 型糖尿病[247-248]。他们用商业 SPR 生物传感器 Biacore 2000 和生物素化 GAD 耦连链霉素分子，与混合有羟基和羧基结尾的硫醇共价连接。他们优化了 SAM 中硫醇的组成，经优化 SAM 的 SPR 生物传感器能检测 HBS-EP 缓冲液中的抗体到微摩尔水平。Meyer MHF 使用商业 SPR 生物传感器等离激元及夹心检测方法，通过 SPR 生物传感器检测人血清炎症过程标记物 C 反应蛋白（CRP）[249]。生物素化单克隆抗 CRP 抗体 C6 经链霉素抗生物素蛋白固定于生物素包被的传感器表面，先将含有 CRP 的缓冲液注入传感器中，然后加入二抗 CRP 抗体 C2。采用夹心检测法完成检测通常需要 30～60min。在缓冲液中 CRP 的 LOD 为 1μg/mL。Corn RM 实验组使用 SPR 检测肾功能、正常肾小球滤过率（GFR）标记物、胱抑素 C[250]。他们使用 SPRi 和用 carbonyldiimidazole 反应得到的硫醇修饰的传感器表面进行抗体固定，该传感器能测量胱抑素 C 到 1nM（nmol/L）水平。

6.1.4　食品健康与安全

1. 畜用药品

SPR 生物传感器越来越多地应用于检测食物中的畜用药品残留。例如，抗生素、收缩精和抗寄生虫药物[251]。

Ashwin HM 等人使用商业 SPR 生物传感器 Biacore Q 和直接检测法检测食物中氯霉素和氯霉素葡糖甘酸的残余[252]。他们检测出蜂蜜、对虾及牛奶制品中的氯霉素、猪肾中的氯霉素葡糖甘酸的低限为 0.2μg/kg。Ferguson J 等人使用封闭检测法和 SPR 生物传感器检测氯霉素和氯霉素葡糖甘酸[253]。他们使用商业 SPR 生物传感器 Biacore Q 和一个固定有氯霉素衍生物的芯片（Qflex Kit Chloramphenicol，购买自 Biacore 公司）进行检测，先将已知浓度的药物特异的抗体与样品进行混合，然后注入提前固定有氯霉素类似物的传感芯片的表面。检测到的分辨率水平：家禽中为 0.005μg/kg，蜂蜜中为 0.02μg/kg，对虾中为 0.04μg/kg，牛奶中为 0.04μg/kg。2007 年 Moeller N 等人介绍了使用 SPR 生物传感器非直接检测蜂蜜和牛奶中的四环素[254]的方法。他们的检测方法基于革兰氏阴性菌对四环素的抵抗机制，四环素可以从四环素操纵子 tetO 释放四环素抑制蛋白 TetR，将生物素化的单链含有四环素操纵子 tetO1 片段的 DNA 固定在氯霉素抗生物素蛋白的传感器表面，将抑制蛋白 TetR 加入结合有 tetO 的芯片表面，并加入含有四环素的溶液让四环素与抑制蛋白 TetR 结合。由此得到构象变化的蛋白，并由此从芯片表面洗掉，使用商业 SPR 生物传感器 Biacore 3000 来检测表面物质密度的改变。缓冲液中四环素的 LOD 为 1ng/mL，生牛奶中的 LOD 为 15ng/mL，蜂蜜中的 LOD 为 25μg/kg。Caldow M 等人使用商业 SPR 生物传感器 Biacore Q 和封闭检测法做了检测抗生素泰氏菌素的工作[255]，通过氨基固定泰氏菌素到传感器表面的羧甲基纤维素化葡聚糖层。蜂蜜提取物中的泰氏菌素的检测水平为 2.5μg/kg。

2. 维生素

Caelen I 等人使用商业 SPR 生物传感器 Biacore Q 和封闭检测法检测维生素 B2（核黄素）[256]，通过氨基固定核黄素衍生物到传感器表面的羧甲基纤维素化葡聚糖层，已知浓度的核黄素结合蛋白质与样品混合，未结合的蛋白质使用 SPR 生物传感器进行检测。牛奶制品中的核黄素的 LOD 为 70ng/mL。Haughey 等人使用商业 SPR 生物传感器 Biacore Q 和封闭检测法检测维生素 B5（生育酚），通过氨基固定维生素 B5 衍生物到传感器表面的羧甲基纤维素化葡聚糖层。他们在不同的食物中检测维生素 B5，如婴儿制品、谷物、宠物食品、蛋粉，LOD 为 4.4ng/mL。Indyk HE 等人使用 SPR 检测维生素 B12（钴胺素）[257]。其使用商业 SPR 生物传感器 Biacore Q 和封闭检测法，通过氨基固定维生素 B12 到传感器表面的羧甲基纤维素化葡聚糖层，在牛奶、婴儿制品或牛肉中的 LOD 为 0.06ng/mL。

3. 激素

Gillis EH 等人使用商业 SPR 生物传感器 Biacore 2000 及封闭检测法检测母牛牛奶中的类固醇类激素孕酮的含量[258]。孕酮衍生物通过氨基固定到传感器表面的羧甲基纤维素化葡聚糖层。将已知浓度的单克隆抗体与样品（缓冲液或母牛牛奶）共孵育，没有反应的抗体使用 SPR 生物传感器进行检测。在 2002 年他们的一项更早的研究中，Gillis EH 等人建立了一种可以在原始牛奶中检测孕酮浓度的方法，孕酮浓度为 3.6ng/mL。在 2006 年优化后的检测中，他们可以在缓冲液和牛奶中检测分别得到 60pg/mL 和 0.6ng/mL 的 LOD。Mitchell JS 等人使用商业 SPR 生物传感器 Biacore 2000 和包含有金纳米粒子与蛋白质的封闭检测法来增加检测的灵敏度[259]。孕酮通过一个聚乙二醇（OEG）连接共价固定到葡聚糖层的表面。检测方法用金纳米粒子通过链霉素抗生物素蛋白与生物素化的单克隆抗体交联，对结合前连到纳米粒子上的方法和结合后连到纳米粒子上的方法均做了尝试。结合前连到纳米粒子上的方法中 LOD 为 143pg/mL，结合后连到纳米粒子上的方法中 LOD 为 23.1pg/mL。二抗的扩大信号方法能以 8 倍的增强结果信号使 LOD 为 20.1 pg/mL，然而使用连到金纳米粒子上的二抗可以改进 LOD 到 8.6pg/mL。

6.2 SPRi 在医药领域的应用

医药产业是事关国家稳定和经济社会发展的重要战略性产业，也是世界公认的最具发展前景的高新技术产业之一。我国医药行业 2007—2017 年产值增速均为 10%，其中 2015 年行业产值达到 2.87 万亿元，占国内生产总值的 4.24%。为进一步支持国内医药行业的发展，提升医药企业的竞争力，2015 年出台的《中共中央关于制定国民经济和社会发展第十三个五年规划的建议》明确将生物医药列为十大重点促进产业之一，集中支持新药研制与开发等核心技术的发展。随着计算机模拟设计、化学合成、天然产物提取、药物筛选和化合物分类等新药研发技术的不断发展，目标化合物库的样品数量不断增加，作为全球第一的公共化合物样品库，我国的国家化合物样品库共拥有超过 220 万个化合物样品[260]。虽然化合物样品数量庞大，但新药研发门槛依然很高，时间周期长达 10～17 年，研发成本超过 10 亿美元，而成功率不到 10%，导致每年批准的新药数量十分有限[261]。

2001—2016 年国家食品药品监督管理总局能上市的药品只批准了 1 类化学药品 13 个、生物制品 16 个，而湖南省虽然中药材存储总量和国家重点品种均位列全国第二，但是“十一五”期间中药新药研发数量仅居全国第五位[262]。

为了降低新药的开发周期和研发成本，提高开发成功率，药物重定位方法越来越受到国内外制药行业的关注。药物重定位方法是指将已上市或通过临床 I 期，但是临床Ⅱ期的结果不理想的药物用于新适应症或新用途进行开发，可以节约大约 40%的研发费用，缩短研发周期至 3～12 年[263]。药物重定位方法的关键在于，针对上述药物库采用高通量药物筛选技术，综合运用分子水平的实验方法、自动化筛选技术采集并处理实验数据以达到快速筛选活性药物的目的[264]。根据工作原理，高通量药物筛选技术包括光学、色谱、热分析、电化学、质谱和核磁共振等分析检测方法，综合考虑筛选速度、命中率和筛选成本等因素，其中又以光学检测方法较常用[265]。与以荧光标记强度检测为代表的标记发光检测技术相比，以 SPRi 为代表的无标记光学检测技术具有以下优点。

（1）SPRi 检测技术可通过检测棱镜-金属界面的反射光强度，直接检测药物分子和靶标蛋白之间结合产生的折射率、厚度等光学性质的变化，不会通过接触和标记改变及损伤药物分子的功能；在标记发光检测技术中，药物分子和靶标蛋白在键合发光标记分子后可能会产生构象变化、活性结合位点的覆盖和空间阻碍等不利因素，从而造成生理活性被改变，带来药物筛选的假性结果[266]。

（2）药物分子和靶标蛋白之间的结合是动力学过程，SPRi 检测技术可以通过检测上述光学性质的变化来连续监测结合的全过程，除得到反应强度外，通过数据处理还可以得到两者间的亲和力信息；标记发光检测技术只能得到反应强度这一终点信号[267]。

然而，SPRi 检测技术的自身特点给高效率的药物筛选带来了以下困难和挑战。

（1）信号放大技术。标记发光检测技术可以通过调节标记分子与基底之间的距离，选择合适的标记分子激发波长等方式来放大发光信号，而 SPRi 检测技术没有采用标记分子，无法通过上述方法实现信号放大，难以应用于微弱反应信号和低浓度的药物筛选[268]。

（2）药物分子固定技术。标记发光检测技术的终点信号检测通常在干燥条件下进行，采用共价键和氢键等常用固定方法，而 SPRi 检测技术对药物分子和靶标蛋白结合过程的实时监测是在液相下进行的，除需要保证药物分子的固定牢固度之外，还需要考虑固定材料的空间位阻，使靶标蛋白可以顺利在三维空间中和药物分子结合[269]。

近年来，具有信号放大技术、对药物分子具有良好固定效果的 SPRi 无标记检测芯片得到了国内研究者的密切关注。从发展历程上看，现有研究工作主要可以分为 SPRi 无标记信号放大技术和优化药物分子固定效果两部分。

目前，适用于药物筛选技术的 SPRi 无标记信号放大技术可以分为以下 4 个方面。

（1）在表面化学修饰方法的改进方面，为了增加检测信号，可以通过减少表面的非特异性吸附及作用，从而实现对药物分子和靶标蛋白特异性结合信号的放大，其中聚乙二醇是应用最广泛的抗非特异吸附表面[270]之一。除了降低非特异性吸附，还可以充分利用 SPR 的样品检测深度（0～200nm），因此需要制备三维表面来代替二维表面。常用的三维表面有基于羧甲基葡聚糖的表面[271]、基于 SIP 的表面及三维水凝胶表面等。除 Dextran 外，基于 SIP 的三维表面也可用于 SPR 检测。其中 SIP 结构原理示意图如图 6.2 所示，d_1 表示表面引发剂的密度，d_2 表示 SIP 生长的时间。该技术的基本原理是先通过自组装的方式在表面形成一个低密度分散的高分子聚合物的引发剂，然后通过原子转移自由基聚合（Atom Transfer Radical Polymerization, ATRP）形成一条有侧链的长的甲基丙烯酸类聚合物，其侧链通过酸化形成羧基以共价固定蛋白质等生物分子。优势是可以通过控制表面引发剂的量来控制高分子在表面的密度，充分利用了高分子的侧链；并且由于其聚合时用的单体含有 OEG 的甲基丙烯酸酯，因此该表面的非特异性吸附非常低，同时该表面的生物物质的固定量与 SAM 二维表面的生物物质的固定量相比提高了 10 倍左右[272]。

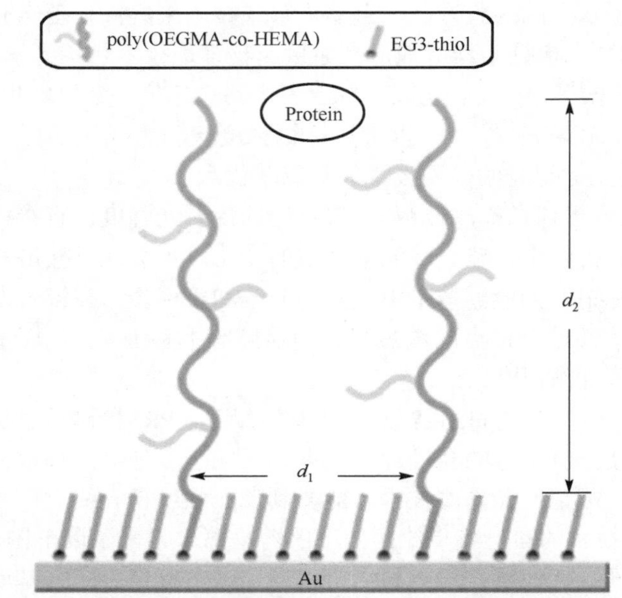

poly(OEGMA-co-HEMA)—聚乙二醇酯（OEGMA）和甲基丙烯酸羟乙酯（HEMA）共聚物刷；EG3-thiol—三(乙烯醇) 单-11-十一烷基硫醇；Protein—蛋白质

图 6.2 SIP 结构原理示意图

（2）在改变芯片的物理结构方面，从新型 SPR 传感芯片物理结构的角度进行信号增强，主要从两个方面进行研究，如本书第 2 章至第 4 章的介绍。一方面是构建新的 SPR 传感芯片结构，如使用 LRSPR、WCSPR 及 CPWR 等新型 SPR 结构进行灵敏度的增强；另一方面是通过其他的能激发 SPR 现象的贵金属材料（如银）或石墨烯，完全或部分代替目前流行的金材料用于 SPR 传感器的构建。

（3）在药物分子固定效果优化研究方面，由于不同药物分子的物理、化学性质各不相同，很难有一种通用的方法可以实现全面且有效地固定所有的药物分子，因此如何高效率地固定药物分子，并且不影响药物分子与蛋白质靶标结合的生化活性，一直都是药物库芯片技术的难题。目前常用的药物分子固定方法大致分为选择性固定法和非选择性固定法两种。以下仅介绍选择性固定法。选择性固定法是在所有小分子结构上修饰一致的特异性标签，通过芯片表面上能够与之相互识别的官能团，来实现小分子在芯片表面的定向固定。这种方法的缺陷在于药物分子的固定取向很少，导致活性中心无法向外暴露，为这些药物分子增加特异性的识别标签需要增加大量的化学合成及纯化的方法，大大增加了小分子库的构建难度；对于有固定取向的分子需要贡献活性基团用于选择性固定[273]。针对牺牲特定功能官能团的固定方法造成的小分子活性中心遭到破坏这一问题，哈佛大学的 Koehler 和其合作者提出了选择性固定法，利用异氰酸脂官能团构建新型表面，可以在吡啶蒸汽的环境下与小分子中的亲核基团共价连接[273]。在此基础上，日本理化学研究所的 Osada 及其合作者通过可以激发形成卡宾的双吖丙啶交联剂，构建了一种具有普适性的小分子固定方法。双吖丙啶在 365nm 紫外光波长激发下形成自由基，通过以碳插入和迈克尔加成为主的亲核取代方式与邻近药物分子的结构相连接，以完成对药物分子的固定。卡宾光交联法固定药物分子示意图如图 6.3 所示[274]。不具有药物分子结构依赖性的卡宾光交联法，保证了几乎所有的药物分子都可以被固定在芯片表面，大大简化了药物分子的合成与固定等烦琐的操作步骤。

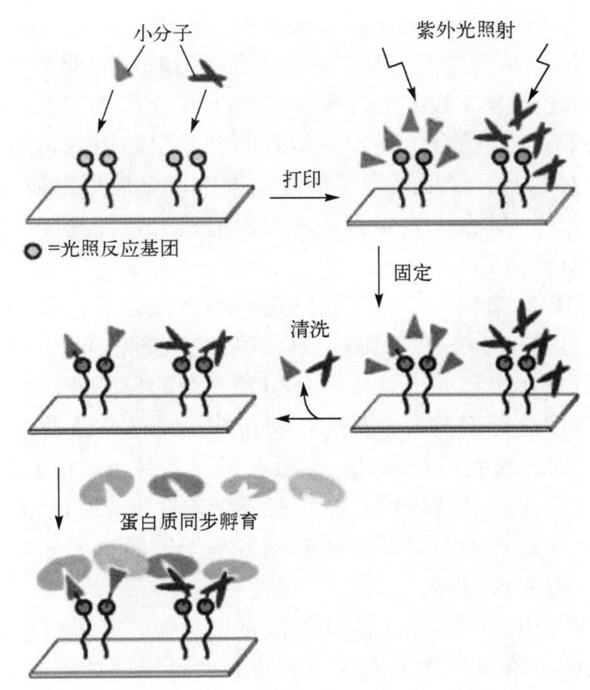

图 6.3　卡宾光交联法固定药物分子示意图

（4）在高通量药物活性分子筛选打分方法研究方面，Zhang XHD 等人提出了采用 Z 因子打分的方法对高通量药物活性分子筛选结果进行评价，对于存在阳性对照和阴性对照的筛选结果，分别计算阳性结果的均方差 σ_p 和平均值 μ_p，以及阴性结果的均方差 σ_n 和平均值 μ_n，通过式（6.1）计算 Z 因子的打分结果，若 Z 大于 0.5 则认为此次药物活性分子筛选结果有意义[275]。

$$Z = 1 - \frac{3\sigma_p + 3\sigma_n}{|\mu_p - \mu_n|} \tag{6.1}$$

对于每种药物活性分子与对应靶标的结合，分别计算检测结果的均方差 σ_s 和平均值 μ_s，通过式（6.1）计算 Z 因子的打分结果并对不同的药物活性分子进行排序，Z 大于 0.8 说明药物活性分子与靶标为强结合，为潜在药物或前体的主要候选；Z 介于 0.4 和 0.8 之间说明药物活性分子与靶标为中度结合，为潜在药物或前体的次要候选；Z 小于 0.4 说明药物活性分子与靶标为弱结合或不结合，不能作为潜在药物或前体的候选。

将整个研究工作分为金岛型银薄膜 SPRi 芯片的优化和制备、芯片表面的 SIP 修饰和卡宾光交联固定药物活性分子，以及药物库芯片在 SPRi 传感器上的功能测试三阶段，有望实现采用所述芯片进行药物重定位功能验证的研究目标。

（1）金岛型银薄膜 SPRi 芯片的优化和制备。本阶段工作中基于棱镜耦合器的多层介质-金属结构为金岛型银薄膜 SPRi 芯片建立的物理模型，采用多层光学薄膜的传输矩阵计算棱镜-金属界面的反射光强度，以此为基础展开对所述芯片的信号增强效果的理论优化和实际制备。首先在模型中分别调节金岛层和银薄膜的厚度，基于反射光强度计算不同厚度组合下的 SPRi 信号大小，从而得到 SPRi 信号达到峰值时对应的金岛层和银薄膜的厚度，并作为实际制备芯片时的厚度参数；然后根据文献[100]介绍的工艺参数，采用离子源辅助电子束蒸镀的物理沉积方法，结合上述步骤得到的金岛层和银薄膜的厚度参数制备表面平整的金岛型银薄膜 SPRi 芯片；最后采用单硫醇引发剂在金岛型银薄膜 SPRi 芯片表面制备 SAM，以备后续工作使用。综合上述步骤，本阶段的研究目标是制备具有最优信号增强效果的金岛型银薄膜 SPRi 芯片。

（2）芯片表面的 SIP 修饰和卡宾光交联固定药物活性分子。基于制备好的金岛型银薄膜 SPRi 芯片，本阶段工作分为 SIP 修饰和双吖丙啶交联剂的固定、FDA 药物库的打印与紫外光交联固定药物分子 3 个步骤。首先准备引发聚合的反应液，在室温、氩气保护条件下将芯片浸泡于反应液中进行引发聚合反应，将反应后的芯片进行酸化使之具备羧基官能团，并将双吖丙啶交联剂偶连到芯片表面；然后在避光条件下，将 FDA 药物库的所有药物分子通过高通量点样仪打印至芯片表面；最后在避光条件下，通过紫外曝光，将 FDA 药物库的所有药物分子固定在芯片表面，从而达到制备基于银薄膜无标记信号增强技术的药物活性分子筛选芯片的阶段研究目标。

（3）药物库芯片在 SPRi 传感器上的功能测试。关键在于验证药物活性分子筛选芯片的高通量筛选功能，因此本阶段工作以药物库芯片高通量筛选功能测试作为阶段研究目标。本阶段工作分为 SPRi 信号检测、亲和力与信号强度分析和筛选结果分类。首先将芯片放置于 SPRi 传感器上，通入靶标蛋白来获取无标记光学检测的实时信号；然后通过自动药物分子识别、动力学拟合等方法进行药物分子和靶标蛋白的亲和力与反应强度计算；最后对比阴性和阳性的计算结果，对所有药物分子进行是否靶点药物分子的分类。

除上述方法外，SPR 传感器还可以与质谱联用，借助馏分分离的方式进行药物活性成分筛选。将天然化合物成分通过高效液相色谱（High Performance Liquid Chromatography，HPLC）进行馏分分离，先将每一份馏分通过紫外光交联方法固定于传感芯片表面，通入靶标蛋白后通过数据分析软件寻找有特异结合的馏分；然后将该馏分再次通过 HPLC 进行馏分分离，分离的新馏分继续重复之前的固定、特异结合、分离步骤直到找到和靶标蛋白特异结合的单体或复合物；最后通过质谱分析其结构并确定活性成分结构[276]。

对于蛋白质、抗体等药物及前体，可以采用蛋白原位表达方法与 SPRi 技术。在该应用中，将谷胱甘肽巯基转移酶单克隆抗体固定在传感芯片表面，通入控制蛋白质表达的遗传物质过夜，使其在合适的环境下表达谷胱甘肽巯基转移酶标记的蛋白质并与其抗体相结合，干燥并清洗表面使传感芯片表面形成原位表达的蛋白质微阵列，通入候选药物或前体分析其与何种蛋白质结合及亲和力数值，即可实现对高通量药物的筛选。

6.3　SPRi 在小型化设备上的应用

受成像数据质量和数据处理方法的限制，现有 SPRi 设备的检测速度难以满足上述需求。

（1）在成像数据质量方面，现有 SPRi 设备大多采用空间强度高斯分布的光源倾斜入射耦合器，导致在金属表面区域内不同空间位置处的入射光强度存在差异，和光源亮度波动、光电探测器的散粒噪声叠加后带来的局域光强度变化，既导致微阵列内不同样点的反射光强度出现不均匀性，又是单一样点区域内反射光强度测量值的主要噪声来源。为消除反射光强度不均匀性的影响，现有设备通常采用标准样品校准或标准光强校准的测量步骤。标准样品校准的原理是，用标准样品替换初始介质产生固定的折射率差异，针对阵列探测器的每个像素计算这种差异对应的强度值变化，得到强度/折射率的检测灵敏度像素分布，对后续测量的强度值变化进行检测灵敏度校准，从而得到真实的介质折射率变化的空间分布；标准光强校准的原理是，将入射角固定在布儒斯特角，针对阵列探测器的每个像素记录此时的光强值作为光强差异参数，对后续测量的强度值变化进行光强差异参数校准，从而得到真实的介质折射率变化的空间分布。上述校准步骤操作复杂，需要耗费大量时间，不利于实现快速检测。

（2）在数据处理方法方面，检测区域内的反射光强度不均匀直接降低了测量图像数据的对比度，导致无法通过软件算法在图像中找到微阵列中每个样点的准确区域，而采用凭借经验的人工找点方法，不仅依赖于上位机等安装非实时操作系统的大型设备，增加了运算时间和经济成本，而且操作复杂、准确率低，消耗了大量时间，难以应用于准确、快速的检测场景。

我们研发了一种可实现快速检测的小型化 SPRi 设备及其检测方法，设备采用远心角度可以调节的远心匀光光源，根据光束入射耦合器的不同角度自动调节远心角度可以消除 SPRi 设备中金属表面区域内不同空间位置处的入射光强度差异，去除标准样品、标准光强校准等步骤，降低了操作的复杂度和检测所需时间。基于该设备的检测方法，实验前采用校准阵列探测器采集微阵列的图像信息，由单片机控制卡识别微阵列样点的物理位置，并计算样点在检测阵列探测器接收面的位置，调整检测阵列探测器的空间位置直到探测器单元可以完全接收微阵列每个样点的反射光，通过调节检测阵列探测器的偏置电压和灵敏度，使其单元输出信号为样点折射率测量的结果，完全消除了测量完成后数据处理的步骤，提高了测量的准确度，同时降低了时间和经济成本，可以满足快速检测的需要。

小型化 SPRi 设备由光源系统、成像系统、检测系统、进样系统和控制系统组成，如图 6.4 所示。

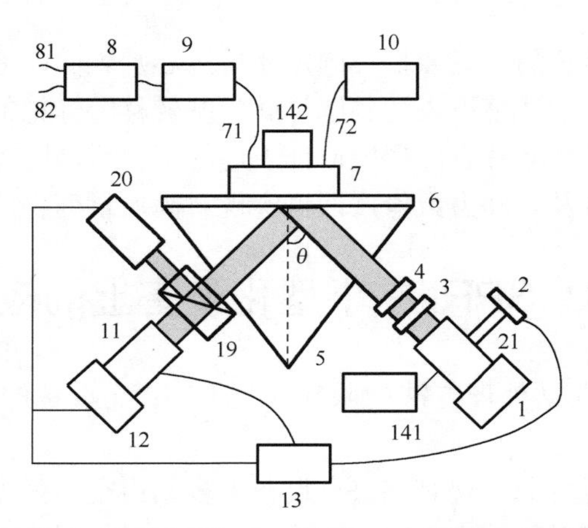

1—远心成像光源；2—旋钮调节电机；3—窄带滤光片；4—偏振片；5—棱镜；6—检测芯片；7—进样池；71—进样口；72—出样口；8—三通阀；81 和 82—选通端；9—柱塞泵；10—废液瓶；11—CCD；12—二自由度电机；13—单片机系统；141—光源的温度控制器；142—进样池的温度控制器；19—半透半反射镜；20—校准 CCD。

图 6.4 小型化 SPRi 设备示意图

（1）光源系统由远心角度可调的远心成像光源、远心角度调节旋钮、旋钮调节电机、偏振片和滤光片五部分组成，旋钮调节电机通过旋转远心角度调节旋钮可以实现对远心成像光源的远心角度调节。

（2）成像系统由半透半反射镜、CCD、校准 CCD 和二自由度电机连接而成，二自由度电机可以控制检测阵列探测器并在其接收端面内实现位置调节。

（3）检测系统为激发 SPR 的主要结构，由棱镜和表面修饰有微阵列的检测芯片组成。

（4）进样系统由进样池、三通阀、柱塞泵和废液瓶组成。图 6.4 中的进样系统局部放大图如图 6.5 所示。

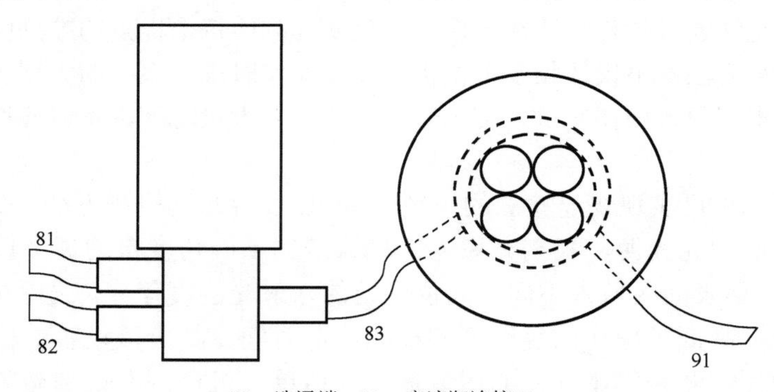

83—选通端；91—废液瓶连接口。

图 6.5 图 6.4 中的进样系统局部放大图

（5）控制系统由单片机控制卡构成，实验前用于调节远心成像光源的远心角度和检测阵列探测器的空间位置，实验中用于接收检测阵列探测器的测量结果。温度控制系统由远心成像光源 1 的温度控制器（见图 6.4 图注 141）和进样池的温度控制器（见图 6.4 图注 142）组成，分别用于控制远心成像光源和进样池的温度。温控系统组成示意图如图 6.6 所示，由热电偶、控制电路、制冷片和散热风扇组成。

15—热电偶；16—控制电路；17—制冷片；18—散热风扇。

图 6.6　温控系统组成示意图

我们在设备基础上研发了一种快速折射率检测方法，该方法包括实验前调节入射光强度的均匀性、计算检测芯片微阵列样点在 CCD 接收面的位置、调节 CCD 的空间位置、校准 CCD 偏置和灵敏度，以及直接测量检测芯片表面微阵列各样点折射率变化 5 个步骤。

在实验前调节入射光强度的均匀性步骤中，首先通过光谱仪测量光源 LED 的发光光谱，如图 6.7 所示。图中 LED 的中心波长为 660nm，波长宽度为 25nm，因此需要在出射端加上中心波长为 660nm、波长宽度为 10nm 的窄带滤光片，考虑到 LED 的发光角度大于 140°，需要在出射端加上镜头进行准直。图 6.8 所示为单透镜准直后光斑强度的空间分布。图 6.9 所示为双透镜准直后光斑强度的空间分布。两者对比显示，单透镜准直后光斑尺寸更小，强度高斯空间分布更加明显，而双透镜准直后光斑尺寸更大，强度高斯空间分布减弱。这种直观感受通过图 6.10 所示的不同透镜准直后光斑强度的空间分布对比更为明显，以归一化光强衰减至 $1/e^2$ 为标准判断，单透镜准直后光斑尺寸约为 1400 像素，而双透镜准直后光斑尺寸约为 2100 像素，为前者的 1.5 倍。然而注意到上述两种准直方法均存在光斑内强度高斯分布明显的特点，采用这种入射光进行 SPRi 数据采集时容易出现中心和边缘强度对比度极大的情况。为克服这种局限性，采用远心投影光源可以实现良好的均匀性，没有加入传感芯片直接采集棱镜全反射光强度的空间分布效果（远心光源匀光效果）图如图 6.11 所示[278-279]。

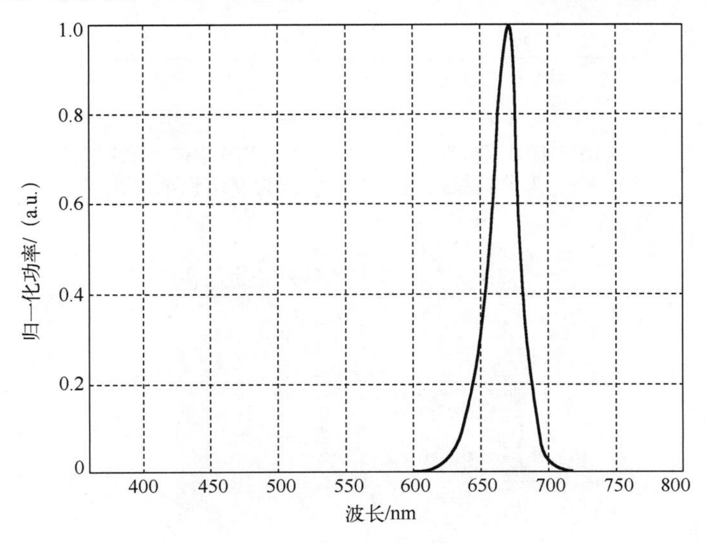

图 6.7　光源 LED 的发光光谱

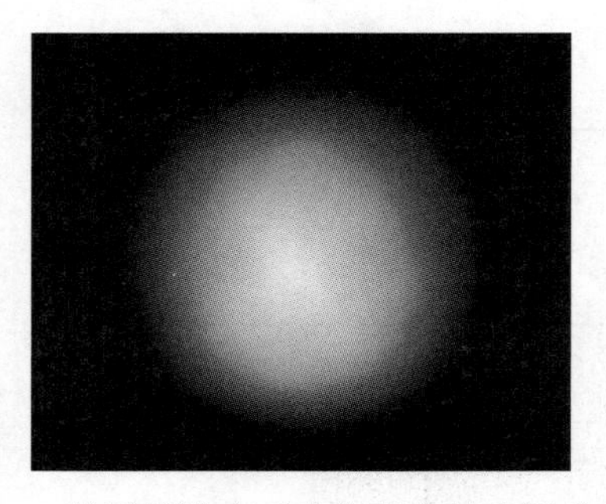

图 6.8 单透镜准直后光斑强度的空间分布

图 6.9 双透镜准直后光斑强度的空间分布

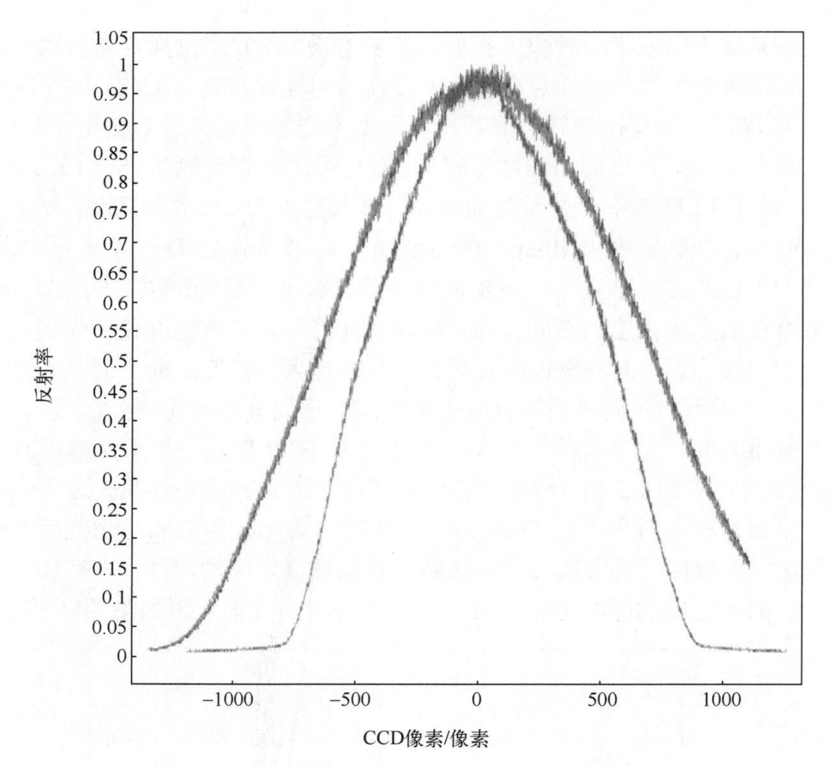

图 6.10 不同透镜准直后光斑强度的空间分布对比（细线为单透镜准直结果，粗线为双透镜准直结果）

图 6.11 远心光源匀光效果图

经过上述光学系统设计优化后，在单片机系统的控制下，通过旋钮调节电机的远心角度调节旋钮来调节远心成像光源的远心角度，每次旋转后单片机系统都会读取 CCD 图像的数据，并计算所有像素强度值的均方差和平均强度，当两者的商最小时停止旋转，得到 CCD 图像。远心光源照射传感芯片反射光强度的效果如图 6.12 所示。

图 6.12　远心光源照射传感芯片反射光强度的效果

在计算上述检测芯片微阵列样点在 CCD 接收面的位置步骤中，首先将三通阀的入口切换至选通端（见图 6.5），通入去离子水，采用校准 CCD 截取金属表面检测区域的图像，即图 6.13（a）中的黑色边框区域，同时读取起始点、截止点、offsetx 和 offsety 4 个检测区域的设计参数。

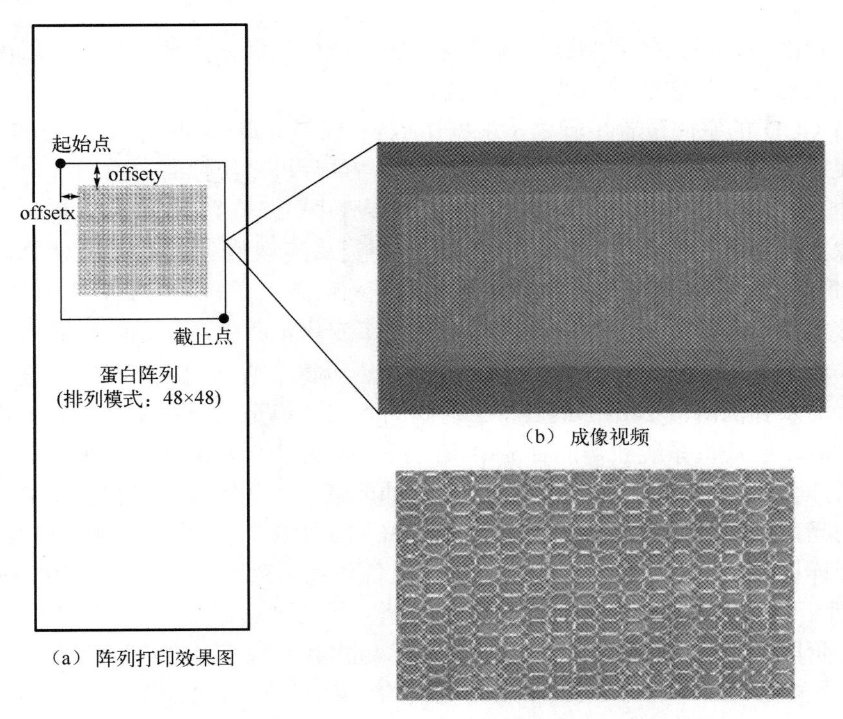

（a）阵列打印效果图

（b）成像视频

（c）样点空间位置计算结果

图 6.13　阵列打印效果图、成像视频和样点空间位置计算结果

接下来是对设计尺寸和CCD探测结果空间尺寸比例进行计算，其中，图6.13（a）中的黑色框图区域为图 6.13（b）拍摄到的成像区域。由于成像过程中存在图像压缩，因此图6.13（a）中的蛋白点圆心变换映射为图6.13（b）中的椭圆形状，公式中的offsetx、offsety分别代表检测芯片完成点样后的点样效果，已在图6.13（a）中标注，表示每个检测区域中左上角距离起始点在横轴和纵轴的差值，a、b 分别代表样点在图 6.13（a）中的 x 方向位置和 y 方向位置。

最后在校准 CCD 图像结果中实现检测区域标定，映射后的椭圆检测区域可能与校准 CCD 成像图中的检测区域不能完全吻合，所以需要对映射后的椭圆点进行自动校正。由于在实验中校准CCD图像要采集灰度图像，因此在成像图中的目标检测区域呈白色。在理想情况下，映射后的椭圆检测区域与目标检测区域重合，椭圆点所在区域内为白色，椭圆点的重心与圆心重合。当映射效果不理想时，重心与圆心之间的差值代表应该修正的方向，此时用重心替换椭圆点圆心便可得到修正后的椭圆点。椭圆点的重心计算公式如式(6.2)所示[280]。

$$x_c = \frac{M_{10}}{M_{00}}, \quad y_c = \frac{M_{01}}{M_{00}} \tag{6.2}$$

式中，x_c 与 y_c 代表重心的横坐标与纵坐标；M_{00} 代表图像的0阶矩；M_{10} 与 M_{01} 代表图像的一阶矩，其计算方式如式（6.3）所示，其中 $V(i,j)$ 代表图像 V 像素点 (i,j) 处的灰度值。

$$M_{00} = \sum_i \sum_j V(i,j) M_{10} = \sum_i \sum_j i \cdot V(i,j) M_{01} = \sum_i \sum_j j \cdot V(i,j) \tag{6.3}$$

在自动校准后，可以使用椭圆目标检测区域内的白色像素点数量与该区域内像素点数量的比值衡量椭圆点的定位准确度[见图 6.13（c）]。

在调节 CCD 的空间位置步骤中，根据图 6.13（c）计算得到的样点在 CCD 接收面的位置及在 CCD 当前接收面的坐标位置的差值，由单片机系统控制二自由度电机运动直到CCD到达指定位置。在校准CCD偏置和灵敏度步骤中，调节CCD的偏置直到单片机系统获得的图像数据中所有样点对应的像素值为0，将灵敏度调整至0.00583，使单片机系统获得CCD的每张测量图像均除以此系数进行校准。

在直接测量检测芯片表面微阵列各样点折射率变化步骤中，首先将三通阀的入口切换至选通端（81，见图6.5），通入去离子水200s；然后将三通阀的入口切换至选通端（82，见图6.5），通入甘油溶液200s；最后将三通阀的入口切换至选通端（81，见图6.5），通入去离子水200s。单片机系统获得的甘油溶液的折射率测量结果如图6.14所示。在通入甘油溶液100s时读取单片机系统获得的数据，即甘油溶液的折射率测量结果。图中分析甘油和去离子水的噪声水平分别为 1.65×10^{-6}RIU 和 1.38×10^{-6}RIU，说明该小型化 SPRi 设备已经完成对原理样机的设计和优化。小型化 SPRi 设备外观示意图和控制端界面分别如图 6.15 和图6.16所示，为后续的中试和商品化打下了坚实基础[281]。

在下一阶段的研究中，可将 SPRi 传感技术与物联网技术、神经网络技术等前沿技术相结合，使小型化SPRi设备在实践中发挥更大的作用。当小型化SPRi设备接入物联网时，检测数据可在服务端形成检测大数据，在传统的种类和浓度检测数据上增加检测时间、条件和地理位置信息，这对于分析检测结果的有效性、地域性和季节性具有重要意义；当小型化 SPRi 设备采用神经网络技术进行功能控制和结果分析时，系统工作时的温度等参数将更加稳定，数据分析将更加精准化、智能化和专业化，对于扩大小型化 SPRi 设备在更多领域的应用具有重大意义。

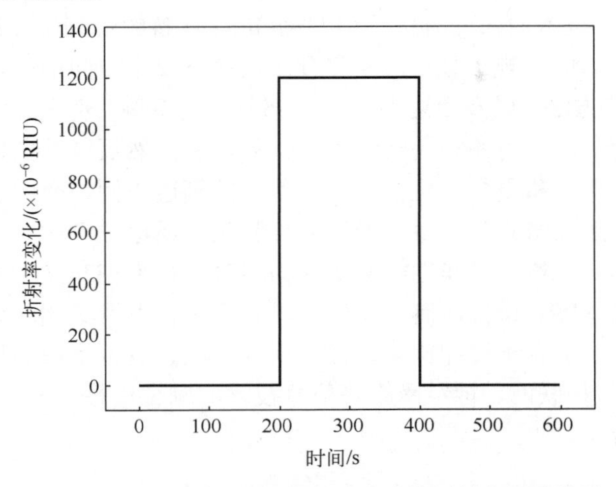

图 6.14　单片机系统获得的甘油溶液的折射率测量结果

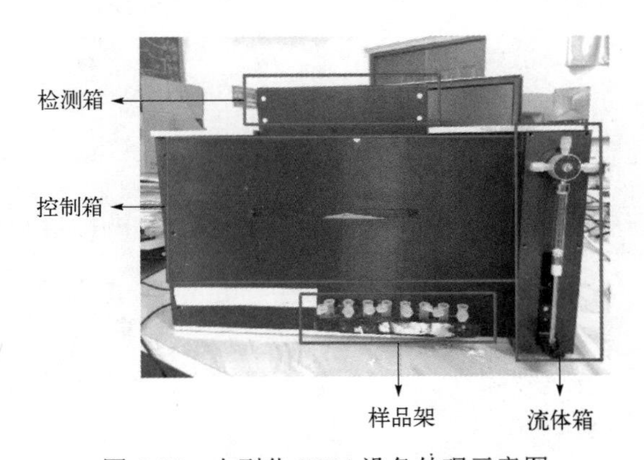

图 6.15　小型化 SPRi 设备外观示意图

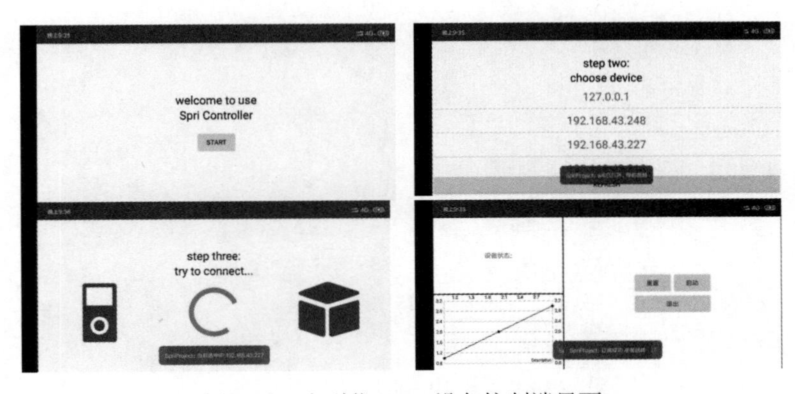

图 6.16　小型化 SPRi 设备控制端界面

6.4 结　　语

本章主要对 SPRi 技术的部分应用及小型化 SPRi 设备的研制工作进行简要介绍。首先以检测领域里常见的环境监测、医学诊断和食品健康与安全方面的应用为例，介绍了基于 SPRi 技术的常用检测方法，以及上述各方面的部分应用案例，重点介绍了细胞内标志物的检测方法，希望能为上述应用的相关从业人员提供参考；然后以医药领域常见的化合物库筛选、药物活性分子确定和蛋白、抗体药物及前体的筛选为例，介绍了 SPRi 技术现有的和潜在的应用，其中涉及微阵列制备、馏分分离和蛋白质原位表达技术，说明 SPRi 技术在医药领域的应用具有学科交叉属性，希望能为 SPRi 技术在交叉学科的研究和应用提供思路；最后在小型化 SPRi 设备研制工作方面，介绍了作者及其团队近年来在设备研制方面的部分工作，主要包括光源设计优化、样点识别算法、设备集成和控制端研制，并对后续小型化 SPRi 设备与物联网、神经网络等信息技术的融合进行了展望，希望能为 SPRi 技术的后续发展提供帮助。

参考文献

[1] UPDIKE SJ, HICKS GP. The Enzyme Electrode[J]. Nature, 1967, 214(5092): 986-988.

[2] HOMOLA J. Surface Plasmon Resonance Sensors for Detection of Chemical and Biological Species[J]. Chemical Reviews, 2008, 108(2): 462-493.

[3] TURNER APF. Biosensors 2008: The 10th World Congress on Biosensors Preface[J]. Biosensors and Bioelectronics, 2009, 24(5): 1065-1066.

[4] BUNDE RL, JARVI EJ, ROSENTRETER JJ. Piezoelectric Quartz Crystal[J]. Talanta, 1998, 46(6): 1223-1236.

[5] BORISOV SM, WOLFBEIS OS. Optical Biosensors[J]. Chemical Reviews, 2008, 108(2): 423-461.

[6] HOMOLA J, YEE SS, GAUGLITZ G. Surface Plasmon Resonance Based Sensors: Review[J]. Sensors and Actuators B, 1999, 54(1-2): 3-15.

[7] JONSSON U, FAGERSTAM L, IVARSSON B. Real-time Biospecific Interaction Analysis Using Surface-plasmon Resonance[J]. Biotechniques, 1992, 115(5): 620.

[8] HOMOLA J. Present and Future of Surface Plasmon Resonance Biosensors[J]. Analytical and Bioanalytical Chemistry, 2003, 377(3): 528-539.

[9] RAETHER H. Surface Plasmons on Smooth and Roug Surfaces and on Grating[M]. Berlin: Springer, 1986.

[10] ORDAL MA, LONG LL, Bell RJ, et al. Optical Properties of Metals Al, Co, Cu, Au, Fe, Pb, Ni, Pd, Pt, Ag, Ti, and W in the Infrared and far Infrared[J]. Applied Optics, 1983, 22(7): 1099-1119.

[11] WOOD RW. On a Remarkable Case of Uneven Distribution of Light in a Diffraction Grating Spectrum[J]. Procedings of the Physical Society of London, 1902, 18: 269-275.

[12] FANO U. The Theory of Anomalous Diffraction Gratings and of Quasi-Stationary Waves on Metallic Surfaces[J]. Journal of the Optical Society of America, 1941, 31(3): 213-222.

[13] RITCHIE RH. Plasma Losses by Fast Electrons in Thin Films[J]. Physical Review, 1957, 106(5): 874-881.

[14] POWELL CJ, SWAN JB. Origin of the Characteristic Electron Energy Losses in Aluminum[J]. Physical Review, 1961, 115(4): 869-875.

[15] STERN EA, FARRELL RA. Surface Plasma Oscillations of a Degenerate Electron Gas[J]. Physical Review, 1960, 120(1): 130-136.

[16] KRETSCHMANN E, RAETHER HZ. Radiative Decay of Non-Radiative Surface Plasmons Excited by Light[J]. Naturforsch, 1968, 23a: 2135-2136.

[17] OTTO A. Excitation of Non-Radiative Surface Plasmoa Waves in Silver by the Method of Frustrate Total Reflection[J]. Z. Phys, 1968, 216: 398-410.

[18] JORGENSON RC, YEE SS. A Fiber-optic Chemical Sensor Based on Surface Plasmon Resonance[J]. Sensors and Actuators B, 1993, 12 (3): 213-220.

[19] LUKOSZ W. Principles and Sensitivities Integrated Optical and Surface-plasmon Sensors for Direct Sensing and Immunosensing[J]. Biosensors and Bioelectronics, 1991, 6(3): 215-225.

[20] LAMBECK PV. Integrated Opto-Chemical Sensors[J]. Sensors and Actuators B, 1992, 8(1): 103-116.

[21] LAVERS CR, WILKINSON JS. A Waveguide-Coupled Surface-Plasmon Sensor for an Aqueous Environment [J]. Sensors and Actuators B, 1994, 22(1): 75-81.

[22] HARRIS RD, WILINSON JS. Waveguide Surface Plasmon Resonance Sensors[J]. Sensors and Actuators B, 1995, 29(1-3): 261-267.

[23] CTYROKY J, HOMOLA J, SKALSKY M. Tuning of Spectral Operation Range of a Waveguide Surface Plasmon Resonance Sensor[J]. Electronics Letters, 1997, 33(14): 1246-1248.

[24] DOSTALEK J, HOMOLA J, MILER M. Rich Information Format Surface Plasmon Resonance Biosensor Based on Array of Diffraction Gratings[J]. Sensors and Actuators B, 2005, 107(1): 154-161.

[25] TELEZHNIKOVA O, HOMOLA J. New approach to Spectroscopy of Surface Plasmons[J]. Optics Letters, 2006, 31(22): 3339-3341.

[26] HOMOLA J. Surface Plasmon Resonance Based Sensors[M]. Berlin: Springer, 2006.

[27] THOMSEN V, SCHATZLEIN D, MERCURO D. Limits of Detection in Spectroscopy[J]. Spectroscopy, 2003, 18 (12): 112-114.

[28] SHANKARAN DR, GOBI KVA, MIURA N. Recent Advancements in Surface Plasmon Resonance Immunosensors for Detection of Small Molecules of Biomedical, Food and Environmental Interest[J]. Sensors and Actuators B, 2007, 121(1): 158-177.

[29] HABAUZIT D, CHOPINEAU J, ROIG B. SPR-based Biosensors: A Tool for Biodetection of Hormonal Compounds[J]. Analytical and Bioanalytical Chemistry, 2007, 387(4): 1215-1223.

[30] DUNNE L, DALY S, BAXTER A, et al. Surface Plasmon Resonance-Based Immunoassay for the Detection of Aflatoxin B1 Using Single-Chain Antibody Fragments[J]. Spectroscopy Letters, 2005, 38(3): 229-245.

[31] ROJO N, ERCILLA G, HARO I. GB Virus C (GBV-C) / Hepatitis G Virus (HGV): Towards the Design of Synthetic Peptides-based Biosensors for Immunodiagnosis of GBV-C/HGV Infection[J]. Current Protein and Peptide Science, 2003, 4(4): 291-298.

[32] WITTEKINDT C, FLECKENSTEIN B, WIESMULLER KH, et al. Detection of Human Serum Antibodies Against Type-specially Reactive Peptides from the N-terminus of Glycoprotein B of Herpes Simplex Virus Type 1 and Type 2 by Surface Plasmon resonance[J]. Journal of Virological Methods, 2000, 87(1-3): 133-144.

[33] VAISOCHEROVA H, MRKVOVA K, PILIARIK M, et al. Surface Plasmon Resonance Biosensor for Direct Detection of Antibody Against Epstein-Barr Virus[J]. Biosensors and Bioelectronics, 2007, 22(6): 1020-1026.

[34] SEYDACK M. Nanoparticle Labels in Immunosensing Using Optical Detection Methods[J]. Biosensors and Bioelectronics, 2005, 20(12): 2454-2469.

[35] MITCHELL JS, WU Y, COOK CJ, et al. Sensitivity Enhancement of Surface Plasmon Resonance Biosensing of Small Molecules[J]. Analytical Biochemistry, 2005, 343 (1): 125- 135.

[36] KOMATSU H, MIYACHI M, FUJII E, et al. SPR Sensor Signal Amplification Based on Dye-doped Polymer Particles[J]. Science Technology Advanced Materials, 2006, 7(2): 150-155.

[37] JOHNSON PB, CHRISTY RW. Optical Constants of the Noble Metals[J]. Physical Review B, 1972, 6 (12): 4370-4379.

[38] LIEDBERG B, NYLANDER C, LUNDSTROM I. Surface Plasmons Resonance for Gas Detection and Biosensing[J]. Sensors and Actuators, 1983, 4: 299-304.

[39] HOMOLA J, YEE SS, GAUGLITZ G. Surface Plasmon Resonance Sensors: Review[J]. Sensors and Actuators, 1999, 54(1): 3-15.

[40] LI CT, YEN TJ, CHEN HF. A Generalized Model of Maximizing the sensitivity in the Intensity-interrogation Surface Plasmon Resonance Biosensors[J]. Optics Express, 2009, 17(23): 20771.

[41] YEATMAN EM. Resolution and Sensitivity in Surface Plasmon Microscopy and Sensing[J]. Biosensors and Bioelectronics, 1996, 11(6-7): 635-649.

[42] FARRE M, MARTINEZ E, RAMON J, et al. Part per Trillion Determination of Atrazine in Natural Water Samples by a Surface Plasmon Resonance Immunosensor[J]. Analytical and Bioanalytical Chemistry, 2007, 388(1): 207-214.

[43] KYO M, USUI-AOKI K, KOGA H. Label-free Detection of Proteins in Crude Cell Lysate with Antibody Arrays by a Surface Plasmon Resonance Imaging Technique[J]. Analytical Chemistry, 2005, 77(22): 7115-7121.

[44] HUANG H, CHEN Y. Label-free Reading of Microarray-based Proteins with High throughput Surface Plasmon Resonance Imaging[J]. Biosensors and Bioelectronics, 2006, 22(5): 644-648.

[45] PILLET F, ROMERA C, TREVISIOL E, et al. Surface Plasmon Resonance Imaging (SPRi) as an Alternative Technique for Rapid and Quantitative Screening of Small Molecules, Useful in Drug discovery[J]. Sensors and Actuators B, 2011, 157(1): 304-309.

[46] PILIARIK M, PAROVA L, HOMOLA J. High-throughput SPR Sensor for Food Safety[J]. Biosensors and Bioelectronics, 2009, 24(5): 1399-1404.

[47] LEE HJ, WARK AW, CORN RM. Creating Advanced Multifunctional Biosensors with Surface Enzymatic Transformations[J]. Langmuir, 2006, 22(12): 5241-5250.

[48] ZYBIN A, GRUNWALD C, MIRSKY VM, et al. Double-Wavelength Technique for Surface Plasmon Resonance Measurements: Basic Concept and Applications for Single Sensors and Two-Dimensional Sensor Arrays[J]. Analytical Chemistry, 2005, 77(8): 2393-2399.

[49] SHUMAKER-PARRY JS, CAMPBELL CT. Quantitative Methods for Spatially Resolved Adsorption/Desorption Measurements in Real Time by Surface Plasmon Resonance Microscopy[J]. Analytical Chemistry, 2004, 76(4): 907-917.

[50] SHUMAKER-PARRY JS, AEBERSOLD R, CAMPBELL CT. Parallel, Quantitative Measurement of Protein Binding to a 120-Element Double-Stranded DNA Array in Real Time Using Surface Plasmon Resonance Microscopy[J]. Analytical Chemistry, 2004, 76(7): 2071-2082.

[51] CAMPBELL CT, KIM G. SPR Microscopy and Its Applications to High-throughput Analyses of Biomolecular Binding Events and Their kinetics[J]. Biomaterials, 2007, 28(15): 2380-2392.

[52] T. M. CHINOWSKY, M. S.GROW, K. S. JOHNSTON, et al.Compact, High Performance Surface Plasmon Resonance Imaging system[J]. Biosensors and Bioelectronics, 2007, 22: 2208-2215.

[53] PILIARIK M, VAISOCHEROVA H, HOMOLA J. A New Surface Plasmon Resonance Sensor for High-throughput Screening Applications[J]. Biosensors and Bioelectronics, 2005, 20(10): 2104-2110.
[54] PILIARIK M, VAISOCHEROVA H, HOMOLA J. Towards Parallelized Surface Plasmon Resonance Sensor Platform for Sensitive Detection of Oligonucleotides[J]. Sensors and Actuators B, 2007, 121(1): 187-193.
[55] SEPULVEDA B, CALLE A, LECHUGA LM, et al. Highly Sensitive Detection of Biomolecules with the Magneto-Optic Surface Plasmon Resonance Sensor[J]. Optics Letters, 2006, 31(8):1085-1087.
[56] MA X, XU XL, ZHENG Z, et al. Dynamically Modulated Intensity Interrogation Scheme Using Waveguide Coupled Surface Plasmon Resonance Sensors[J]. Sensors and Actuators A, 2010, 157(1): 9-14.
[57] MUKHOPADHYAY R. Surface Plasmon Resonance Instruments Diversify[J]. Analytical Chemistry, 2005, 77(15): 313 A-317 A.
[58] MULLETT, WM, LAI EPC, et al. Surface Plasmon Resonance-based Immunoassays[J]. Methods, 2000, 22(1): 77-91.
[59] BOOZER C, KIM G, CONG S, et al. Looking Towards Label-free Biomolecular Interaction Analysis in a High-throughput Format: a Review of New Surface Plasmon Resonance Technologies[J]. Current Opinion in Biotechnology, 2006, 17: 400-405.
[60] GORDON II JG, SWALEN JD. The Effect of Thin Organic Films on the Surface Plasmon Resonance on Gold[J]. Optics Communications, 1977, 22(3): 374-376.
[61] MATSUBARA K, KAWADA S, MINAMI S. Optical Chemical Sensor Based on Surface Plasmon Measurement[J]. Applied Optics, 1988, 27(6): 1160-1163.
[62] GOPINATH SCB. Biosensing Applications of Surface Plasmon Resonance-based Biacore technology[J]. Sensors and Actuators B, 2010, 150(2): 722-733.
[63] THIRSTRUP C, ZONG W, BORRE M, et al. Diffractive Optical Coupling Element for Surface Plasmon Resonance Sensors[J]. Sensors and Actuators B, 2004, 100(3): 298-308.
[64] PEDERSEN HC, THIRSTRUP C. Design of Near-Field Holographic Optical Elements by Grating Matching[J]. Applied Optics, 2004, 43(6): 1209-1215.
[65] FANG Y, FERRIE AM, FONTAINE NH, et al. Resonant Waveguide Grating Biosensor for Living Cell Sensing[J]. Biophysical Journal, 2006, 91(5): 1925-1940.
[66] ZHANG X, LIU Y, FAN T, et al. Design and Performance of a Portable and Multichannel SPR Device[J]. Sensors, 2017, 17(6): 1435.
[67] NAIMUSHIN A, SOELBERG S, BARTHOLOMEW DU, et al. A Portable Surface Plasmon Resonance (SPR) Sensor System with Temperature Regulation[J]. Sensors and Actuators B, 2003, 96(1-2): 253-260.
[68] SHIN YB, KIM HM, JUNG YW, et al. A New Palm-sized Surface Plasmon Resonance (SPR) Biosensor Based on Modulation of a Light Source by a Rotating Mirror[J]. Sensors and Actuators B, 2010, 150(1): 1-6.
[69] CARUSO F, JORY MJ, BRADBERRY GW, et al. Acousto-optic Surface-plasmon Resonance Measurements of Thin Films on Gold[J]. Journal of Applied Physics, 1998, 83(2): 1023-1028.
[70] PFEIFER P, ALDINGER U, SCHWOTZER G, et al. Real Time Sensing of Specific Molecular Binding Using Surface Plasmon Resonance Spectroscopy[J]. Sensors and Actuators B, 1999, 54(1-2): 166-175.
[71] NENNINGER GG, PILIARIK M, HOMOLA J. Data Analysis for Optical Sensors Based on Spectroscopy

of Surface Plasmons[J]. Measurement Science and Technology, 2002, 13(12): 2038-2046.

[72] HOMOLA J, Lu HB, YEE SS. Dual-channel Surface Plasmon Resonance Sensor with Spectral Discrimination of Sensing Channels Using Dielectric Overlayer[J]. Electronics Letters, 1999, 35(13): 1105-1106.

[73] JORY MJ, VUKUSIC PS, SAMBLES JR. Development of a Prototype Gas Sensor Using Surface Plasmon Resonance on Gratings[J]. Sensors and Actuators B, 1994, 17(3): 203-209.

[74] ADAM P, DOSTALEK J, TELEZHNIKOVA O, et al. SPR Sensor Based on a Bi-diffractive Grating[J]. Proceedings of SPIE, 2007, 6585: 65851Y.

[75] HEMMI A, USUI T, MOTO A, et al. A Surface Plasmon Resonance Sensor on a Compact Disk-type Microfluidic Device[J]. Journal of Separation Science, 2011, 34(20): 2913-2919.

[76] HUANG JG, LEE CL, LIN HM, et al. A Miniaturized Germanium-doped Silicon Dioxide-based Surface Plasmon Resonance Waveguide Sensor for Immunoassay Detection[J]. Biosensors and Bioelectronics, 2006, 22(4): 519-525.

[77] WANG TJ, LINWS, LIU FK. Integrated-optic Biosensor by Electro-Optically Modulated Surface Plasmon Resonance[J]. Biosensors and Bioelectronics, 2007, 22(7): 1441-1446.

[78] NELSON SG, JOHNSTON KS, YEE SS. High Sensitivity Surface Plasmon Resonance Sensor Based on Phase Detection[J]. Sensors and actuators B, 1996, 35(1-3): 187-191.

[79] HUANG YH, HO HP, WU SY, et al. Detecting Phase Shifts in Surface Plasmon Resonance: A Review[J]. Advances in Optical Technologies, 2012, 12, 471957.

[80] LI YC, CHANG YF, SU LC, et al. Differential-phase Surface Plasmon Resonance Biosensor[J]. Analytical Chemistry, 2008, 80(14): 5590-5595.

[81] KRUCHININ AA, VLASOV YG. Surface Plasmon Resonance Monitoring by Means of Polarization State Measurement in Reflected Light as the Basis of a DNA-probe Biosensor[J]. Sensors and Actuators B, 1996, 30(1): 77-80.

[82] CHIANG HP, LIN JL, CHEN ZW. High Sensitivity Surface Plasmon Resonance Sensor Based on Phase Interrogation at Optimal Incident Wavelengths[J]. Applied Physics Letters, 2006, 88(14): 141105.

[83] STEINER G, SABLINSKAS V, HUBNER A, et al. Surface Plasmon Resonance Imaging of Microstructured Monolayers[J]. Journal of Molecular Structure, 1999, 509(1-3): 265-273.

[84] SU YD, CHEN SJ, YEH TL. Common-path Phase-shift Interferometry Surface Plasmon Resonance Imaging system[J]. Optics Letters, 2005, 30(12): 1488-1490.

[85] YU X, DING X, LIU FF, et al. A Novel Surface Plasmon Resonance Imaging Interferometry for Protein Array Detection[J]. Sensors and Actuators B, 2008, 130(1): 52-58.

[86] KABASHIN AV, NIKITIN PI. Interferometer Based on a Surface Plasmon Resonance for Sensor Applications[J]. Quantum Electronics, 1997, 27(7): 653-654.

[87] KABASHIN AV, NIKITIN PI. Surface Plasmon Resonance Interferometer for Bio- and Chemical-sensors[J]. Optics Communications, 1998, 150(1-6): 5-8.

[88] NIKITIN PI, GRIGORENKO AN, BELOGLAZOV AA, et al. Surface Plasmon Resonance Interferometry for Micro-array Biosensing[J]. Sensors and Actuators A, 2000, 85(1): 189-193.

[89] NOTCOVICH AG, ZHUK V, LIPSON SG. Surface Plasmon Resonance Phase Imaging[J]. Applied Physics Letters, 2000, 76(13): 1665-1667.

[90] WU SY, HO HP, LAW WC, et al. Highly Sensitive Differential Phase-Sensitive Surface Plasmon Resonance Biosensor Based on the Mach–Zehnder Configuration[J]. Optics Letters, 2004, 29(20): 2378-2380.

[91] HO HP, WU SY. Simulation of a Novel Sensitivity and Wide dynamic Range Phase-sensitive Surface Plasmon Resonance Sensor[J]. IEEE Conference on Electron Devices and Solid State Circuits, 2007, 301-304.

[92] HO HP, LAM WW, WU SY. Surface Plasmon Resonance Sensor Based on the Measurement of Differential Phase[J]. Review of Scientific Instruments, 2002, 73(10): 3534-3539.

[93] NG SP, WU ML, WU SY, et al. White-light Spectral Interferometry for Surface Plasmon Resonance Sensing Applications[J]. Optics Express, 2011, 19(5): 4521-4527.

[94] LAUSTED C, HU Z, HOOD L, et al. SPR Imaging for High Throughput, Label-free Interaction Analysis[J]. Combinatorial Chemistry & High Throughput Screening, 2009, 12(8): 741-751.

[95] SONG L, WANG Z, ZHOU D, et al. Waveguide Coupled Surface Plasmon Resonance Imaging Measurement and High-throughput Analysis of Bio-interaction[J]. Sensors and Actuators B, 2013, 18:652-660.

[96] DING X, CHENG W, LI Y, et al. An Enzyme-free Surface Plasmon Resonance Biosensing strategy for Detection of DNA and Small Molecule Based on Nonlinear Hybridization Chain reaction[J]. Biosensors and Bioelectronics, 2017, 87: 345-351.

[97] SUN K, XIA N, ZHAO L, et al. Aptasensors for the Selective Detection of Alpha-synuclein Oligomer by Colorimetry, Surface Plasmon Resonance and Electrochemical Impedance Spectroscopy[J]. Sensors and Actuators B, 2017, 245: 87.

[98] HE L, PAGNEUX Q, LARROULET I, et al. Label-free Femtomolar Cancer Biomarker Detection in Human Serum Using Graphene-coated Surface Plasmon Resonance chips[J]. Biosensors and Bioelectronics, 2017, 89: 606.

[99] LI CT, YEN TJ, CHEN HF. A Generalized Model of Maximizing the Sensitivity in Intensity-interrogation Surface Plasmon Resonance Biosensors[J]. Optics Express, 2009, 17(23): 20771.

[100] WANG Z, CHENG Z, SINGH V, et al. Stable and Sensitive Silver Surface Plasmon Resonance Imaging Sensor Using Trilayered Metallic Structures[J]. Analytical Chemistry, 2014, 86(3): 1430-1436.

[101] FRANC G, GOURDON A. Covalent Networks Through On-surface Chemistry in ultra-high vaccum: state-of-the-art and recent developments[J]. Physcial Chemistry Chemical Physics, 2011, 13(32): 14283-14292.

[102] LAHIRI J, ISAACS L, TIEN J, et al. A Strategy for the Generation of Surfaces Presenting Ligands for Studies of Binding Based on an Active Ester as a Common Reactive Intermediate: A Surface Plasmon Resonance Study[J]. Analytical Chemistry, 1999, 71(4): 777-790.

[103] KARLSSON R, MICHAELSSON A, MATTSSON L. Kinetic-analysis of Monoclonal Antibody-antigen Interactions with a New Biosensor Based Analytical System[J]. Journal of Immunological Methods, 1991, 145(1-2): 229-240.

[104] JENSEN KK, ORUM H, NIELSEN PE. Kinetics for Hybridization of Peptide Nucleic Acids (PNA) with

DNA and RNA Studied with the BIAcore Technique[J]. Biochemistry, 1997, 36(16): 5072-5077.

[105] VOGLER EA. Protein adsorption in Three Dimensions[J]. Biomaterials, 2012, 33(5): 1201-1237.

[106] BARBEY R, LAVANANT L, PARIPOVIC D, et al. Polymer Brushes Via Surface-initiated Controlled Radical Polymerization: Synthesis, Characterization, Properties, and Applications[J]. Chemical Reviews, 2009, 109(11): 5437–5527.

[107] Lofas S, JOHNSSON B. A Novel Hydrogel Matrix on Gold Surfaces in Surface Plasmon Resonance Sensors for Fast and Efficient Covalent Immobilization of Ligands[J]. Journal of the Chemical Society, 1990, 1990(21): 1526-1528.

[108] TANAKA H, HANASAKIB M, ISOJIMA T, et al. Enhancement of Sensitivity of SPR Protein Microarray Using a Novel 3D Protein immobilization[J]. Colloids and Surfaces B, 2009, 70(2): 259-265.

[109] MA H, HE J, LIU X, et al. Surface Initiated Polymerization from Substrates of Low Initiator Density and Its Applications in Biosensors[J]. Applied Materials and Interfaces, 2010, 2(11): 3223-3230.

[110] FANG S, LEE HJ, WARK AW, et al. Attomole Microarray Detection of MicroRNAs by Nanoparticle-Amplified SPR Imaging Measurements of Surface Polyadenylation Reactions[J]. Journal of American Chemical Society, 2006, 128(43): 14044-14046.

[111] Li Y, WARK A.W, LEE HJ, et al. Single Nucleotide Polymorphism Genotyping by Nanoparticle-Enhanced SPR Imaging Measurements of Surface Ligation Reactions[J]. Analytical Chemistry, 2006, 78(9): 3158-3164.

[112] LEE HJ, WARK AW, CORN RM. Creating Advanced Multifunctional Biosensors with Surface Enzymatic Transformations[J]. Langmuir, 2006, 22(12): 5241-5250.

[113] GOODRICH TT, LEE HJ, CORN RM. Direct Detection of Genomic DNA by Enzymatically Amplified SPR Imaging Measurements of RNA Microarrays[J]. Journal of American Chemical Society, 2004, 126(13): 4086-4087.

[114] ZHOU WJ, CHEN Y, CORN RM. Ultrasensitive Microarray Detection of Short RNA Sequences with Enzymatically Modified Nanoparticles and Surface Plasmon Resonance Imaging Measurements[J]. Analytical Chemistry, 2011, 83(10): 3897-3902.

[115] PHILLIPS KS, CHENG Q. Recent Advances in Surface Plasmon Resonance Based Techniques for Bioanalysis[J]. Analytical and Bioanalytical Chemistry, 2007, 387(5): 1831-1840.

[116] CHIEN FC, CHEN SJ. A Sensitivity Comparison of Optical Biosensors Based on Four Different Surface Plasmon Resonance modes[J]. Biosensors and Bioelectronics, 2004, 20(3): 633-642.

[117] WARK AW, LEE HJ, CORN RM. Long-range Surface Plasmon Resonance Imaging for Bioaffinity Sensors[J]. Analytical Chemistry, 2005, 77(13): 3904-3907.

[118] LIN CW, CHEN KP, HSIAO CN, et al. Design and Fabrication of an Alternating Dielectric Multi-layer Device for Surface Plasmon Resonance Sensor[J]. Sensors and Actuators B, 2006, 113(1): 169-176.

[119] LEE KS, SON JM, JEONG DY, et al. Resolution Enhancement in Surface Plasmon Resonance Sensor Based on Waveguide Coupled Mode by Combining a Bimetallic Approach[J]. Sensors, 2010, 10(12): 11390-11399.

[120] XIA L, YIN S, GAO H, et al. Sensitivity Enhancement for Surface Plasmon Resonance Imaging Biosensor

by Utilizing Gold-silver Bimetallic Film Configuration[J]. Plasmonics, 2011, 6(2): 245-250.

[121] LI C, LO K, CHANG H, et al. Ag/Au Bi-metallic Film Based Color Surface Plasmon resonance Biosensor with enhanced Sensitivity, Color contrast and Great linearity[J]. Biosensors and Bioelectronics, 2012, 36(1): 192-198.

[122] NYLANDER C, LIEDBERG B, LIND T. Gas Detection by Means of Surface Plasmons Resonance[J]. Sensors and Actuators, 1982, 3: 79-88.

[123] KOLOMENSKII AA, GERSHON PD, SCHUESSLER HA. Sensitivity and Detection Limit of Concentration and Adsorption Measurements by Laser-induced Surface-Plasmon Resonance[J]. Applied Optics, 1997, 36(25): 6539-6547.

[124] TURNER APF. Biosensors-Sense and Sensitivity[J]. Science, 2000, 290(5495): 1315-1317.

[125] SUN Y, XIA Y. Increased Sensitivity of Surface Plasmon Resonance of Gold Nanoshells Compared to That of Gold Solid Colloids in Response to Environmental Changes[J]. Analytical Chemistry, 2002, 74(20): 5297-5305.

[126] SARID D. Long-Range Surface-Plasma Waves on Very Thin Metal Films[J]. Physical Review Letters, 1981, 47(26): 1927-1930.

[127] SLAVIK R, HOMOLA J. Ultrahigh Resolution Long Rang Surface Plasmon-based Sensor[J]. Sensors and Actuators B, 2007, 123(1): 10-12.

[128] SALAMON Z, MACLEOD HA, TOLLIN G. Coupled Plasmon-Waveguide Resonators: A New Spectroscopic Tool for Probing Proteolipid Film Structure and Properties[J]. Biophysical Journal, 1997, 73(5): 2791-2797.

[129] CHYOU J, CHU C, SHIH Z, et al. High Efficiency Electro-optic Polymer Light Modulator Based on Waveguide-Coupled Surface Plasmon Resonance[J]. Proc. SPIE, 2003, 5211: 197-206.

[130] SALAMON Z, MACLEOD HA, TOLLIN G, Surface Plasmon Resonance Spectroscopy as a Tool for Investigating the Biochemical and Biophysical Properties of Membrane Protein System I: Theoretical Principles[J]. Biochimica Biophysica Acta, 1997, 1331(2): 117-129.

[131] SALAMON Z, MACLEOD HA, TOLLIN G. Surface Plasmon Resonance Spectroscopy as a Tool for Investigating the Biochemical and Biophysical Properties of Membrane Protein System II: Applications to Biological Dystems[J]. Biochimica Biophysica Acta, 1997, 1331(2): 131-152.

[132] TOYAMA S, DOUMAE N, SHOJI A, et al. Design and Fabrication of a Waveguide-Coupled Prism Device for Surface Plasmon Resonance Sensor[J]. Sensors and Actuators B, 2000, 65(1-3): 32-34.

[133] KOVACS GJ, SCOTT GD. Attenuated Total Reflection Angular Spectra of a System of Alternating Plasma-Dielectric Layers[J]. Physical Review B, 1977, 16(4): 1297-1311.

[134] QI Z, MATSUDA N, YOSHIDA T, et al. Colloidal Gold Submonolayer-coated Thin-film Glass Plates for Waveguide-coupled Surface Plasmon Resonance Sensors[J]. Applied Optics, 2003, 42: 4522-4528.

[135] WANG K, ZHENG Z, SU Y, et al. Hybrid Differential Interrogation Method for Sensitive Surface Plasmon Resonance Measurement Enabled by Eletro-optically Tunable SPR Sensors[J]. Optics Express, 2009, 17(6): 4468-4478.

[136] WANG K, ZHENG Z, SU Y, et al. High-Sensitivity Electro-Optic-Modulated Surface Plasmon Resonance Measurement Using Multilayer Waveguide-Coupled Surface Plasmon Resonance Sensors[J]. Sensor

Letters, 2010, 8(2): 370-374.

[137] WANG Z, HOU R, ZHENG Z, et al. A highly Sensitive Voltage Interrogation Method Using Electro-optically Tunable Waveguide Coupled Surface Plasmon Resonance sensors[J]. Journal of Nanoscience and Nanotechnology, 2013, 13: 1476.

[138] WANG Z, ZHENG Z, WANG K, et al. Sensitive Voltage Interrogation Method Using Electro-optically Tunable SPR Sensors[J]. Optics Express, 2011, 19(27): 26651-26659.

[139] WANG K, WAN Y, ZHENG Z, et al. A Novel Refractive Index Detection Method in Voltage Scanning Surface Plasmon Resonance System[J]. Sensors and Actuators B, 2012, 169: 393-396.

[140] YIH J, CHIEN F, LIN C, et al. Angular-interrogation Attenuated Total Reflection Metrology System for Plasmonic Sensors[J]. Applied Optics, 2005, 44(29): 6155-6162.

[141] WANG Z, DIAMOND J, HOU R, et al. An Accurate and Precise Polynomial Model of Angular Interrogation Surface Plasmon Resonance data[J]. Sensors and Actuators B, 2011, 151(2): 309-319.

[142] 王坤. 电光调制波导耦合表面等离子共振效应研究[D]. 北京: 国家纳米科学中心, 2009.

[143] ZYBIN A, BOECKER D, MIRSKY VM, et al. Enhancement of the Detection Power of Surface Plasmon Resonance Measurements by Optimization of the Reflection Angle[J]. Analytical Chemistry, 2007, 79(11): 4233-4236.

[144] 孙凤久. 应用光电子技术基础[M]. 沈阳: 东北大学出版社, 2005.

[145] TOMME EV, DAELE PV, BAETS RG, et al. Integrated Optic Devices Based on Nonlinear Optical Polymers[J]. IEEE Journal of Quantum Electronics, 1991, 27(3): 778-787.

[146] TAO N J, BOUSSAAD S, HUANG WL, et al. High Resolution Surface Plasmon Resonance spectroscopy [J]. Review of Scientific Instrument, 1999, 70(12): 4656-4660.

[147] 汪之又, 朱劲松. 一种基于共振角度测量的 SPR 传感器及其测量方法: WO2011066667A1[P]. 2011-06-09.

[148] SCHNEIDER M, ANDERSEN A, KOELSCH P, et al. Following Fast Adsorption Processes with Surface Plasmon Spectroscopy: Reflectivity Versus Mismatch Tracking[J]. Sensors and Actuators B, 2005, 104(1): 276-281.

[149] LIEBERMAN RA. Surface plasmon resonance apparatus and method: US6667807[P]. 2003-12-23.

[150]PIOMBINI H, VOARINO P, BREIDER D. Toward the Reflectance Measurement of Micro Components[J]. Journal of the European Optical Society, 2010, 5: 10034s.

[151] GOODMAN JW. 傅里叶光学导论[M]. 秦克诚, 译. 北京: 电子工业出版社, 2011.

[152] GRBIC A, MERLIN R, THOMAS EM, et al. Near-Field Plates: Metamaterial Surfaces/Arrays for Subwavelength Focusing and Probing[J]. Proceedings of IEEE, 2011, 99(10): 1806-1815.

[153] TENG CC, MAN H T. Simple Reflection Technique for Measuring the Electro-optic Coefficient of Poled Polymers[J]. Applied Physics Letters, 1990, 56(18): 1734-1736.

[154] LIDE DR. Handbook of Chemistry and Physics[M]. Boca Raton: CRC press, 2005.

[155] GU J, CHEN G, CAO ZQ, et al. An Intensity Measurement Refractometer Based on a Symmetric Metal-clad Waveguide Structure[J]. Journal of Physics D, 2008, 41(18): 185105.

[156] AKSYUTOV LN. Temperature Dependence of the Optical Constants of Tungsten and Gold[J]. Journal of Applied Spectroscopy, 1977, 26(5): 656-660.

[157] KAUSAITE A, DIJK MV, CASTROP J, et al. Ramanavicius A. Surface Plasmon Resonance Label-free Monitoring of Antibody Antigen Interactions in Real Time[J]. Biochemistry and Molecular Biology Education, 2007, 35(1): 57-63.

[158] SCHLICK KH, CLONINGER MJ. Inhibition Binding Studies of Glycodendrimer-lectin Interactions Using Surface Plasmon Resonance[J]. Tetrahedron, 2010, 66(29): 5305-5310.

[159] SEREDA A, MOREAU J, CANVA M, et al. High Performance Multi-spectral Interrogation for Surface Plasmon Resonance Imaging Sensors[J]. Biosensors and Bioelectronics, 2014, 54: 175-180.

[160] STENBERG E, PERSSON B, ROOS H, et al. Quantitative Determination of Surface Concentration of Protein with Surface Plasmon Resonance Using Radiolabelled Proteins[J]. Journal of Colloid and Interface Science, 1991, 143(2): 513-526.

[161] KOLOMENSKII AA, GERSHON PD, SCHUESSLER HA. Sensitivity and Detection Limit of Concentration and Adsorption Measurements by Laser-induced Surface-plasmon Resonance[J]. Applied Optics, 1997, 36 (25) 6539-6547.

[162] GENTLEMAN DJ, OBANDO LA. Calibration of Fiber Optic Based Surface Plasmon Resonance Sensors in Aqueous Systems[J]. Analytica Chimica Acta, 2004, 515(2): 291-302.

[163] FU E, RAMSEY S. One-dimensional Surface Plasmon Resonance Imaging System Using Wavelength Interrogation[J]. Review of Scientific Instrument, 2006, 77 (7): 076106.

[164] YUK JS, KIM HS. Analysis of Protein Interactions on Protein Arrays by a Novel Spectral Surface Plasmon Resonance Imaging[J]. Biosensors and Bioelectronics, 2006, 21(8): 1521-1528.

[165] CHINOWSKY TM, QUINN JG. Performance of the Spreeta 2000 Integrated Surface Plasmon Resonance Affinity Sensor[J]. Sensors and Actuators B, 2003, 91(1-3): 266-274.

[166] BARDIN F, BELLEMAIN A. Surface Plasmon Resonance Spectro-imaging Sensor for Biomolecular Surface Interaction Characterization[J]. Biosensors and Bioelectronics, 2009, 24 (7): 2100-2105.

[167] KUKANSKIS K, ELKIND J, MELENDEZ J, et al. Detection of DNA Hybridization Using the TISPR-1 Surface Plasmon Resonance Biosensor[J]. Analytical Biochemistry, 1999, 274 (1): 7-17.

[168] NENNINGER GG, CLENDENNING JB, FURLONG CE, et al. Reference-compensated Biosensing Using a Dual-channel Surface Plasmon Resonance Sensor System Based on a Planar Lightpipe Configuration[J]. Sensors and Actuators B, 1998, 51 (1-3): 38-45.

[169] THIRSTRUP C, ZONG W. Data Analysis for Surface Plasmon Resonance Sensors Using Dynamic Baseline Algorithm[J]. Sensors and Actuators B, 2005, 106 (2): 796-802.

[170] JOHNSTON KS, YEE SS, BOOKSH KS. Calibration of Surface Plasmon Resonance Refractometers Using Locally Weighted Parametric Regression[J]. Analytical Chemistry, 1997, 69 (10): 1844-1851.

[171] CHINOWSKY TM, JUNG LS, Yee SS. Optimal Linear Data Analysis for Surface Plasmon Resonance Biosensors[J]. Sensors and Actuators B, 1999, 54 (1-2): 89-97.

[172] TOBISKA P, HOMOLA J. Advanced Data Processing for SPR Biosensors[J]. Sensors and Actuators B, 2005, 107 (1): 162 - 169.

[173] DRAPER NR, SMITH H. Applied Linear Regression[M]. New York: John Wiley & Sons, 1998.

[174] GARLAND CW, NIBLER JW, SHOEMAKER DP. Experiments in Physical Chemistry[M]. New York:

McGraw Hill, 2009.

[175] HOU R, WANG Z, ZHU JS. et al. A Quantitative Evaluation Model of Denoising Methods for Surface Plasmon Resonance Imaging signal[J]. Sensors and Actuators B, 2011, 160(1): 196-204.

[176] 汪之又，黄煜，黎明奇，等. 一种检测深度可调的 LRSPR 传感器折射率变化测量方法: ZL201810186711.0[P]. 2021-06-25.

[177] 汪之又，刘莉，吴了，等. 一种波导耦合长程表面等离子共振传感器及其测量方法: ZL201911295238.0[P]. 2022-02-25.

[178] 汪之又，朱培栋，陈英，等. 表面等离子增强荧光传感器及折射率变化测量方法: ZL201810912982.X[P]. 2020-11-27.

[179] WANG Z, ZHENG Z, BIAN Y, et al. Phase Interrogation Sensitivity Analysis for Surface Plasmon Resonance Sensors[J], OSA Technical Digest of Frontiers in Optics 2012/Laser Science XXVIII, 2012, LTh1J.2.

[180] LIEDBERG B, LUNDSTRÖM I, STENBERG E. Principles of Biosensing with an Extended Coupling Matrix and Surface Plasmon Resonance[J]. Sensors and Actuators B, 1993, 11(1-3): 63-72.

[181] CHEN Y, ZHENG RS, ZHANG DG, et al. Bimetallic Chips for a Surface Plasmon Resonance Instrument [J]. Applied Optics, 2011, 50(3): 387-391.

[182] ABDELGHANI A, VEILLAS C, CHOVELON JM, et al. Stabilization of a Surface Plasmon Resonance (SPR) Optical Fiber Sensor with an Ultra-thin Organic Film: Application to the Detection of Chloro-Fluoro-Carbon (CFC)[J]. Synthetic Metals, 1997, 90(3): 193-198.

[183] ROY D. Surface Plasmon Resonance Spectroscopy of Dielectric Coated Gold and Silver Films on Supporting Metal Layers: Reflectivity Formulas in the Kretschmann Formalism[J]. Applied Spectroscopy, 2001, 55(8): 1046-1052.

[184] LIN WB, LACROIX M, CHOVELON JM, et al. Development of a Fiber-optic Sensor Based on Surface Plasmon Resonance on Silver Film for Monitoring Aqueous Media[J]. Sensors and Actuators B, 2001, 75(3): 203-209.

[185] SUNDERLAND RF. Production of carriers for surface plasmon resonance: US5846610[P]. 1995-11-07.

[186] YUAN XC, ONG BH, TAN YG, et al. Sensitivity-stability-optimized Surface Plasmon Resonance Sensing with Double Metal Layers[J]. Journal of Optics A: PURE AND APPLIED OPTICS, 2006, 8(11): 959-963.

[187] FERRI FA, RIVERA VAG, SILVA OB, et al. Surface Plasmon Propagation in Novel Multilayered Metallic Thin Films[J]. Proceedings of SPIE, 2012, 8269, 826923.

[188] CHEN X, JIANG K. Effect of Aging on Optical Properties of Bimetallic Sensor Chips[J]. Optics Express, 2010, 18(2): 1105-1112.

[189] ZYNIO SA, SAMOYLOV AV, SUROVTSEVA ER, et al. Bimetallic Layers Increase Sensitivity of Affinity Sensors Based on Surface Plasmon Resonance[J]. Sensors, 2002, 2(2): 62-70.

[190] ONG BH, YUAN XC, TJIN SC, et al. Optimised Film Thickness for Maximum Evanescent Field Enhancement of a Bimetallic Film Surface Plasmon Resonance Biosensor[J]. Sensors and Actuators B, 2006, 114(2): 1028-1034.

[191] BAILEY JA, SIKORSKI ME. The Effect of Composition and Ordering on Adhesion in Some Binary Solid Solution Alloy Systems[J]. Wear, 1969, 14(3): 181-192.

[192] KELLER DV. Adhesion Between Solid Metals[J]. Wear, 1973, 6(5): 353-365.

[193] BUCKLEY DH. Effect of Various Properties of Fcc Metals on Their Adhesion as Studied with LEED[J].

Journal of Adhesion, 1969, 1(4): 264-281.

[194] REEHAL HS, ANDREWS PT. An Ultraviolet Photoelectron Spectroscopy Study of Some Solid Solutions of 3d Transition Metals in Gold and silver[J]. Journal of Physics F, 1980, 10(7): 1631-1644.

[195] MALLARD WC, GARDNER AB, BASS RF, et al. Self-diffusion in Silver-gold Solid solutions[J]. Physical Review, 1963, 129(2): 617-625.

[196] WACHTER A. Thermodynamic Properties of Solid solutions of Gold and Silver[J]. Journal of American Chemistry Society, 1932, 54(12): 4609-4617.

[197] BERGMAN M, HOLMLUND L, INGRI N. Structure and Properties of Dental Casting Gold alloys[J]. Acta Chemica Scandinavica, 1972, 26(7): 2817-2831.

[198] CHENG Z, WANG Z, GILLESPIE DE, et al. Plain Silver Surface Plasmon Resonance for Microarray Application[J]. Analytical Chemistry, 2015, 87(3): 1466-1469.

[199] FORMICA N, GHOSH DS, CARRILERO A, et al. Ultrastable and Atomically Smooth Ultrathin Silver Films Grown on a Copper Seed Layer[J]. ACS Applied Material Interface, 2013, 5(8): 3048-3053.

[200] GLEITER H. Nanostructured Materials: Basic Concepts and Microstructure[J]. Acta Material, 2000, 48: 1.

[201] WANG Z, WANG M. Analysis of Adhesion Strength Between Silver Film and Substrate in Plain Silver Surface Plasmon Resonance Imaging Sensor[J]. Sensors and Materials, 2022, 34(1): 1629-1638.

[202]MA Q, CLARKE DR. Size Dependent Hardness of Silver Single Crystals[J]. Journal of Materials Research, 1995, 10: 853-863.

[203] KAWAMURA M, FUDEI T, ABE Y. Growth of Ag Thin Films on Glass substrates with a 3-mercaptopropyltrimethoxysilane (MPTMS) interlayer[J]. Journal of Physics: Conference Series, 2013, 417(1): 2004.

[204] BEEGAN D, CHOWDHURY S, LAUGIER MT. Comparison Between Nanoindentation and Scratch Test Hardness（Scratch Hardness）Values of Copper Thin Films on Oxidised Silicon Substrates[J]. Surface and Coatings Technology, 2007, 201(12): 5804-5808.

[205] GUNANTARA N, AND AI Q. A review of Multi-objective Optimization: Methods and Its applications[J]. Cogent Engineering, 2018, 5: 1502242.

[206] DEB K, AND DATTA R. Hybrid Evolutionary Multi-objective Optimization and Analysis of Machining Operations[J]. Engineering Optimization, 2012, 44: 685-706.

[207] KIM K, AND JUNG J. Multiobjective Optimization for a Plasmonic Nanoslit Array Sensor Using Kriging Models[J]. Applied Optics, 2017, 56: 5838-5843.

[208] JIANG Y, PILLAI S, GREEN MA. Grain Boundary Effects on the Optical Constants and Drude Relaxation Times of Silver Films[J]. Journal of Applied Physics, 2016, 120: 233109.

[209] RODRIGUEZ OP, CARO M, RIVERA A, et al. Optical Properties of Au-Ag Alloys: An Ellipsometric Study[J]. Optical Material Express, 2014, 4(2): 403.

[210] CHEN S, LIN C. High-performance Bimetallic Film Surface Plasmon Resonance Sensor Based on Film Thickness Optimization[J]. Optik, 2016, 127(19): 7514-7519.

[211] LÓPEZ-MUÑOZ GA, ESTÉVEZ MC, VÁZQUEZ-GARCÍA M, et al. Gold/Silver/Gold Trilayer Films On Nanostruct- ured Polycarbonate Substrates For Direct And Label‐Free Nanoplasmonic Biosensing[J]. Journal of Biophotonics, 2018, 11: e201800043.

[212] WANG Z, WANG M, CHEN Y, et al. Performance Optimization of Surface Plasmon Resonance Imaging Sensor Network Based on the Multi-Objective Optimization Algorithm[J]. Computational Intelligence and Neuroscience, 2022, 2022: 3692984.

[213] DÍEZ P, DASILVA N, GONZÁLEZ-GONZÁLEZ M, et al. Data Analysis Strategies for Protein Microarrays[J]. Microarrays, 2012, 2: 64-83.

[214] BOELLNER S, BECKER KF. Reverse phase protein arrays—Quantitative Assessment of Multiple Biomarkers in Biopsies for Clinical Use[J]. Microarrays, 2015, 4: 98-114.

[215] LU W, YU J, TAN J. Direct Inverse Randomized Hough Transform for Incomplete Ellipse Detection in Noisy Images[J]. Journal of Pattern Recognition Research, 2014, 1: 13-24.

[216] WU E, SU YA, BILLINGS E, et al. Automatic Spot Identification for High Throughput Microarray analysis[J]. Journal of Behavioral and Brain Science, 2011, 2011: 005.

[217] HAILAN G, WENZHE L. A Modified Homomorphic Filter for Image Enhancement[J]. Proceedings of the 2nd International Conference on Computer Application and System Modeling, 2012, 176-180.

[218] HOWSE J. OpenCV Computer Vision With Python[M]. Birmingham: Packt Publishing Ltd, 2010.

[219] BATAINEH B, ABDULLAH SNHS, OMAR KT. An Adaptive Local Binarization Method for Document Images Based on a Novel Thresholding Method and Dynamic Windows[J]. Pattern Recognition Letter, 2011, 32: 1805-1813.

[220] PAPARI G, PETKOV N. Edge and Line Oriented Contour Detection: State of the art[J]. Image and Vision Computing, 2011, 29: 79-103.

[221] ABRÀMOFF MD, MAGALHÃES PJ, RAM SJ. Image Processing with ImageJ[J]. Biophotonics International, 2004, 11: 36-42.

[222] WANG Z, HUANG X, CHENG Z. Automatic Spot Identification Method for High Throughput Surface Plasmon Resonance Imaging Analysis[J]. Biosensors, 2018, 8:85.

[223] AHMED I, CHEN H, LI J. Enzymatic Crosslinking and Food allergenicity: A Comprehensive Review[J]. Comprehensive Reviews in Food Science and Food Safety, 2021, 20(6): 5856-5879.

[224] YANG K, ZONG S, ZHANG Y. Array-Assisted SERS Microfluidic Chips for Highly Sensitive and Multiplex Gas Sensing[J]. ACS Applied Material Interfaces, 2020, 12(1): 1395-1403.

[225] 赵小海，党鋆，邓建国,等．含香豆素基的聚乙烯醇光交联与解交联[J]．高分子材料科学与工程，2013,29(8): 68-71.

[226] 李厚玉，李长明，孙伟峰．紫外光引发聚乙烯交联技术研究进展[J]．电工技术学报，2020，35(15)：3356-3367.

[227] 欧阳琼萍．一种紫外固化设备: ZL201920577778.7[P]. 2020-04-14.

[228] KANOH N. Photo-cross-linked small-molecule Affinity Matrix as a Tool for Target Identification of Bioactive Small Molecules[J]. Natural Product Reports, 2016, 33: 709-718.

[229] HAN J, CRAWFORD M H, SHUL R J, et al. AlGaN/GaN Quantum Well Ultraviolet Light emitting Diodes[J]. Applied Physics Letters, 1998, 73(12): 1688-1690.

[230] CHEN C, ENOMOTO A, WENG L, et al. Complex Roles of the Actin-binding Protein Girdin/GIV in DNA Damage-induced Apoptosis of Cancer cells[J], Cancer Science, 2020, 111(11): 4303-4317.

[231] WANG Z, WANG M. Design and Implementation of A Miniaturized Ultraviolet Crosslinker[J]. Proceedings of 4th IEEE International Conference on Knowledge Innovation and Invention, 2021, 54-57.

[232] WANG Z, WANG M. Design and Implementation of a Miniaturized Dual-wavelength UV Crosslinker[J]. Sensors and Materials, 2022, 34(2): 835-841.

[233] BRADNER JE, MCPHERSON OM, KOEHLER AN. A Method for the Covalent Capture and Screening of Diverse Small Molecules in a Microarray Format[J]. Nature Protocols, 2006, 1(5): 2344-2352.

[234] BRANTON SA, GHORBANI A, BOLT BN, et al. Activation-induced Cytidine Deaminase can Target Multiple Topologies of Double-stranded DNA in a Transcription-independent Manner[J]. FASEB Journal, 2020, 34(7): 9245-9268.

[235] SHIMOMURA M, NOMURA Y, et al. Simple and Rapid Detection Method Using Surface Plasmon Resonance for Dioxins, Polychlorinated Biphenylx and Atrazine[J]. Analytica Chimica Acta, 2001, 434(2): 223-230.

[236] SOH N, WATANABE T. Indirect Competitive Immunoassay for Bisphenol A, Based on a Surface Plasmon Resonance Sensor[J]. Sensors and Materials, 2003, 15(8): 423-438.

[237] MATSUMOTO K, SAKAI T. A Surface Plasmon Resonance-based Immunosensor for Sensitive Detection of Bisphenol A. Journal of the Faculty of Agriculture[J]. Kyushu University, 2005, 50(2): 625-634.

[238] IMATO T, TOKUDA T. A Surface Plasmon Resonance Immunosensor for Detecting a Dioxin Precursor Using a Gold Binding Polypeptide[J]. Talanta, 2003, 60(4): 733-745.

[239] LADD J, BOOZER C. DNA-directed Protein Immobilization on Mixed Self-assembled Monolayers Via a Streptavidin Bridge[J]. Langmuir, 2004, 20(19): 8090-8095.

[240] CHUNG JW, BERNHARDT R, PYUN JC. Sequential Analysis of Multiple Analytes Using a Surface Plasmon Resonance (SPR) Biosensor[J]. Journal of Immunological Methods, 2006, 311(1-2): 178-188.

[241] MIYASHITA M, SHIMADA T. Surface Plasmon Resonance-based Immunoassay for 17beta-estradiol and its Application to the Measurement of Estrogen Receptor-binding Activity[J]. Analytical and Bioanalytical Chemistry, 2005, 381(3): 667-673.

[242] TERAMURA Y, IWATA H. Label-free Immunosensing for Alpha-fetoprotein in Human Plasma Using Surface Plasmon Resonance[J]. Analytical Biochemistry, 2007, 365(2): 201-207.

[243] LI Y, KOBAYASHI M. Surface Plasmon Resonance Immunosensor for Histamine Based on an Indirect Competitive Immunoreactions[J]. Analitica Chimica Acta, 2006, 576(1): 77-83.

[244] WEI J, MU Y. A Novel Sandwich Immunosensing Method for Measuring Cardiac Troponin I in sera[J]. Analytical Biochemistry, 2003, 321(2): 209-216.

[245] MASSON JF, OBANDO L. Sensitive and real-time Fiber-optic-based Surface Plasmon Resonance Sensors for Myoglobin and Cardiac Troponin I[J]. Talanta, 2004, 62(5): 865-870.

[246] KIM JY, LEE MH. Detection of Antibodies Against Glucose 6-phosphate Isomerase in Synovial Fluid of Rheumatoid Arthritis Using Surface Plasmon Resonance (BIAcore)[J]. Experimental and Molecular Medicine, 2003, 35(4): 310-316.

[247] LEE JW, SIM SJ. Characterization of a Self-assembled Monolayer of Thiol on a Gold Surface and the Fabrication of a Biosensor Chip Based on Surface Plasmon Resonance for Detecting Anti-GAD antibody [J]. Biosensors and Bioelectronics, 2005, 20(7): 1422-1427.

[248] CHOI SH, LEE JW, SIM SJ. Enhanced Performance of a Surface Plasmon Resonance Immunosensor for Detecting Ab–GAD Antibody Based on the Modified Self-assembled Monolayers[J]. Biosensors and Bioelectronics, 2005, 21(2): 378-383.

[249] MEYER MHF, HARTMANN M, KEUSGEN M. SPR-based Immunosensor for the CRP Detection—A New Method to Detect a Well Known Protein[J]. Biosensors and Bioelectronics, 2005, 21(10): 1987-1990.

[250] LEE HJ, NEDELKOV D, CORN RM. Surface Plasmon Resonance Imaging Measurements of Antibody Arrays for the Multiplexed Detection of Low Molecular Weight Protein Biomarkers[J]. Analytical Chemistry, 2006, 78(18): 6504-6510.

[251] HAUGHEY SA, BAXTER GA. Biosensor Screening for Veterinary Drug Residues in Food Stuffs[J]. Journal of AOAC International, 2006, 89(3): 862-867.

[252] ASHWIN HM, STEAD SL. Development and Validation of Screening and Confirmatory Methods for the Detection of Chloramphenicol and Chloramphenicol Glucuronide Using SPR Biosensor and Liquid Chromatography-tandem Mass Spectrometry[J]. Analytica Chimica Acta, 2005, 529(1-2): 103-108.

[253] FERGUSON J, BAXTER A. Detection of Chloramphenicol and Chloramphenicol Glucuronide Residues in Poultry Muscle, Honey, Prawn and Milk Using a Surface Plasmon Resonance Biosensor and Qflex® kit chloramphenicol[J]. Analytica Chimica Acta, 2005, 529(1-2): 109-113.

[254] MOELLER N, MUELLER-SEITZ. A New Strategy for the Analysis of Tetracycline Residues in Foodstuffs by a Surface Plasmon Resonance Biosensor[J]. European Food Research and Technology, 2007, 224(3): 285-292.

[255] CALDOW M, STEAD SL. Development and Validation of an Optical SPR Biosensor Assay for Tylosin Residues in Honey[J]. Journal of Agriculture and Food Chemistry, 2005, 53(19): 7367-7370.

[256] CAELEN I, KALMAN A, WAHLSTROM L. Biosensor-Based Determination of Riboflavin in Milk Samples[J]. Analytical Chemistry, 2004, 76(1): 137-143.

[257] INDYK HE, PERSSON BS. Determination of Vitamin B12 in Milk Products and Selected Foods by Optical Biosensor Protein-Binding Assay: Method Comparison[J]. Journal of AOAC International, 2002, 85(1): 72-81.

[258] GILLIS EH, GOSLING JP. Development and Validation of a Biosensor-based Immunoassay for Progesterone in Bovine Milk. Journal of Immunological Methods[J], 2002, 267(2): 131-138.

[259] MITCHELL JS, WU Y. Sensitivity Enhancement of Surface Plasmon Resonance Biosensing of Small Molecules[J]. Analytical Biochemistry, 2005, 343(1): 125-135.

[260] 刘翠, 杨书程, 李民, 等. 药物筛选新技术及其应用进展[J], 分析测试学报, 2015，34(11): 1324-1330.

[261] DIMASI, JA, GRABOWSKI, HG, et al. Innovation in the Pharmaceutical Industry: New Estimates of R&D Costs[J]. Journal of Health Economics, 2016, 47: 20-33.

[262] 秦裕辉. 加快推进湖南中医药产业发展[J]. 新湘评论, 2018,(3): 43-45.

[263] CORSELLO SM, BITTKER JA, LIU Z, et al. The Drug Repurposing Hub: a Next-generation Drug Library and Information Resource[J]. Nature Medicine, 2017, 23(4): 405-408.

[264] HIRST J, PATHAK HB, HYTER S, et al. Licofelone Enhances the Efficacy of Paclitaxel in Ovarian Cancer by Reversing Drug Resistance and Tumor Stem-like Properties[J]. Cancer Research, 2018, 78(15): 4370-4385.

[265] 郑枫，刘文英，吴峥. 高通量药物筛选现代检测技术研究进展[J]. 中国科学：化学，2010，40(6)：599-610.

[266] SHIAU AK, MASSARI ME, OZBAL CC. Back to Basics: Label-free Technologies for Small Molecule Screening[J]. Combinatorial Chemistry and High Throughput Screening, 2008, 11(3): 231-237.

[267] ZHU Z, CUOZZO J. High-Throughput Affinity-Based Technologies for Small-Molecule Drug Discovery[J]. Journal of Biomolecular Screening, 2009, 14(10): 1157-1164.

[268] HALAI R, COOPER MA. Using Label-free Screening Technology to Improve Efficiency in Drug Discovery[J]. Expert Opinion, 2012, 7(2): 123-131.

[269] HUBER W, MUELLER F. Biomolecular Interaction Analysis in Drug Discovery Using Surface Plasmon Resonance Technology[J]. Current Pharmaceutical Design, 2006, 12:3999-4021.

[270] FERNANDEZ-VILLAMARIN M, SOUSA-HERVES A, CORREA J, et al. The Effect of PEGylation on Multivalent Binding: A Surface Plasmon Resonance and Isothermal Titration Calorimetry Study with Structurally Diverse PEG - Dendritic GATG Copolymers[J]. ChemNanoMat, 2016, 2: 437-446.

[271] MAI-NGM K, KIATPATHOMCHAI W, ARUNRUT N. Molecular Self Assembly of Mixed Comb-like Dextran Surfactant Polymers for SPR Virus Detection[J]. Carbohyrate Polymers, 2014, 112: 440-447.

[272] WANG Y, WANG C, CHENG Z, et al. Spri Determination of Inter-peptide Interaction by Using 3D Supramolecular Co-assembly Polyrotaxane film[J]. Biosensensors and Bioelectronics, 2015, 66: 338–344.

[273] VALLES-MIRET M, BRADLEY M. A Generic Small-molecule Microarray Immobilization Strategy[J]. Tetrahedron Letters, 2011, 52: 6819-6822.

[274] MIYAZAKI I, SIMIZU S, OKUMURA H, et al. A Small Molecule Inhibitor Shows That Pirin Resulates Migration of Melanoma Cells[J]. Nature Chemical Biology, 2010, 6: 667-673.

[275] ZHANG XHD. A Pair of New Statistical Parameters for Quality Control in RNA Interference High-throughput Screening Assays[J]. Genomics, 2007, 89(4): 552-561.

[276] SHI Y, JIN X, WU S, et al. Release of hepatitis B Virions is Positively Regulated by Glucose-regulated Protein 78 Through Direct Interaction with preS1[J]. Journal of Medical Virology, 2023, 95(1): e28271.

[277] NAND A, SINGH V, PEREZ J, et al. In Situ Protein Microarrays Capable of Real-time Kinetics Analysis Based on Surface Plasmon Resonance Imaging[J]. Analytical Biochemistry, 2014, 464: 30-35.

[278] XIAO W, ZHOU P, An S, et al. Constrained Nonlinear Optimization Method for Accurate Calibration of a Bi-telecentric Camera in a Three-dimensional Microtopography System[J]. Applied Optics, 2021, 61(1): 157-166.

[279] YU T, YUAN Y, LI Y, et al. High Contrast Imaging Through Infrared Chalcogenide Imaging Fiber Bundle Illuminated by Quantum Cascade Laser[J]. Acta Photonica Sinica, 2021, 50(3): 0306001.

[280] 汪之又，袁彬峰，朱培栋，等. 表面等离子共振成像装置、方法、控制系统及存储介质：202110630755.X[P]. 2022-12-23.

[281] 袁彬峰. 基于表面等离子共振成像的智能化分析系统[D]. 长沙：国防科技大学, 2021.